Biofísica Conceitual

O GEN | Grupo Editorial Nacional – maior plataforma editorial brasileira no segmento científico, técnico e profissional – publica conteúdos nas áreas de ciências da saúde, exatas, humanas, jurídicas e sociais aplicadas, além de prover serviços direcionados à educação continuada e à preparação para concursos.

As editoras que integram o GEN, das mais respeitadas no mercado editorial, construíram catálogos inigualáveis, com obras decisivas para a formação acadêmica e o aperfeiçoamento de várias gerações de profissionais e estudantes, tendo se tornado sinônimo de qualidade e seriedade.

A missão do GEN e dos núcleos de conteúdo que o compõem é prover a melhor informação científica e distribuí-la de maneira flexível e conveniente, a preços justos, gerando benefícios e servindo a autores, docentes, livreiros, funcionários, colaboradores e acionistas.

Nosso comportamento ético incondicional e nossa responsabilidade social e ambiental são reforçados pela natureza educacional de nossa atividade e dão sustentabilidade ao crescimento contínuo e à rentabilidade do grupo.

Biofísica Conceitual

Carlos Alberto Mourão Júnior

Médico Endocrinologista. Bacharel em Direito. Matemático.
Mestre em Ciências Biológicas pela Universidade Federal de Juiz de Fora (UFJF).
Doutor em Ciências pela Escola Paulista de Medicina da Universidade Federal de São Paulo (Unifesp).
Pós-Graduado em Filosofia pela UFJF.
Professor Associado de Biofísica e Fisiologia da UFJF.

Dimitri Marques Abramov

Médico Psiquiatra. Mestre em Ciências Biológicas pela Universidade Federal de Juiz de Fora (UFJF).
Doutor em Ciências (Fisiologia) pelo Instituto de Biofísica Carlos Chagas Filho da Universidade
Federal do Rio de Janeiro (UFRJ).

Segunda edição

- Os autores deste livro e a editora empenharam seus melhores esforços para assegurar que as informações e os procedimentos apresentados no texto estejam em acordo com os padrões aceitos à época da publicação, *e todos os dados foram atualizados pelos autores até a data do fechamento do livro.* Entretanto, tendo em conta a evolução das ciências, as atualizações legislativas, as mudanças regulamentares governamentais e o constante fluxo de novas informações sobre os temas que constam do livro, recomendamos enfaticamente que os leitores consultem sempre outras fontes fidedignas, de modo a se certificarem de que as informações contidas no texto estão corretas e de que não houve alterações nas recomendações ou na legislação regulamentadora.

- Data do fechamento do livro: 04/12/2020

- Os autores e a editora se empenharam para citar adequadamente e dar o devido crédito a todos os detentores de direitos autorais de qualquer material utilizado neste livro, dispondo-se a possíveis acertos posteriores caso, inadvertida e involuntariamente, a identificação de algum deles tenha sido omitida.

- **Atendimento ao cliente: (11) 5080-0751 | faleconosco@grupogen.com.br**

- Direitos exclusivos para a língua portuguesa
  Copyright © 2021 by
  Editora Guanabara Koogan Ltda.
  Uma editora integrante do GEN | Grupo Editorial Nacional
  Travessa do Ouvidor, 11
  Rio de Janeiro – RJ – 20040-040
  www.grupogen.com.br

- Reservados todos os direitos. É proibida a duplicação ou reprodução deste volume, no todo ou em parte, em quaisquer formas ou por quaisquer meios (eletrônico, mecânico, gravação, fotocópia, distribuição pela Internet ou outros), sem permissão, por escrito, da Editora Guanabara Koogan Ltda.

- Capa: Bruno Sales

- Imagem de capa: Model of Abstract Atom Structure (iStock)

- Editoração eletrônica: R.O. Moura

- Ficha catalográfica

CIP-BRASIL. CATALOGAÇÃO NA PUBLICAÇÃO
SINDICATO NACIONAL DOS EDITORES DE LIVROS, RJ

M89b
2. ed.

    Mourão Júnior, Carlos Alberto
       Mourão & Abramov: Biofísica conceitual / Carlos Alberto Mourão Júnior, Dimitri Marques Abramov. - 2. ed. - Rio de Janeiro : Guanabara Koogan, 2021.
       : il.

       Inclui bibliografia e índice
       glossário
       ISBN 978-85-277-3639-8

       1. Biofísica. I. Abramov, Dimitri Marques. II. Título.

20-67033   CDD: 571.4
                      CDU: 577.3

Leandra Felix da Cruz Candido - Bibliotecária - CRB-7/6135

Dedicatória

À minha esposa, Janice, e à memória de meus pais.
Carlos Alberto Mourão Júnior

Aos meus filhos queridos: Amanda e Dimitri.
Dimitri Marques Abramov

Agradecimentos

À Editora Guanabara Koogan que, há mais de uma década, na pessoa do editor Aluisio Affonso, acreditou e orquestrou a realização desta obra.

À equipe de primeira grandeza do grupo GEN – Juliana Affonso (superintendente da área de saúde), Maria Fernanda Dionysio (editora), Renato de Mello (desenhista), Tatiane Carreiro (coordenadora editorial) e Priscila Cerqueira (produtora editorial) – que, com brilhantismo, competência, dedicação e zelo, permitiram que este livro viesse a lume.

Aos grandes pensadores e cientistas – do passado, do presente e do futuro –, por dedicarem sua existência à causa de tentar reduzir as tantas incertezas que atormentam a razão humana.

Aos nossos queridos alunos que, ao longo de nossa jornada, nos motivam a tentar progredir cada vez mais e corresponder melhor às suas necessidades e expectativas. Este livro existe por eles e para eles.

Mourão & Abramov

Material Suplementar

Este livro conta com o seguinte material suplementar:

- Ilustrações da obra em formato de apresentação (restrito a docentes cadastrados).

O acesso ao material suplementar é gratuito. Basta que o leitor se cadastre e faça seu *login* em nosso *site* (www.grupogen.com.br), clicando em GEN-IO, no *menu* superior do lado direito.

O acesso ao material suplementar online fica disponível até seis meses após a edição do livro ser retirada do mercado.

Caso haja alguma mudança no sistema ou dificuldade de acesso, entre em contato conosco (gendigital@grupogen.com.br).

GEN-IO (GEN | Informação Online) é o ambiente virtual de aprendizagem do GEN | Grupo Editorial Nacional

Prefácio

O contexto atual da Biofísica

Biofísica Conceitual provém da evolução e do amadurecimento dos livros *Curso de Biofísica* e *Biofísica Essencial*, ambos de nossa autoria e lançados pela Editora Guanabara Koogan, em 2009 e 2012, respectivamente. O objetivo desses livros, dentre outros, foi servir de base e introdução ao livro *Fisiologia Essencial* (2011), também de nossa autoria, que, agora, em 2021, é lançado, totalmente reformulado e atualizado, sob o título *Fisiologia Humana*.

Ao longo deste texto do *Biofísica Conceitual*, procuramos mostrar que o estudo da Biofísica pode ser agradável, puramente conceitual e, muitas vezes, fundamentado nas intuições e no senso comum.

O processo de formação de um profissional se inicia no primeiro período da faculdade – no qual a Biofísica é apresentada. Nesse momento, é comum que o comportamento da maioria dos jovens esteja longe da erudição; é habitual da idade adotarem um estilo de vida agitado, que inclui saídas, noitadas, namoros, estando, em geral, mais despreocupados com compromissos e atividades formais e engessadas. Diante desta constatação, é preciso se adaptar à realidade e tentar cativar o jovem aluno, oferecendo a ele a possibilidade de interação com o conhecimento básico que lhe é proposto, como a Anatomia, a Bioquímica, a Biofísica etc. Esse conhecimento básico é o substrato fundamental que irá possibilitar uma história profissional bem-sucedida, quando o estilo de vida for outro.

Natureza da obra

Este livro busca a eficácia dentro de uma perspectiva realista. Escrevemos 10 capítulos – 10 temas centrais da Biofísica para um curso com duração aproximada de quatro meses. Ao redigir esta obra, nossas diretrizes foram: objetividade, pragmatismo, precisão e clareza. Nosso foco foi no rigor e na aplicabilidade dos conceitos. Optamos por não nos valermos de fórmulas ou notações matemáticas, nem entrarmos em incursões filosóficas sobre os fenômenos da natureza.

Uma vez que a Biofísica é uma Física aplicada, foram discutidos somente os conceitos que serão úteis para a compreensão futura da Fisiologia e de outras disciplinas profissionalizantes do currículo biomédico. Por esse motivo, alguns conceitos estudados exclusivamente na Física foram omitidos.

Todos os conceitos apresentados foram elaborados com o intuito de fazer o aluno compreender os fenômenos físicos em si. Optamos por elaborar conceitos puramente descritivos, muitas vezes abrindo mão de definições formais, as quais frequentemente demandam conhecimentos matemáticos avançados, que vão muito além de nossos objetivos. Produzimos os conceitos procurando apelar para a intuição e o senso comum dos alunos, sem, entretanto, faltarmos com o rigor nem cairmos em simplificações exageradas.

Também procuramos, na medida do possível, omitir os nomes dos inúmeros cientistas que descobriram e estudaram cada conceito que abordamos ao longo do livro. Fizemos isso por dois motivos: para tornar o texto mais conciso e fluente, bem como para não cometer a injustiça de deixar de citar algum cientista importante. Contudo, temos profunda admiração e gratidão pelos cientistas que possibilitaram que a Física evoluísse ao longo da história.

Organização

Este livro consiste em um conjunto de textos organizados de tal maneira que seja possível ao professor ministrar todo o conteúdo da disciplina em um único período letivo. Alguns capítulos podem requerer mais de uma aula (por exemplo, o capítulo *Radiações*), enquanto outros provavelmente irão demandar menos tempo (como *Torque e Alavancas* ou *Bioeletricidade*). Os textos foram escritos em uma linguagem acessível e autoexplicativa, tornando possível que o aluno tenha um bom aproveitamento ao ler, sozinho, os capítulos, exercitando sua qualidade de autodidata. Dessa maneira, o professor poderá ficar mais à vontade para planejar sua aula enfocando as seções que julgar mais importantes ou complexas de cada capítulo.

Características especiais

Acrescentamos ao texto propriamente dito recursos pedagógicos que visam facilitar a compreensão do conteúdo, como:

 Objetivos de estudo: cada capítulo se inicia com a explicitação dos objetivos que o leitor pode alcançar.

 Conceitos-chave do capítulo: lista dos termos fundamentais para a compreensão do capítulo em particular e da Biofísica em geral.

Biofísica em Foco: boxes que permeiam o texto com informações que têm por objetivo concentrar em um só local determinadas informações, como curiosidades, textos complementares e exemplos de aplicação da Biofísica.

Trechos destacados: representam ideias fundamentais para a compreensão do contexto ou a formalização de premissas importantes para a Biofísica.

 Resumo: sumariza, em tópicos, as ideias centrais do tema apresentado no capítulo.

Autoavaliação: perguntas referentes ao conteúdo apresentado no capítulo, cujas respostas podem ser facilmente encontradas ao longo do texto. Sugerimos aos docentes que procurem incentivar seus alunos a buscar as respostas por eles mesmos. Esse é um exercício interessante para que o jovem comece a praticar o autodidatismo, uma habilidade fundamental para o futuro profissional. Se o professor julgar necessário, ou até mesmo tiver tempo disponível para tal, poderá propor a realização de grupos de estudo e discussão em sala de aula, tornando o estudo mais interativo e participativo.

Questões para pesquisa suplementar: ainda na seção de Autoavaliação, há questões que se iniciam com a lupa, ícone que indica que o aluno não encontrará as respostas no livro, devendo fazer uma pesquisa suplementar para obter as respostas.

 Atividade complementar: boxes com propostas de leituras e atividades suplementares.

Ilustrações

Cientes do grande impacto didático que as ilustrações produzem nos alunos, criamos tantas quantas julgamos necessárias para que o texto pudesse ser mais bem compreendido. Todos os desenhos deste livro foram idealizados pelos autores e, depois, aprimorados por um *designer* profissional.

Glossário

Muitos dos termos empregados no texto são desconhecidos por boa parte dos leitores que se iniciam na área da saúde. Por isso, sempre que procedente, essas palavras foram destacadas em cor e repetidas na margem da página, acompanhadas de uma breve definição. Todos os termos foram reunidos e repetidos ao final do livro, em ordem alfabética, constituindo um Glossário para consulta rápida.

Bibliografia

A Bibliografia é composta de muitos livros que foram importantes direta ou indiretamente para a composição desta obra. Optamos por colocá-la no fim da obra, e não ao final de cada capítulo, pois, neste caso, muitos deles seriam citados em redundância. Os artigos científicos mencionados são, em geral, artigos de revisão que podem ser encontrados nos sistemas de busca bibliográfica disponibilizados pela maioria das instituições de ensino. Além disso, as bibliotecas das faculdades frequentemente dispõem dos livros citados em seu acervo.

Um abraço fraterno,
Mourão & Abramov

Sumário

Introdução, 1

1 Termodinâmica, 5
   Objetivos de estudo, 6
   Conceitos-chave do capítulo, 6
   Introdução, 7
   Calor e entropia, 7
   Certeza e incerteza, 8
   Sistemas, 11
   Leis da termodinâmica, 14
   Resumo, 15
   Autoavaliação, 16

2 Matéria e Energia, 17
   Objetivos de estudo, 18
   Conceitos-chave do capítulo, 18
   Matéria, 19
   Energia, 27
   Resumo, 29
   Autoavaliação, 30
   Atividade complementar, 30

3 Força, Pressão e Tensão, 31
   Objetivos de estudo, 32
   Conceitos-chave do capítulo, 32
   Introdução, 33
   Força, 34
   Pressão, 40
   Tensão, 43
   Aplicação: ventilação pulmonar, 45
   Resumo, 46
   Autoavaliação, 47

4 Torque e Alavancas, 49
   Objetivos de estudo, 50
   Conceitos-chave do capítulo, 50
   Introdução, 51
   Torque, 52
   Alavancas, 53
   Bioalavancas, 55
   Polias, 56
   Resumo, 57
   Autoavaliação, 57
   Atividade complementar, 58

5 Fluidos, 59
   Objetivos de estudo, 60
   Conceitos-chave do capítulo, 60
   Introdução, 61
   Sistemas compostos por fluidos, 61
   Aplicação do conceito de pressão, 61
   Fluxo, 63
   Energia mecânica nos fluidos, 64
   Pressão nos capilares, 64
   Fluxo laminar, 64
   Resistência ao fluxo, 65
   Visão termodinâmica da circulação, 67
   Dinâmica da filtração renal, 67
   Resumo, 69
   Autoavaliação, 69

6 Soluções, 71
   Objetivos de estudo, 72
   Conceitos-chave do capítulo, 72
   Introdução, 73
   Soluções, 73
   Dinâmica de partículas nas soluções, 78
   Tensão superficial, 82
   Difusão de solutos entre os capilares e os tecidos, 84
   Resumo, 86
   Autoavaliação, 86
   Atividade complementar, 86

7 Ondas, 87
   Objetivos de estudo, 88
   Conceitos-chave do capítulo, 88
   Introdução, 89
   Perturbação e propagação, 90
   Natureza das ondas, 96
   Resumo, 101
   Autoavaliação, 102

8 Radiações, 103
   Objetivos de estudo, 104
   Conceitos-chave do capítulo, 104
   Introdução, 105

Ionização, 105
Radiações, 107
Resumo, 121
Autoavaliação, 122
Atividades complementares, 122

9 Bioeletricidade, 123

Objetivos de estudo, 124
Conceitos-chave do capítulo, 124
Introdução, 125
Fenômenos elétricos e membrana celular, 126
Quando a célula sai do repouso elétrico, 131
Potencial de ação, 132
Registro da bioeletricidade, 132
Resumo, 135
Autoavaliação, 136

10 Alostase, 137

Objetivos de estudo, 138
Conceitos-chave do capítulo, 138
Introdução, 139
Estresse, 139
Homeostase e alostase, 140
Processos adaptativos no sistema nervoso, 142
Resumo, 143
Autoavaliação, 144

Glossário, 145

Bibliografia, 157

Índice Alfabético, 165

Biofísica Conceitual

Como usar as características especiais deste livro

▸ Os boxes Biofísica em Foco descrevem curiosidades práticas acerca da Biofísica.

▸ Termos fundamentais são destacados no texto e definidos nas margens. Esse recurso evita que a leitura seja interrompida e serve de elemento de revisão dos assuntos. Essas palavras estão repetidas no Glossário, ao final do livro.

▸ Destaques em vermelho consolidam conceitos descritos no texto.

Biofísica Conceitual   xv

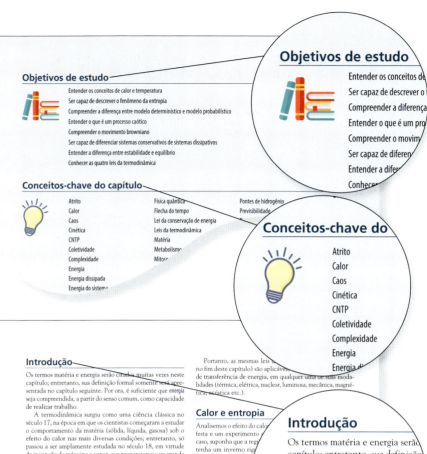

- Todos os capítulos se iniciam com o item Objetivos de estudo, que relaciona os principais aspectos que devem ser compreendidos ao término da leitura.

- Relação de Conceitos-chave do capítulo, fundamentais para a compreensão da Biofísica.

- A Introdução do texto principal dos capítulos contém uma visão geral daquilo que será abordado em seguida.

- O Resumo ao final de cada capítulo possibilita revisões rápidas do texto, além de ser uma ferramenta útil na preparação para testes e provas.

- Perguntas de Autoavaliação possibilitam a aferição dos conhecimentos adquiridos.

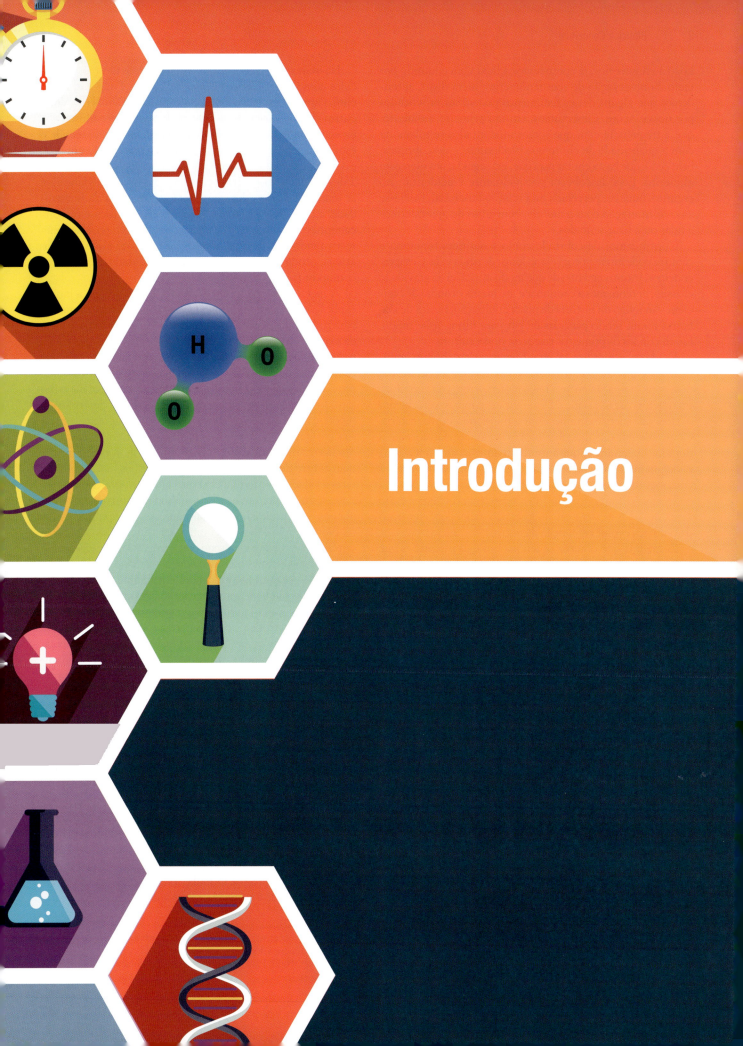
Introdução

Logo ao nascermos, já aprendemos a lidar com o mundo por meio da observação de seus fenômenos; além disso, aprendemos que alguns desses fenômenos podem ser provocados por nossas ações. Observamos, em um primeiro momento, que a frequência com que somos alimentados se relaciona com a quantidade de choro que produzimos – descobrimos, bem cedo, que basta chorar para que, em seguida, nos ofereçam alimento. Essa descoberta possivelmente é acidental; no entanto, uma vez percebida essa relação funcional, inicia-se a nossa interação com o mundo, bem antes de aprendermos a falar ou a ficar sentados.

Continuamos descobrindo como a natureza funciona e como se pode interagir com ela ao longo de nossa vida. Compreendemos, intuitivamente, de que modo atua a lei da gravidade e, assim, aprendemos a caminhar e até mesmo a andar de bicicleta. Ao longo da história de nossa civilização, nossas descobertas foram sendo passadas de pai para filho; desse modo, foram criados os primeiros traços da nossa cultura.

Desde os primórdios, os seres humanos descobriram empiricamente a relação entre atrito e calor, calor e combustão, bem como a relação entre a força motriz, a força da gravidade e a trajetória de uma lança. Descobriram as forças, perceberam os efeitos da energia e conheceram as transformações da matéria. Com base em tais descobertas, conseguiram transformar o mundo. Logo, ainda que intuitivamente, nossos ancestrais puderam interagir com a realidade e começar a compreender como acontecem as interações no universo.

Interações são relações de interdependência dinâmica entre elementos. De modo geral, ao longo do tempo, um elemento da natureza evolui em função de outro.

À medida que observa os fenômenos e as interações que ocorrem na natureza, o ser humano tenta descrever e explicar aquilo que nota: cria modelos, utiliza uma linguagem simbólica ou tenta formular conceitos.

Em contrapartida, a descrição formal desses fenômenos e dos mecanismos naturais deles decorrentes foi sendo formulada bem depois das nossas primeiras descobertas empíricas. A civilização, a cultura e a linguagem foram fundamentais para as primeiras descrições. Ao longo da civilização, as descobertas continuam, e novas descrições se sucedem. Com elas, a imaginação dos homens se torna o motor para criar teorias e modelos sobre os elementos da natureza ainda não totalmente compreendidos. Dessa maneira, o ser humano passou a formalizar a física (do grego, *physis*, que significa natureza ou realidade) a partir das observações a respeito das relações de dependência entre os elementos da natureza.

> **Física é a ciência que estuda os fenômenos da natureza.**

A física é uma ciência primordial, pois estuda a natureza. Todas as demais categorias do saber (p. ex., química, biologia, sociologia, psicologia, filosofia) se relacionam de alguma maneira com a física.

Não podemos nos esquecer de que a física se torna dependente dos modelos que ela cria. Como disse o físico Stephen William Hawking: "não se pode saber o que é real independentemente de uma teoria ou modelo com o qual se possa interpretá-lo", ou seja, para a física, a realidade depende dos modelos que ela própria cria.

Há muito tempo (por volta de 600 a.C.), os filósofos conhecidos como pré-socráticos (Tales de Mileto, Pitágoras, Heráclito, Parmênides, Empédocles, Anaxágoras e Demócrito, entre outros) tinham como foco central de seu projeto filosófico a especulação racional acerca da cosmologia, que compreende o estudo da criação, da organização e da evolução do universo e da natureza. De fato, foi na Grécia que, há cerca de 2.500 anos, Tales de Mileto e os outros pensadores pré-socráticos lançaram as sementes de dois dos mais preciosos tesouros da humanidade: a filosofia e a ciência. Naquela época, física e filosofia caminhavam juntas; porém, com o passar do tempo, elas foram se afastando cada vez mais uma da outra. Tanto é que, nos dias atuais, ainda é preciso tomar muito cuidado para não se confundir física com metafísica.

A metafísica é um ramo da filosofia que se propõe a buscar explicações racionais (*i. e.*, fundamentadas pela razão humana) para tudo o que existe e que não possa ser verificado por meio da experimentação (*i. e.*, por meio dos sentidos). O problema é que não há como provar que existe algo além daquilo que os sentidos podem perceber, uma vez que as novas informações provenientes do mundo entram em nossa mente por meio dos sentidos. Desse modo, é impossível provar que determinada hipótese metafísica é verdadeira, bem como é impossível provar sua falsidade. Por esse motivo, não nos envolveremos em discussões metafísicas neste livro, apesar de reconhecermos que, dentro de seu campo específico de atuação, elas possam ter seu valor. Neste livro, vamos nos limitar a apresentar aquilo que a ciência, por meio de seus métodos (ainda que eventualmente imperfeitos), já corroborou.

Biofísica não é filosofia; biofísica é ciência. Para a ciência, o critério de verdade é o método empírico, ou seja, a experimentação. Como a experimentação depende de nossos sentidos e percepções – e nossos sentidos apresentam limitações humanas –, a ciência também apresenta limitações, não devendo ser vista como a resposta milagrosa a todas as perguntas.[1] Como as hipóteses científicas podem ser verificadas ou refutadas pela experimentação, as verdades científicas de hoje podem deixar de ser verdades amanhã; no entanto, a despeito de suas limitações, acreditamos que a ciência ainda é o melhor caminho para discutirmos os fenômenos da natureza e, portanto, a biofísica. Como dizia Albert Einstein: "Toda a nossa ciência, comparada com a realidade, é primitiva e infantil – e, no entanto, é a coisa mais preciosa que temos".

Assim como não devemos confundir física com metafísica, é importante que tenhamos clareza sobre a distinção entre a física e outra ciência muito semelhante a ela: a matemática.

Normalmente, descrevemos as relações e funções entre elementos de um sistema qualquer fazendo uso da linguagem matemática; no entanto, física não é sinônimo de matemática. Muitas pessoas, ao confundirem ambas, apresentam certa resistência em tentar entender a física, achando que esta nada mais é do que uma coleção de fórmulas a serem decoradas. A matemática, sobretudo a avançada, talvez seja uma linguagem pouco

---

[1]Para desenvolver um olhar crítico e maduro a respeito da ciência, sugerimos a leitura dos seguintes autores: Karl Popper, Thomas Kuhn e Paul Feyerabend. Para mais informações, consulte nossa Bibliografia ao fim deste livro.

acessível para muitas pessoas, porém acreditamos que este não seja o caso da física, que investiga leis universais presentes no dia a dia de todos nós.

Todo estudante já escutou alguma história envolvendo os fenômenos físicos. Quem nunca ouviu falar de Arquimedes com sua alavanca, suas roldanas, seus espelhos côncavos e sua banheira? Quem de nós nunca ouviu falar da maçã de Newton, da relatividade de Einstein e dos inúmeros experimentos e descobertas que quase levaram Galileu a ser queimado na fogueira da Inquisição? Logo, a física descreve a natureza.

Por outro lado, a matemática é uma linguagem criada pelo ser humano para tentar descrever e operacionalizar os fenômenos da realidade. Trata-se de uma ferramenta poderosíssima e extremamente útil à física, sendo indispensável para que os modelos com os quais a física trabalha possam ser criados. Em contrapartida, os fenômenos físicos precedem a existência da matemática e até mesmo da própria espécie humana no planeta. O Sol já emitia radiações e os corpos já caíam pela ação da gravidade muito antes de os dinossauros pisarem a Terra e de o ser humano ter criado a linguagem matemática. Neste livro, não utilizaremos ferramentas matemáticas para explicar a biofísica – nossa abordagem será conceitual.

Na realidade, a física tem muito mais relação com a biologia do que com a matemática. Afinal, levando em conta o objeto de conhecimento, física, química e biologia são ciências naturais, enquanto a matemática é uma ciência exata.

A relação entre física e biologia já era percebida pelos estudiosos há séculos.

Ao estudar os organismos vivos (animais ou vegetais), eles perceberam que os fenômenos que ocorriam nesses organismos eram governados pelas leis da física. O estudo de como funcionam os organismos vivos é a fisiologia. Logo, já naquela época, estava claro que a fisiologia nada mais era que um caso particular da física, ou seja, as leis físicas aplicadas aos organismos vivos.

> Fisiologia é o estudo das funções dos elementos que compõem os organismos vivos.

A biofísica, que representa uma síntese entre a biologia e a física, enfoca as funções existentes nos organismos vivos explicadas pelas leis da física teórica, da mesma maneira que a bioquímica enfoca as funções biológicas explicadas pelas leis da química. Por exemplo, o fluxo do sangue ou a filtração glomerular são explicados por leis da hidrodinâmica, enquanto o equilíbrio acidobásico ou o transporte de oxigênio no sangue são explicados por leis cinéticas que regem as reações químicas. Frequentemente, a biofísica e a bioquímica se sobrepõem, como no caso do estudo do potencial elétrico da membrana, que é explicado conjuntamente pela eletricidade e pela eletroquímica. Fundamentalmente, a biofísica estuda os fenômenos físicos que ocorrem nos organismos vivos, assim como busca explicar as relações entre os organismos vivos e seu ambiente.

> Biofísica é o estudo dos fenômenos físicos aplicados aos organismos vivos.

Agora que apresentamos o conceito e as fronteiras que demarcam o objeto de estudo da biofísica, está claro que uma boa compreensão da fisiologia requer a assimilação adequada dos substratos biofísicos que sustentam as funções de nosso organismo. Esta é a nossa preocupação: formar, pelo estudo da biofísica, um sólido alicerce sobre o qual futuros conhecimentos possam repousar tranquilamente.

Glossário

Física
Ciência que estuda os fenômenos da natureza

Cosmologia
Estudo da origem, da organização e da evolução do universo

Metafísica
Projeto filosófico que busca compreender, por meios racionais, tudo o que possa existir além da experiência

Filosofia
Conjunto de métodos, fundamentados na razão humana, que têm por objetivo tentar compreender o ser humano, o universo e a natureza de todas as coisas

Ciência
Processo investigativo que busca compreender a realidade por meio dos métodos empíricos

Matemática
Linguagem pautada na lógica, criada pelo ser humano, com o objetivo de tentar modelar os fenômenos que a realidade apresenta

Ciência natural
Estudo dos fenômenos que acontecem na natureza

Ciência exata
Linguagem dotada de consistência lógica, criada pela razão humana

Fisiologia
Estudo das funções dos elementos que compõem os organismos vivos

Biofísica
Estudo dos fenômenos físicos aplicados aos organismos vivos

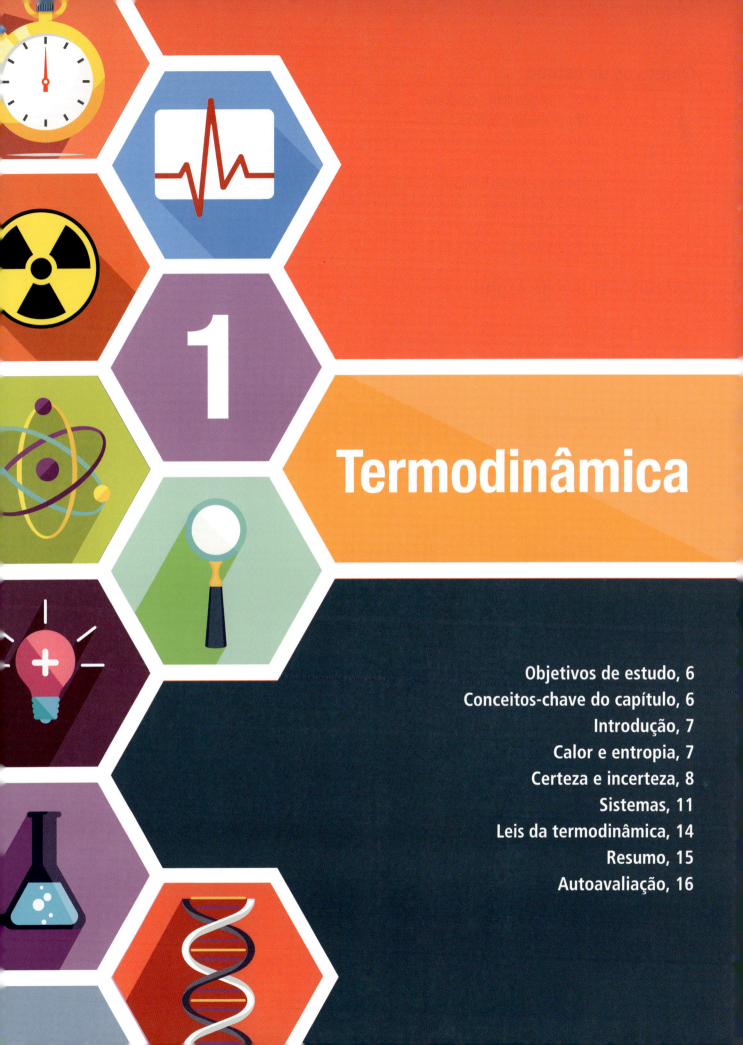

1 Termodinâmica

Objetivos de estudo, 6
Conceitos-chave do capítulo, 6
Introdução, 7
Calor e entropia, 7
Certeza e incerteza, 8
Sistemas, 11
Leis da termodinâmica, 14
Resumo, 15
Autoavaliação, 16

Objetivos de estudo

Entender os conceitos de calor e temperatura
Ser capaz de descrever o fenômeno da entropia
Compreender a diferença entre modelo determinístico e modelo probabilístico
Entender o que é um processo caótico
Compreender o movimento browniano
Ser capaz de diferenciar sistemas conservativos de sistemas dissipativos
Entender a diferença entre estabilidade e equilíbrio
Conhecer as quatro leis da termodinâmica

Conceitos-chave do capítulo

- Atrito
- Calor
- Caos
- Cinética
- CNTP
- Coletividade
- Complexidade
- Energia
- Energia dissipada
- Energia do sistema
- Entropia
- Equilíbrio
- Equilíbrio energético
- Estabilidade
- Estabilidade longe do equilíbrio

- Física quântica
- Flecha do tempo
- Lei da conservação de energia
- Leis da termodinâmica
- Matéria
- Metabolismo celular
- Mitose
- Modelo determinístico
- Modelo probabilístico
- Morte
- Movimento browniano
- Padrão
- Partículas atômicas
- Partículas subatômicas

- Pontes de hidrogênio
- Previsibilidade
- Probabilidade
- Processo caótico
- Sistema
- Sistema complexo
- Sistema conservativo
- Sistema dissipativo
- Sistema estável
- Sistemas não determinísticos
- Sistemas previsíveis
- Temperatura
- Termodinâmica
- Zero absoluto

Introdução

Os termos matéria e energia serão citados muitas vezes neste capítulo; entretanto, sua definição formal somente será apresentada no capítulo seguinte. Por ora, é suficiente que energia seja compreendida, a partir do senso comum, como capacidade de realizar trabalho.

A termodinâmica surgiu como uma ciência clássica no século 17, na época em que os cientistas começaram a estudar o comportamento da matéria (sólida, líquida, gasosa) sob o efeito do calor nas mais diversas condições; entretanto, só passou a ser amplamente estudada no século 18, em virtude da invenção da máquina a vapor, que proporcionou um grande impulso econômico na sociedade europeia, uma vez que possibilitou a Revolução Industrial e a sua consolidação.

Tecnicamente, calor é a energia existente em um corpo em virtude do grau de agitação em suas moléculas. Temperatura é a grandeza que mede a quantidade de calor. A termodinâmica estuda as interações da matéria com o calor. O conceito de calor como "grau de agitação de moléculas" será mais bem elucidado quando o movimento browniano for discutido (mais adiante, neste capítulo).

Apesar de o conceito de energia ser um tanto abstrato, o calor é uma modalidade de energia que podemos literalmente sentir em nossa pele. Como somos dotados de receptores térmicos na superfície de nosso corpo, para nós a percepção do calor é bastante concreta. No passado, antes mesmo de existir a pilha elétrica, já era possível manipular e medir o calor: bastavam uma fonte de energia térmica (p. ex., uma lamparina) e alguns termômetros rudimentares (instrumentos já existentes na época) para que os cientistas pudessem montar verdadeiros laboratórios de termodinâmica, nos quais eram capazes de executar experimentos com certa precisão nas medidas. Com isso, eles podiam esquentar e esfriar diversos materiais sob várias condições para observar como eles se comportavam. Em tempos em que não era fácil medir eletricidade, campos magnéticos ou forças nucleares, bem como as interações da matéria com essas energias, o calor representou uma grande possibilidade de pesquisa para os pioneiros do estudo da energia.

Sendo o calor uma das modalidades de energia existentes no universo (assim como a energia elétrica, a magnética e a mecânica, entre outras, também o são), podemos dizer que:

> A termodinâmica estuda as interações da matéria com a energia ao longo do tempo.

Apesar de o calor ser o protagonista nos experimentos de termodinâmica e nas construções teóricas a respeito dela, essa ciência teve de se tornar mais abrangente à medida que os cientistas perceberam que os processos termodinâmicos eram, na verdade, processos mais gerais, os quais se aplicavam de maneira irrestrita a quaisquer modalidades de matéria ou energia estudadas, independentemente do tipo de energia e de matéria que estivesse sendo observado. A termodinâmica poderia, então, passar a ser chamada de ergodinâmica (*érgon*, vocábulo grego que significa energia ou trabalho); porém, seu nome permaneceu inalterado. Hoje, contudo, podemos e devemos definir a termodinâmica da seguinte maneira:

> A termodinâmica é o ramo da física que estuda o comportamento de todas as modalidades de energia, bem como suas interações com a matéria.

Portanto, as mesmas leis da termodinâmica (enunciadas no fim deste capítulo) são aplicáveis a todo sistema sob efeito de transferência de energia, em qualquer uma de suas modalidades (térmica, elétrica, nuclear, luminosa, mecânica, magnética, acústica etc.).

Calor e entropia

Analisemos o efeito do calor em duas situações distintas: uma festa e um experimento com um copo d'água. No primeiro caso, suponha que a região em que esteja acontecendo a festa tenha um inverno rigoroso e que, fora do salão, o frio seja insuportável. A festa começa com um repertório musical calmo e romântico, e logo se formam casais que dançam juntos. Algumas pessoas se mantêm praticamente paradas, conversando, e há apenas uma movimentação modesta. Com o passar do tempo, à medida que bebem drinques e a música fica animada, os convidados comentam: "A festa começou a esquentar!" Cheias de energia, as pessoas começam a dançar freneticamente ao som da música (e sob o efeito do álcool). Vários esbarrões, pisadas e cotoveladas fazem com que o salão pareça pequeno. As mesas e cadeiras, então, são arrastadas para os cantos do salão, para que todos possam dançar com liberdade. De repente, a música para por causa de uma pane no aparelho de som e só resta aos convidados se sentarem às mesas, logo que elas sejam arrumadas novamente no salão. Aproveitam para conversar e beber algo, cada um sem deixar o seu lugar. "Que pena, a festa esfriou!", comentam alguns.

No segundo caso, o experimento com o copo d'água, vemos que, sob determinado nível de calor (energia), as moléculas de água em estado líquido mantêm certa organização. As chamadas pontes de hidrogênio fazem com que as moléculas permaneçam relativamente unidas, mantendo, porém, determinada agitação contínua dentro do líquido. Com o acréscimo de calor, as moléculas aumentam sua cinética, chocam-se continuamente e afastam-se umas das outras. As pontes de hidrogênio se enfraquecem e começam a se romper. O espaço que o líquido ocupava torna-se pequeno, uma vez que, neste momento, a água se transforma em gás (vapor), em virtude da grande agitação de suas partículas. O vapor se expande, ocupando mais espaço. Caso não haja como ele ocupar um compartimento maior, os choques entre suas moléculas e as paredes do compartimento que o contém aumentam sensivelmente, e, com isso, a pressão também se eleva. Se, contudo, esfriarmos esse gás – retirando calor –, as moléculas voltarão a se unir, formando a água em estado líquido. Se retirarmos ainda mais calor, as moléculas praticamente cessarão sua movimentação e se organizarão simetricamente, solidificando-se e formando gelo.

Glossário

Energia (definição clássica)
Capacidade de realizar trabalho

Calor
Energia existente em um corpo em virtude do grau de agitação em suas moléculas

Temperatura
Grandeza que mede a quantidade de calor

Termodinâmica
Ramo da física que estuda a energia e suas interações com a matéria

Matéria
Tudo aquilo que contém massa

Pontes de hidrogênio
Forte ligação química entre o hidrogênio (H) e elementos muito eletronegativos, como o flúor (F), o oxigênio (O) e o nitrogênio (N); o náilon é tão resistente porque é formado por um polímero rico em pontes de hidrogênio

Cinética
Termo físico que se refere a movimento

A comparação entre essas duas situações busca ilustrar um princípio da termodinâmica que se aplica a qualquer conjunto de objetos na natureza: quanto mais energia (calor), mais pressão, mais expansão, mais movimento, menos certezas e menos ordem. Quanto menos energia, menos pressão, menos expansão, menos movimento, mais certezas e mais ordem.

> O aumento de energia aumenta o grau de desordem nos elementos de um sistema.

De fato, nos exemplos descritos, o calor (energia) se relaciona com a desordem das pessoas na festa, bem como com a desordem das moléculas de água no copo. Existe um conceito físico que define o grau de desordem em um sistema: o conceito de **entropia**.

> Entropia é a medida da desordem em um sistema.

Quanto maior a entropia, maior a desordem e menor a certeza de onde se encontra determinada partícula.

Caso o conceito de entropia pareça, neste momento, um tanto complicado, não se preocupe, pois até mesmo os físicos sentem dificuldade em explicá-lo. É por isso que, com frequência, nos livros de física, este assunto é explicado a partir da linguagem matemática. Em virtude da dificuldade de definir com clareza alguns fenômenos físicos, a metafísica (que nada tem a ver com ciência) tem, indevidamente, se apropriado deste e de outros conceitos da termodinâmica e da mecânica quântica para produzir ilações sobre o passado e o futuro do universo, a natureza do tempo, entre outras divagações, que não têm nenhuma relação com os objetos de estudo da biofísica, a qual é uma ciência de caráter experimental.

Mais adiante, quando o tema atrito for abordado, o conceito de entropia voltará a ser discutido.

Certeza e incerteza

Tente responder às seguintes perguntas:
- Quantos milímetros seu cabelo irá crescer nos próximos 117 dias?
- Quantos gramas de arroz você irá comer nas próximas 72 horas?
- Quantos germes você remove após lavar as mãos durante 96 segundos?
- Quantos grãos de areia cabem em uma colher de sopa?
- Quantas vezes você irá respirar nas próximas 24 horas?

Será que alguém é capaz de responder a essas perguntas com exatidão? Certamente, não. Quase nenhuma pergunta a respeito da natureza, por mais simples que seja, pode ser respondida com certeza absoluta.

Em contrapartida, existem graus maiores e menores de incerteza, os quais podemos medir. Embora não se possa afirmar com precisão quantos milímetros o cabelo de uma pessoa crescerá nos próximos 117 dias, é possível ter uma ideia desse valor. Essa ideia, que se encontra entre a certeza e a incerteza, é o que chamamos de estimativa, uma noção aproximada do futuro.

A matemática pode ser utilizada para medir o grau de incerteza, ou seja, produzir um valor para a estimativa. Este valor, que mede a incerteza, é denominado **probabilidade**.

> Uma boa estimativa é aquela que traduz uma alta probabilidade de estarmos certos acerca do futuro.

À medida que o tempo passa, as estimativas se tornam mais difíceis. Sem dúvida, é mais fácil ter boas estimativas a respeito de um futuro próximo do que de um futuro longínquo. O tempo aumenta as incertezas. Examine a Figura 1.1.

Qual dos dois gráficos da Figura 1.1, em sua opinião, corresponde à realidade? Os gráficos mostram o espaço S que um móvel percorre com uma velocidade V durante um intervalo de tempo expresso por $\Delta t = t_2 - t_1$, em que t_2 é o tempo final e t_1, o inicial. Segundo a mecânica clássica aprendida na escola, pode-se ter certeza da posição S_x do móvel quando a sua velocidade e a sua trajetória são conhecidas – é o caso do gráfico da esquerda, que mostra uma velocidade constante.

No gráfico da direita a trajetória é a mesma; porém, nem a velocidade, tampouco as variações da velocidade são constantes. Por que não? Um carro de fato altera sua velocidade a todo instante durante uma viagem, seja por causa de um caminhão que não o deixa ultrapassar, por uma curva perigosa que o faz reduzir a velocidade, por uma parada a fim de que o motorista possa ir ao banheiro, por um buraco que surge no asfalto ou mesmo pela ansiedade que faz a pessoa acelerar para chegar mais depressa ao seu destino. Em uma viagem, muitos são os fatores capazes de alterar a velocidade do carro, e esses acontecimentos são imprevisíveis.

Observe mais um fato na Figura 1.1: quanto mais tempo se passa, mais incerta se torna a posição S_x do móvel; isso se deve ao fato de que o número de incertezas (imprevistos) é proporcional ao período de tempo. O intervalo ΔS_1, no qual o carro provavelmente estará posicionado em t_1 (mais perto do presente), é menor do que o intervalo ΔS_2, posicionado em t_2 (mais adiante no tempo, no futuro). Por quê? Porque o tempo representa uma sucessão de imprevistos (e, portanto, de incertezas).

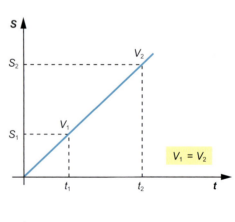

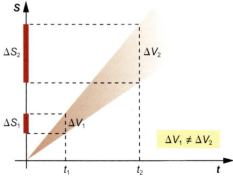

Figura 1.1 Gráficos que representam as velocidades de um móvel.

⚛ **O melhor modelo para descrever o funcionamento da natureza de maneira mais realista não é o modelo determinístico, e sim o modelo probabilístico.**

Observando novamente a Figura 1.1, chega-se à conclusão de que, quanto mais distante é o futuro, maiores são as incertezas e mais imprecisas são as estimativas acerca dele.

A fim de reforçar o que foi exposto, a Figura 1.2 ilustra um modelo para uma sequência de eventos probabilísticos, em que cada momento do tempo está marcado como T1-T5.

Tomemos esse modelo para descrever as possibilidades de jogo (cara [K] ou coroa [C]) com uma moeda ao longo de lançamentos sucessivos. Cada momento do tempo é uma jogada (assim como um terceiro momento está mais adiante no tempo que um segundo, uma terceira jogada está mais distante do que a segunda). Observe a probabilidade de se prever o destino da moeda ao longo de cinco momentos, sendo que, em cada um deles, a probabilidade de se acertar o novo evento (K ou C) é de 50%; ou seja, a chance de se ganhar o jogo é de uma em duas.

A probabilidade de se conhecer o futuro no primeiro momento (T1) é de 50%. Agora, suponha que se queira prever a história de lançamentos desta moeda, ou seja, o resultado de todos os lançamentos de T1 a T5 (p. ex., a sequência K, K, C, K, C): qual a probabilidade de se prever todo o histórico de resultados desde o primeiro (T1) até o quinto lançamento (T5)? A probabilidade é igual a $1/2^5$; isto é, uma em 32 possibilidades, que corresponde à chance de 3,125% (bem menor do que a de se prever apenas um lançamento, que é de 50%).

A natureza é assim: quanto mais distante é o futuro, menor é a certeza. Um exemplo cotidiano que ilustra esse fato é que é bem mais fácil prever se vai chover amanhã do que 90 dias depois.

⚛ **Quanto mais no futuro nos projetamos, menos certeza temos a respeito do que poderá acontecer.**

Outra característica fundamental relacionada com a incerteza na natureza é a importância das condições iniciais. O exemplo da Figura 1.2 ilustra este fato. Repare que a árvore de probabilidades mostrada na figura descreve uma sequência de caminhos que se bifurcam. Se, no primeiro momento, decidirmos tomar o caminho da direita, essa decisão influenciará todo o restante do percurso, cujo histórico seria completamente diferente caso tivéssemos decidido tomar o caminho da esquerda.

Todo processo não determinístico (ou seja, que não pode ser previsto com certeza) é conhecido como processo caótico.

⚛ **O processo caótico é imprevisível e muito sensível às suas condições iniciais.**

As condições iniciais de um processo podem ser tão sutis como um peteleco em uma pedra de dominó; porém, as consequências desse pequeno ato são multiplicativas.

Com base nessa premissa sobre a evolução de sistemas não determinísticos, surgiu esta famosa frase: "O bater de asas de uma borboleta em Tóquio pode provocar um furacão em Nova York". Conhecida como efeito borboleta, essa teoria se tornou a "marca registrada" da ciência do caos.

É comum a associação de caos a desordem ou "bagunça", mas essa noção não é correta. Na verdade, caos significa incerteza, imprevisibilidade e vulnerabilidade às condições iniciais de um processo.

⚛ **Desordem não é caos; desordem é entropia. Caos é imprevisibilidade.**

Movimento browniano

Ainda sobre caos, sabemos que a trajetória dos elétrons em torno de um átomo é uma verdadeira nuvem de incertezas. O movimento de pequenas partículas, como moléculas, em sistemas compostos por líquidos e gases demonstra um comportamento de incerteza absoluta. Por que isso acontece? A resposta remonta ao século 19, quando um botânico escocês chamado Robert Brown observou ao microscópio grãos de

> **Glossário**
>
> **Entropia**
> Medida da desordem em um sistema
>
> **Probabilidade**
> Medida da estimativa, ou seja, do grau de incerteza
>
> **Modelo determinístico**
> Modelo cujo desfecho pode-se prever com certeza, uma vez conhecidas as condições iniciais
>
> **Modelo probabilístico**
> Modelo cujo desfecho não pode ser previsto com certeza, apenas a partir de estimativas, ainda que se conheçam as condições iniciais
>
> **Processo caótico**
> Processo imprevisível e muito sensível às suas condições iniciais
>
> **Sistemas não determinísticos**
> Sistemas que funcionam segundo um modelo probabilístico

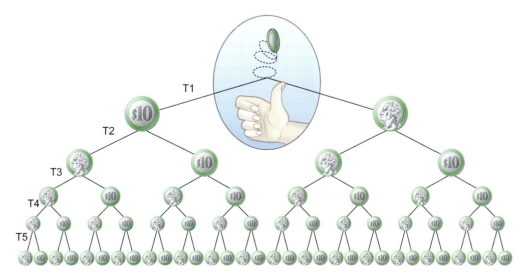

Figura 1.2 Sucessão de sorteios no lançamento de uma moeda.

🔬 BIOFÍSICA EM FOCO

Há dois filmes de ficção que ilustram o caos na natureza: *De volta para o futuro 2* e *Efeito borboleta*. No primeiro, o protagonista da trama viaja para o futuro e acidentalmente deixa sua máquina do tempo à mercê de um mau-caráter, que leva para o passado um almanaque contendo todos os resultados esportivos de 1950 a 2000. Quando retorna ao presente (1985), o mocinho observa que o mundo não é mais o mesmo, uma vez que aquele pequeno ato de descuido permitiu ao bandido se tornar o homem mais rico da cidade e transformá-la em um verdadeiro inferno. *Efeito borboleta* segue uma lógica similar, mostrando como a vida das pessoas e a do protagonista mudam radicalmente cada vez que ele volta ao passado e reformula pequenos atos de sua biografia.

pólen suspensos em água e teve uma grande surpresa. Ele percebeu que os grãos de pólen se moviam de modo desordenado na água, sem seguir nenhum padrão, e que esse movimento jamais cessava. Em homenagem ao seu descobridor, esse movimento caótico (imprevisível) de partículas ganhou o nome de **movimento browniano**.

A princípio, Brown imaginou que, como o pólen se movia, seria uma estrutura viva; contudo, essa ideia foi logo descartada, uma vez que qualquer partícula inerte colocada na água tinha o mesmo comportamento ao microscópio.

Foi o então jovem Albert Einstein quem elucidou o mistério em um de seus primeiros trabalhos. Na época, a existência do átomo ainda não havia sido demonstrada; porém, Einstein revelou que, como o pólen era imóvel, a única explicação para o movimento era a de que dentro da água ocorria um movimento contínuo e aleatório de suas moléculas (conjunto de átomos), e a colisão delas com o pólen fazia com que ele se movesse. Surgia, então, a primeira demonstração experimental da existência do átomo (Figura 1.3).

Após a descrição de Einstein sobre o movimento browniano presente nos gases e líquidos, uma pergunta ainda incomodava os físicos: "E quanto aos corpos sólidos? Existe algum movimento neles?". Além disso, ainda faltava explicar melhor o que causava o movimento browniano.

Nos primórdios do século 20, os cientistas da física quântica descobriram que o movimento browniano acontece porque, na intimidade do átomo, as partículas subatômicas estão constantemente em movimento aleatório. Como toda matéria do universo é constituída por átomos, podemos concluir que:

🔬 No universo, nada está em completo repouso. Onde existe matéria, existe movimento.

O conhecimento e a compreensão do movimento browniano foram fundamentais para o entendimento de muitas nuances do comportamento físico das partículas em gases e líquidos. Nos gases, por exemplo, em que as interações moleculares são mínimas, o movimento das moléculas é ainda mais rápido e imprevisível. Por isso, se abrirmos um pequeno recipiente com gás, este irá espalhar-se rapidamente por todo o ambiente.

Após essa elucidação, o conceito de calor já pode ser mais bem compreendido. O calor nada mais é que a energia produzida pela agitação contínua e pelos choques entre as moléculas de um corpo. Quem produz essa agitação na matéria? O movimento browniano.

🔬 O movimento browniano explica a natureza física do calor. Logo, a temperatura é a medida da intensidade do movimento browniano em um corpo.

Figura 1.3 Movimento browniano. **A.** Grão de pólen (esfera roxa) movendo-se graças ao choque das moléculas de água (esferas azuis). **B.** Comportamento de uma molécula de água ampliada, descrevendo um movimento browniano.

BIOFÍSICA EM FOCO

Para dizermos que um sistema apresenta comportamento caótico, ele deve satisfazer três condições:

- Ser dinâmico, ou seja, alterar-se à medida que o tempo passa (p. ex., uma pessoa que envelhece)
- Ser não linear, isto é, sua resposta não ser proporcional à perturbação (p. ex., uma simples declaração pode causar uma revolução de Estado)
- Ser muito sensível a perturbações mínimas de seu estado inicial, ou seja, uma alteração desprezível no presente pode causar, a longo prazo, uma mudança imprevisível (p. ex., um leve desvio na trajetória de uma sonda espacial pode levá-la para anos-luz de distância de seu destino original).

Sistemas

Uma vez introduzido o tema sistemas caóticos, podemos definir de modo mais formal o que, em física, chamamos de sistema. Para melhor compreensão do assunto, vamos comparar o conceito de sistema com o de sociedade, que todos conhecemos bem.

Uma sociedade é composta por dois entes: coletividade e cultura. A coletividade é o conjunto de pessoas que compõem a sociedade; porém, muito mais que um "aglomerado" de indivíduos, o que caracteriza uma sociedade é a identidade conferida a ela a partir da maneira pela qual as pessoas interagem umas com as outras e com outras sociedades. As diversas modalidades e características das interações sociais definem a cultura. Estabelecendo uma analogia com a sociedade, podemos dizer que:

◈ Um sistema é caracterizado pela coletividade (conjunto de elementos que o constituem) e pela energia existente nele.

◈ Sistema é um conjunto de elementos que interagem diretamente uns com os outros.

A energia do sistema é determinada pelas interações dos elementos da coletividade; então, podemos considerar as sociedades como sistemas compostos por coletividade e energia (cultura). Assim como a cultura é a "alma" da sociedade, o fluxo de energia é a "alma" dos sistemas. Por esse motivo, os sistemas são objeto de estudo da termodinâmica. Afinal:

◈ A termodinâmica estuda o fluxo de energia em sistemas da natureza.

O conceito e as leis que governam os sistemas constituem uma importante ferramenta que a ciência atual utiliza para estudar os complexos e imprevisíveis modos de organização da natureza em seus mais variados domínios, tais como biologia, física, química, sociologia, psicologia, economia, política, administração, informática etc.

Pela ótica da física, concebemos sistema como uma espécie de unidade funcional de dimensões variáveis. Um sistema pode conter outros sistemas, bem como fazer parte de outros maiores.

O menor sistema possível seria aquele composto por duas partículas quaisquer que interagem uma com a outra (até mesmo esse minúsculo sistema interage com outros, uma vez que não está isolado no universo). O maior sistema possível seria o próprio universo.

Podemos decompor o universo em infinitos sistemas: pequenos como átomos ou moléculas, e enormes, como planetas ou galáxias. Outros exemplos de sistemas seriam o coração, o corpo humano, uma célula, uma classe escolar, uma sociedade, o conjunto dos números primos, um computador etc.

É comum compararmos os organismos vivos ou o corpo humano com máquinas, mas, na realidade, um ser vivo é um sistema complexo que apresenta um fluxo contínuo e significativo de energia, sendo capaz de se adaptar e de interagir com o meio. É possível construir máquinas idênticas entre si; entretanto, nenhum ser vivo é idêntico a outro, tamanha a complexidade dele como sistema.

Classificação dos sistemas

Antes de classificarmos os sistemas levando em conta suas interações, é fundamental que elucidemos algumas ideias. Não usaremos a classificação formal da termodinâmica clássica, mas, sim, uma classificação mais didática, que atende aos fins da Biofísica.

Como já foi mencionado, na natureza tudo está em movimento, o qual é determinado pelas **partículas (atômicas e subatômicas)** constituintes da matéria. Partículas em movimento aleatório, em um dado momento, chocam-se, e esta colisão limita o movimento, produzindo o que chamamos de **atrito**.

◈ Atrito nada mais é que uma resistência ao movimento.

O atrito produz calor, que se caracteriza por agitação molecular, a qual provoca uma desordem no meio que circunda as partículas que se chocaram. Esta desordem (definida como entropia) existe em função da produção de calor. Com base na percepção de que atrito produz calor, nossos ancestrais aprenderam a produzir fogo a partir do atrito de paus e pedras.

Logo, sempre que há movimento, há atrito, e este produz energia na condição de calor. Esta energia em forma de calor, que foi produzida pelo atrito, não é capaz de realizar trabalho, uma vez que representa tão somente o grau de desordem no sistema (entropia). Assim, dizemos que o calor, neste caso, representa uma energia dissipada.

◈ Atrito produz calor; calor produz agitação molecular; agitação produz desordem. Logo, atrito produz entropia, que é desordem.

Glossário

Movimento browniano
Movimento aleatório de partículas em um fluido, como consequência dos choques das moléculas do fluido nas partículas

Física quântica
Ramo da física que estuda as partículas subatômicas

Sistema
Conjunto composto por coletividade e energia

Energia do sistema
Agitação resultante das interações dos elementos do sistema

Coletividade
Conjunto de elementos que constituem um sistema

Partículas atômicas
Partículas (prótons e nêutrons) que compõem o núcleo atômico

Partículas subatômicas
Partículas que formam os prótons e nêutrons

Atrito
Força de resistência ao movimento

Energia dissipada
Energia "desperdiçada" na forma de calor, sendo incapaz de realizar trabalho

Considerando que todo sistema (exceto o universo) está contido em um maior e que, portanto, todos os sistemas na natureza interagem uns com os outros, podemos finalmente propor uma classificação prática e objetiva para eles. A partir dos conceitos de atrito, energia dissipada e entropia, classificaremos os sistemas em dois tipos: conservativos e dissipativos.

Sistemas conservativos

> Sistema conservativo é aquele no qual não ocorre perda de energia em forma de calor quando seus elementos interagem uns com os outros.

O sistema conservativo somente existe em modelos teóricos. Na vida real, ele não é possível, uma vez que representaria um sistema em que as interações ocorreriam para sempre, sem a necessidade de intercâmbio de energia, matéria e/ou informação com outros sistemas; ou seja, seria um sistema que não troca nada com o restante da natureza – um sistema isolado do mundo.

Se existissem na natureza sistemas conservativos, teríamos uma garrafa térmica perfeita (que conservaria o calor de seu conteúdo mesmo após se passarem 1.000 anos), bem como um pêndulo perfeito, que, uma vez em movimento, continuaria a oscilar na mesma amplitude até o fim dos tempos, sem jamais parar. Tanto o pêndulo perfeito quanto a garrafa térmica perfeita não existem por um único motivo: na natureza tudo é movimento, e onde há movimento há atrito (e, consequentemente, entropia).

Na física aprendida na escola, são comuns enunciados de exercícios contendo as seguintes colocações: "despreze o atrito", "despreze a resistência do ar", "despreze a viscosidade do líquido", "considere que tudo ocorre nas CNTP" etc. Em contrapartida, tais condições só podem ser produzidas artificialmente em laboratório.

Na natureza, ou seja, no mundo real, esta física ideal simplesmente não existe – é uma utopia. Para compreendermos a biofísica, que é a física real aplicada aos sistemas biológicos, é necessário se libertar da ilusão de que algo na natureza ocorra sem que existam perdas (dissipações). Do ponto de vista prático, na natureza, todo sistema é dissipativo.

Sistemas dissipativos

> Sistema dissipativo é aquele no qual ocorre perda de energia em forma de calor quando seus elementos interagem uns com os outros ou com outros sistemas.

Logo, o sistema dissipativo pratica o intercâmbio de energia, matéria e/ou informação com outros sistemas. Como ocorre dissipação em forma de calor, há desordem no entorno do sistema, produzindo entropia. Para efeitos práticos, podemos tranquilamente considerar que, no mundo real, todos os sistemas são dissipativos (inclusive os sistemas biológicos, que são objeto de estudo da biofísica).

Em um sistema dissipativo, apenas parte da energia obtida é aproveitada para a realização de trabalho. O restante da energia é perdido em forma de calor para outros sistemas ou para o meio. Portanto, aquele princípio de conservação da energia mecânica (que despreza o atrito) aprendido na escola não se aplica aqui; tampouco, na vida real.

Em todos os processos biológicos, há grande dissipação de energia na forma de calor. Quando uma célula sofre mitose, boa parte de sua energia é perdida pelo processo. Do mesmo modo, na contração do músculo, muita da energia mecânica é perdida na forma de calor. Em todas as reações químicas, grande parte da energia mobilizada se dissipa em calor. O envelhecimento celular é um exemplo de processo dissipativo, uma vez que as perdas de energia tornam, dia a dia, o processo de regeneração tecidual menos eficiente, e o efeito acumulativo desta ineficiência produz os sinais visíveis do envelhecimento. No metabolismo celular, apenas 20% da energia proveniente dos alimentos são capazes de realizar trabalho; os outros 80% se perdem em calor, que não é capaz de realizar trabalho.

Características dos sistemas

Complexidade

Pode-se dizer que um sistema é tão complexo quanto maior a quantidade de informação necessária para descrevê-lo. O cérebro humano, por exemplo, composto por bilhões de células nervosas, é um dos sistemas mais complexos que conhecemos. Em contrapartida, um gás constituído por bilhões de moléculas é um sistema bem mais simples; basta estudar uma pequena parte do gás para entender seu comportamento físico-químico. O mesmo não é possível para sistemas complexos como o cérebro – se estudarmos um pequeno corte histológico do cérebro, certamente não estaremos aptos a inferir como se dão todas as funções cerebrais. O cérebro é composto por células heterogêneas com diferentes estruturas e funções; além disso, as interações dos neurônios (células nervosas) são extremamente complexas.

> Quanto mais heterogêneos os seus elementos, maior a complexidade de um sistema.

> Quanto maior a complexidade das trocas energéticas que ocorrem entre os seus elementos, maior a complexidade de um sistema.

Imprevisibilidade

Os sistemas menos complexos são, em geral, mais previsíveis, enquanto os complexos, por sua vez, apresentam maior imprevisibilidade. Isso ocorre porque os elementos dos sistemas complexos interagem abundantemente, e, como cada interação pode render resultados imprevisíveis, a soma das incertezas de cada interação acaba por produzir uma enorme incerteza no que diz respeito ao comportamento final do sistema como um todo.

Ilustrando o que foi dito, sabemos que um camundongo é um sistema muito mais complexo do que um objeto, como uma cadeira, por exemplo. Se deixarmos os dois no centro de uma sala trancada e só retornarmos 6 horas depois, certamente a cadeira ainda estará no mesmo local (apesar de poder ter havido pequenas alterações imperceptíveis em seus átomos), mas o que dizer sobre o camundongo? Será possível prever em que local da sala ele estará? Com certeza, não.

Os seres vivos são sistemas complexos (logo, pouco previsíveis) e apresentam um comportamento caótico em comparação com outros sistemas, como uma montanha, uma geleira milenar ou um rio caudaloso.

> Quanto mais complexo um sistema, menos previsível ele será.

Equilíbrio energético

Todo sistema dissipativo pode, ao longo do tempo, entrar em equilíbrio energético com o meio que o circunda. Um exemplo de equilíbrio é uma barra de ferro incandescente colocada sobre uma pedra ao ar livre. Com o tempo, a barra de ferro esfria à medida que cede calor para o ambiente. Em determinado momento, ela entra em equilíbrio com o meio, ou seja, ambos (meio e barra) passam a apresentar a mesma temperatura, indicando que não está ocorrendo mais troca de calor (energia) entre eles.

> O equilíbrio energético se dá quando não há mais troca de energia com o entorno.

Pela própria definição de equilíbrio energético, fica claro que os seres vivos jamais podem estar em equilíbrio com o meio, uma vez que isso só aconteceria se, entre eles e o meio, não ocorresse mais nenhuma troca energética; ou seja, isso só seria possível se o ser estivesse morto, já que, enquanto há vida, há troca de energia com tudo o que cerca o ser vivo. Pelo exposto, chegamos a duas conclusões importantes:

> A vida é incompatível com o equilíbrio energético. Equilíbrio é morte.

> Todos os processos vitais se dão longe do equilíbrio.

Estabilidade

Se a vida só é possível longe do equilíbrio, por que os seres vivos (pelo menos enquanto estão vivos) mantêm seu aspecto praticamente uniforme? Por exemplo, se observarmos a folha de uma árvore agora e, depois de 1 mês, voltarmos a observá-la, provavelmente ela estará lá, imóvel, com o mesmo aspecto de antes. Esta folha não está em equilíbrio com o meio que a circunda? Se não está em equilíbrio, por que mantém o mesmo aspecto ao longo do tempo?

Podemos afirmar que a folha não se encontra em equilíbrio termodinâmico, porque, caso se encontrasse, não trocaria matéria (seiva bruta, gás carbônico) nem energia (luz, calor) com o meio circundante. Assim, ela não poderia realizar fotossíntese e, portanto, estaria morta.

Se a folha consegue manter sua configuração por 1 mês, é justamente porque há troca de energia dela com o meio. Como a folha mantém sua configuração ao longo do tempo, dizemos que ela é um sistema estável.

> Sistema estável é aquele que mantém sua configuração ao longo do tempo.

> Quanto mais estável um sistema, mais previsível ele é. Sistema estável é o oposto de sistema caótico.

Pelo que foi exposto, podemos dizer que esta estabilidade tem um custo: ela só é possível graças a um gasto de energia. Trata-se de uma estabilidade longe do equilíbrio.

A estabilidade só coincide com o equilíbrio em seres inanimados, ou seja, em sistemas pouco complexos, como uma pedra, que é capaz de existir e manter sua configuração ainda que não troque energia com o meio.

Diferença entre equilíbrio e estabilidade

Para fixar bem a diferença conceitual entre estabilidade e equilíbrio, observe a situação da caixa d'água representada na Figura 1.4. Veja que a caixa se mantém com um nível fixo de

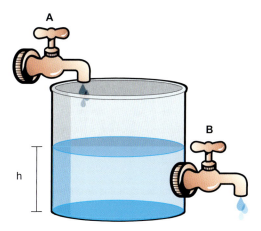

Figura 1.4 Estabilidade ou equilíbrio.

água, representado pela altura h. A caixa pode se manter nessa condição em uma de duas situações: na condição de equilíbrio (estabilidade espontânea), simplesmente estando as duas torneiras fechadas, ou na condição de estabilidade longe do equilíbrio, quando ambas as torneiras estão abertas com a mesma vazão, ou seja, o volume que sai da caixa é igual ao volume que entra nela (com gasto de energia, pois a bomba d'água ou a força gravitacional alimenta a torneira A).

Assim, se as duas torneiras estiverem fechadas, teremos um estado de equilíbrio, e, se ambas estiverem abertas com a mesma vazão, teremos um estado de estabilidade (também chamado de estado estacionário).

Tanto os sistemas estáveis quanto os em equilíbrio preservam sua configuração constante ao longo de um intervalo de tempo. A diferença é que, como já foi dito, um sistema estável só consegue manter sua estabilidade à custa de gasto energético. Uma vez que o sistema em equilíbrio também mantém sua configuração estável ao longo do tempo, podemos dizer, pela definição dada anteriormente, que todo sistema em equilíbrio é também estável, porém mantém esta estabilidade espontaneamente (sem gastar energia). Então, o equilíbrio, quando relacionado com a estabilidade, pode ser definido da seguinte maneira:

> Equilíbrio é a estabilidade espontânea.

Padrões

Ao observarmos a natureza, podemos perceber que algumas configurações de elementos de

Glossário

Sistema conservativo
É um sistema no qual não ocorre perda de energia em forma de calor quando seus elementos interagem uns com os outros

CNTP
Sigla que significa "condições normais de temperatura e pressão"

Sistema dissipativo
É um sistema no qual ocorre perda de energia em forma de calor quando seus elementos interagem uns com os outros ou com outros sistemas

Mitose
Processo de divisão celular no qual uma célula origina duas células-filhas idênticas

Metabolismo celular
Conjunto de reações químicas que ocorre nas células

Sistema complexo
Sistema cujos elementos interagem por meio de numerosas relações de interdependência ou de subordinação

Sistemas previsíveis
Sistemas cujo comportamento pode ser estimado com certo grau de certeza

Equilíbrio energético
Estado no qual não ocorre mais troca de energia

Morte
Parada irreversível de todas as reações químicas que ocorrem em nível celular

Sistema estável
Sistema que mantém sua configuração ao longo do tempo; nos seres vivos, a estabilidade não é espontânea, ela só ocorre longe do equilíbrio

Estabilidade longe do equilíbrio
Se algo ocorre longe do equilíbrio termodinâmico, é porque se dá à custa de trocas energéticas

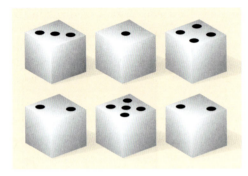 

Figura 1.5 Duas configurações distintas de um mesmo sistema, formado por seis dados, produzindo um mesmo resultado final (soma = 17).

um sistema são mais prováveis de ocorrer. Por exemplo, se lançarmos seis dados, será muito mais provável obtermos a soma 17 do que a 6, já que a soma 17 poderá ser obtida por meio de muitas combinações possíveis (a Figura 1.5 mostra duas dessas combinações), enquanto a soma 6 só será possível por uma única combinação (todos os dados apresentarem a face que contém o número 1).

Quanto maior a probabilidade de uma configuração ocorrer, maior a probabilidade de essa configuração constituir um **padrão**.

> O termo padrão se refere a qualquer configuração que ocorra com maior frequência na natureza.

Vejamos alguns exemplos de padrões na natureza:
- A orelha humana: há variação de tamanho, existem algumas mais afastadas, outras mais pontudas, mas são sempre orelhas. Assim como a orelha, outro padrão é o rosto humano (sobrancelhas em uma disposição mais ou menos comum, olhos acima do nariz etc.)
- O amor da mãe pelos filhotes: umas são mais severas, outras são mais permissivas, outras são mais ou menos aflitas, mas a regra é que a mãe ama seus filhotes. Logo, comportamentos também podem representar padrões na natureza
- O formato dos planetas: uns são mais achatados, outros são mais alongados, outros são elipsoides, mas nenhum apresenta um formato muito diferente deste padrão
- A forma das laranjas
- As lembranças do passado no cérebro (por isso, em condições normais, não confundimos os fatos que compõem nossa biografia).

Leis da termodinâmica

As chamadas leis da termodinâmica foram postuladas e sistematizadas por diversos cientistas ao longo dos séculos 19 e 20. Elas foram inclusive enunciadas de maneiras diferentes, a fim de se aplicarem a diversos contextos ao longo da história. Utilizaremos neste livro os enunciados que nos parecem mais apropriados para os nossos propósitos.

Estas quatro leis são uma tentativa de sistematizar os princípios físicos que regem o fluxo de energia entre os sistemas. Para efeitos práticos, bem como para a melhor compreensão da biofísica, nos interessam mais diretamente a primeira e, principalmente, a segunda lei da termodinâmica.

Lei zero da termodinâmica

> Se dois sistemas estão em equilíbrio térmico com um terceiro, então esses dois sistemas estão em equilíbrio térmico entre si.

O enunciado dessa lei é praticamente autoexplicativo, uma vez que parte da conhecida premissa lógica que diz: "Se A é igual a B, e B é igual a C, logo A é igual a C".

Esta lei é útil na definição de escalas termométricas, não tendo, entretanto, nenhuma aplicação significativa para a biofísica.

Primeira lei da termodinâmica

> A quantidade de energia que entra em um sistema é a mesma que sai deste sistema.

Em virtude de suas implicações, a primeira lei é também conhecida como **lei da conservação de energia**, cujo enunciado clássico é:

> Energia não se perde nem se cria, somente se transforma. Logo, a quantidade de energia no universo se mantém sempre constante.

Esse enunciado afirma que, se injetarmos uma determinada quantidade x de energia em um sistema, ele deve liberar exatamente a mesma quantidade x de energia para outro sistema, seja como trabalho, seja como calor.

Como os sistemas têm rendimentos variados, porém sempre abaixo de 100% (ou seja, nunca a energia total do sistema será convertida em trabalho), essa lei enuncia que, mesmo se somente parte da energia injetada em um sistema for utilizada na transformação desse sistema, o restante da energia não poderá se perder. E o que acontece com o restante de energia? É convertido em calor, o qual irá livremente se dissipar do sistema, produzindo desordem (agitação molecular) no entorno, isto é, produzindo entropia.

A maioria dos motores que conhecemos apresenta um rendimento de, no máximo, 30%; ou seja, 70% da energia que entra nestes motores é dissipada em forma de calor, produzindo entropia. Até mesmo nossas células, nas quais ocorrem as reações físico-químicas do metabolismo, apresentam um rendimento em torno de 20%.

Após essa explanação, torna-se mais fácil entender por que aquele famoso princípio da conservação da energia mecânica (que diz que uma quantidade x de energia mecânica permanece a mesma durante um movimento) não existe na vida real.

Na verdade, se um sistema apresenta uma quantidade x de energia mecânica potencial, essa quantidade x se transforma em uma quantidade $(x - y)$ de energia mecânica cinética. O valor y representa a quantidade de energia que foi dissipada em calor, em virtude do atrito.

Segunda lei da termodinâmica

 A energia só flui espontaneamente de um sistema quente para um sistema frio.

Enquanto a primeira lei afirma que a energia se transforma, a segunda lei nos diz de que modo essas transformações ocorrem.

De maneira muito geral, a segunda lei diz que alguma coisa só se desloca espontaneamente de onde há mais para onde há menos, ou seja:

 Tudo flui de um ponto onde há excesso para um ponto onde há falta.

Este princípio básico e intuitivo se aplica e explica muitos fenômenos físicos, como, por exemplo, a difusão, tema que será discutido no Capítulo 6.

Compreendamos a segunda lei a partir de um exemplo prático: imagine um bloco de gelo colocado sobre a mesa da cozinha, à temperatura ambiente. O que acontece? O gelo começa a derreter, pois, de acordo com a segunda lei, o calor irá fluir espontaneamente do ambiente (mais quente) para o gelo (mais frio). O calor produz agitação nas moléculas do gelo, e elas se desorganizam; por isso o gelo derrete e transforma-se em água. Se a temperatura ambiente for ainda maior que a temperatura da água, o calor, então, flui do ambiente para a água, provocando maior desordem em suas moléculas, e, consequentemente, a água evapora.

Como podemos observar, a desordem (agitação) das moléculas (do gelo e, depois, da água) só aumenta à medida que o calor flui para elas. Isso ilustra claramente uma consequência da segunda lei:

 A entropia (desordem) só aumenta a cada transformação que ocorre no universo.

O inevitável aumento da entropia justifica a irreversibilidade dos processos que ocorrem na natureza. Qualquer processo é irreversível, uma vez que a entropia produzida não é capaz de realizar o trabalho necessário para revertê-lo. É por esse motivo que o rejuvenescimento é impossível; ao contrário, à medida que o tempo passa, as pessoas e tudo o que há no mundo somente são capazes de envelhecer e deteriorar-se. Em outras palavras, a flecha do tempo só aponta para o futuro.

Aos questionamentos sobre a possibilidade de esses processos se reverterem de modo espontâneo (ou seja, a água voltar a ser gelo ou o vapor voltar a ser água espontaneamente), respondemos que absolutamente não. A água só poderia voltar a ser gelo se outro sistema (como um *freezer*) fornecesse energia a ela. Assim como não há nenhuma possibilidade de que a água congele de maneira espontânea, é também impossível que o vapor se condense livre de uma intervenção. Daí, concluímos outra consequência da segunda lei:

 Um sistema não pode reverter sua evolução natural a partir de seus próprios recursos.

Terceira lei da termodinâmica

 No zero Kelvin não há produção de entropia.

Esta lei foi formulada com base no hipotético zero absoluto da escala Kelvin, que representa a menor temperatura teórica que um sistema poderia alcançar. O zero absoluto seria um valor de temperatura no qual um dado sistema seria completamente desprovido de energia. Nesta temperatura hipotética, não haveria absolutamente nenhuma cinética molecular ou atômica e, logo, nenhum tipo de desordem (entropia) nos elementos constituintes da matéria.

Como o zero absoluto não existe na prática, a terceira lei não apresenta nenhuma consequência relevante para a biofísica. Concentre sua atenção em compreender plenamente a primeira e a segunda lei, pois elas compõem um dos principais alicerces para o entendimento dos fenômenos biofísicos.

Glossário

Padrão
Configuração que ocorre com maior frequência na natureza

Lei zero da termodinâmica
Se dois sistemas estão em equilíbrio térmico com um terceiro, então esses dois sistemas estão em equilíbrio térmico entre si

Primeira lei da termodinâmica
A quantidade de energia que entra em um sistema é a mesma que sai deste sistema

Lei da conservação de energia
A energia total não se perde nem se cria, apenas se transforma

Segunda lei da termodinâmica
O calor só flui espontaneamente de um corpo quente para um corpo frio

Flecha do tempo
Termo que indica o inevitável e irreversível caminho que os sistemas trilham em direção à máxima entropia

Terceira lei da termodinâmica
No zero Kelvin não há produção de entropia

Zero absoluto
Situação hipotética na qual não existe nenhum calor e nenhuma agitação molecular; o mesmo que zero Kelvin

Resumo

- Energia é a capacidade de realizar trabalho
- Calor é a energia existente em um corpo em virtude do grau de agitação em suas moléculas
- Temperatura é a grandeza que mede a quantidade de calor
- Termodinâmica é o ramo da física que estuda todas as modalidades de energia e suas interações com a matéria ao longo do tempo
- O aumento de energia eleva o grau de desordem nos elementos de um sistema
- Chamamos o grau de desordem de entropia; quanto maior a entropia, maior a desordem e menor a certeza de sabermos onde se encontra determinada partícula em um sistema
- Na natureza a incerteza é grande, e usamos a probabilidade, que é a medida da estimativa, para medir o grau de incerteza; uma boa estimativa é aquela que traduz uma alta probabilidade de estarmos certos acerca do futuro
- Quanto mais distantes no tempo forem nossos pensamentos, mais incertezas teremos, e as estimativas em relação a um futuro distante serão imprecisas; portanto, o melhor modelo para descrever o funcionamento da natureza de modo mais realista não é o modelo determinístico, e sim o probabilístico

(continua)

- Todo processo não determinístico (ou seja, que não pode ser previsto com certeza) é conhecido como processo caótico, que é imprevisível e muito sensível às suas condições iniciais
- É importante não confundir caos com entropia: desordem não é caos, desordem é entropia; caos é imprevisibilidade
- Movimento browniano é o movimento aleatório de partículas em um fluido como consequência do choque das moléculas do fluido nas partículas
- No universo, nada está em completo repouso; onde existe matéria, existe movimento
- O calor nada mais é que a energia produzida pela agitação contínua e pelos choques entre as moléculas de um corpo qualquer; o responsável por essa agitação é o movimento browniano
- Atrito é uma resistência ao movimento: ele produz calor, que produz agitação molecular, que, por sua vez, produz desordem; logo, atrito produz entropia, uma vez que entropia é desordem
- Sistema é um conjunto de elementos que interagem diretamente uns com os outros; eles podem ser divididos em sistemas conservativos, nos quais não ocorre perda de energia em forma de calor quando seus elementos interagem uns com os outros, e dissipativos, nos quais ocorrem perdas de energia em forma de calor quando seus elementos interagem uns com os outros ou com outros sistemas
- Pode-se dizer que um sistema é tão complexo quanto maior a quantidade de informação necessária para descrevê-lo: quanto mais heterogêneos os elementos de um sistema, maior será sua complexidade; quanto maior a complexidade das trocas energéticas que ocorre entre os elementos de um sistema, maior sua complexidade
- Sistemas menos complexos são, em geral, mais previsíveis; isto é, são sistemas cujo comportamento pode ser estimado com certo grau de certeza
- Qualquer sistema dissipativo pode, ao longo do tempo, entrar em equilíbrio com o meio que o circunda; o equilíbrio energético se dá quando não há mais troca de energia com o entorno
- A vida é incompatível com o equilíbrio energético: equilíbrio é morte; todos os processos vitais se dão longe do equilíbrio
- Sistema estável é aquele que mantém sua configuração ao longo do tempo; quanto mais estável é um sistema, mais previsível ele é
- Sistema estável é o oposto de sistema caótico
- Nos seres vivos, a estabilidade não é espontânea – ela só ocorre longe do equilíbrio; se algo ocorre longe do equilíbrio termodinâmico, isso significa que algo ocorre à custa de trocas energéticas
- De acordo com a primeira lei da termodinâmica, em qualquer transformação, a energia total sempre se mantém constante
- De acordo com a segunda lei da termodinâmica, tudo flui de onde há excesso para onde há falta.

Autoavaliação

1.1 Qual é a diferença conceitual entre calor e temperatura?
1.2 Qual é a definição clássica de energia?
1.3 Conceitue entropia.
1.4 Relacione o conceito de entropia com o de calor.
1.5 Qual é a definição de sistema termodinâmico?
1.6 Diferencie sistema conservativo de sistema dissipativo.
1.7 Relacione o conceito de previsibilidade com o de caos.
1.8 O que é um sistema caótico?
1.9 O que é um sistema complexo?
1.10 Qual é a relação entre ordem e entropia?
1.11 Diferencie estabilidade de equilíbrio.
1.12 Relacione o conceito de padrão com o de estabilidade.
1.13 O que é um sistema estável longe do equilíbrio?
1.14 Enuncie e explique a primeira lei da termodinâmica.
1.15 Enuncie e explique a segunda lei da termodinâmica.
1.16 Relacione a primeira lei da termodinâmica com o conceito de entropia.
1.17 Relacione a segunda lei da termodinâmica com o conceito de entropia.
1.18 Explique o que é o movimento browniano.
1.19 O que você entende por "flecha do tempo"?
1.20 Explique a frase: a entropia no universo sempre aumenta.
1.21 Pesquise a respeito de um fenômeno denominado *neguentropia*. Faça um resumo evidenciando do que ele se trata e qual é a sua relação com a *teoria do vitalismo e a teoria da complexidade irredutível*.
1.22 O físico e filósofo estadunidense Thomas Kuhn (1922-1996) cunhou o termo *paradigma*. Faça uma pesquisa e escreva um texto definindo paradigma e explicando como ele se relaciona ao conceito de ciência.

2

Matéria e Energia

Objetivos de estudo, 18
Conceitos-chave do capítulo, 18
Matéria, 19
Energia, 27
Resumo, 29
Autoavaliação, 30
Atividade complementar, 30

Objetivos de estudo

Compreender a estrutura da matéria e do átomo
Ser capaz de explicar como ocorre a formação dos íons
Conhecer os diferentes estados e transformações da matéria
Compreender os conceitos de densidade e viscosidade
Entender o conceito de inércia
Compreender o conceito de energia
Ser capaz de relacionar os conceitos de energia e movimento

Conceitos-chave do capítulo

Aceleração	Evaporação	Plasma
Ânion	Força da gravidade	Ponto de ebulição
Átomo	Força eletromagnética	Pressão
Calefação	Frenagem	Prótons
Cátion	Fusão	Quantidade de movimento
Condensação (ou liquefação)	Gás	*Quark*
Densidade	Inércia	Repouso
Difusão	Íon	Retículo cristalino
Ebulição	Massa	Solidificação
Elétrons	Matéria	Sublimação
Eletrosfera	Matéria escura	Taxa de condensação
Energia	Mecânica	Taxa de evaporação
Energia cinética	*Momentum*	Transformação isobárica
Energia escura	Movimento	Transformação isotérmica
Energia mecânica	Movimento browniano	Vácuo
Energia potencial	Movimento constante	Vapor
Estado sólido	Nêutrons	Vaporização
Estados da matéria	Núcleo	Velocidade
Estado fluido	Peso	Viscosidade

Matéria

O conceito de **matéria** é bem conhecido.

- Matéria é tudo aquilo que contém massa.
- Massa é a quantidade de matéria existente em um corpo.

A massa determina a quantidade de matéria (Figura 2.1) e, por ser uma propriedade intrínseca da matéria que compõe os corpos, não se altera em locais em que a força da gravidade é diferente. Assim, a massa de um determinado corpo é a mesma na Terra, na Lua, em Júpiter ou em Plutão, uma vez que o fato de um corpo mudar de planeta não faz com que ele adquira mais ou menos matéria. O **peso**, por sua vez, por ser uma força de campo gravitacional, varia em função da aceleração da gravidade em cada local; logo, ele é menor em lugares onde a gravidade é menor (como na Lua, por exemplo). Como estudaremos mais adiante, a **força da gravidade** nada mais é do que a força com que uma massa atrai outra.

De modo geral, consideramos que a matéria é constituída basicamente por átomos, que, originalmente, foram considerados as menores porções de matéria existentes.

Átomo

A palavra **átomo**, cujo significado é "indivisível", origina-se da língua grega, e seu conceito, como partícula elementar e indivisível da matéria, foi definido pelos gregos pré-socráticos do século 5 a.C. (Leucipo, Demócrito etc.), conhecidos como atomistas. Para eles, o universo era constituído de infinitas partículas indivisíveis; ou seja, o todo era formado por suas infinitas partes.

O raciocínio dos atomistas era o de que, se um pedaço de matéria fosse tomado nas mãos e partido em pedaços cada vez menores até que estes fossem transformados em pó, após inúmeras divisões, seria encontrado o átomo, que era assim definido:

- Átomo é a menor porção da matéria, indivisível por natureza.

Figura 2.1 Matéria é aquilo que contém massa. A massa determina a quantidade de matéria de um corpo.

A Figura 2.2 ilustra a ideia de átomo tal como ele era imaginado pelos gregos antigos, como a menor porção da matéria – aquela que não pode ser dividida em porções menores. Após partir um biscoito sucessivamente, em uma determinada escala, encontra-se o menor farelo possível, o qual não pode ser mais dividido. Esse seria o átomo do biscoito.

Modelo de Rutherford-Bohr

No início do século 20, o cientista neozelandês Ernest Rutherford e seu contemporâneo dinamarquês Niels Bohr, por meio de experimentos que utilizavam emissões radioativas, descobriram que o átomo era algo diferente daquilo que os gregos imaginavam.

Segundo Rutherford e Bohr, o átomo, na verdade, era composto por partículas menores e, portanto,

> **Glossário**
>
> **Matéria**
> Tudo aquilo que contém massa
>
> **Massa**
> Quantidade de matéria de um corpo
>
> **Peso**
> Força da gravidade com que a Terra atrai os corpos
>
> **Força da gravidade**
> Força com que determinada massa atrai outra
>
> **Átomo (segundo os filósofos atomistas)**
> Partícula minúscula e indivisível
>
> **Átomo**
> Menor partícula que caracteriza um elemento químico

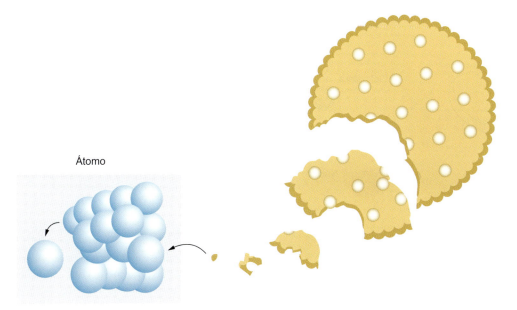

Figura 2.2 Um biscoito como ilustração da ideia antiga de átomo.

era divisível e destrutível. Eles descreveram uma estrutura formada por um núcleo minúsculo, com carga elétrica positiva, e por uma eletrosfera com um raio, aproximadamente, 10 mil vezes maior que o do núcleo, composta por partículas infinitamente pequenas que orbitavam o núcleo atômico tal como os planetas o fazem ao redor do Sol. Essas partículas foram denominadas elétrons, os quais apresentavam carga negativa e estavam presentes em um número variável.

Nos tempos modernos, a microscopia eletrônica comprovou a existência do átomo e mostrou que ele apresenta um diâmetro 10 milhões de vezes menor que 1 mm.

O átomo de hidrogênio é o menor de todos: é composto pelo núcleo e por um único elétron. Exemplificando, se o átomo tivesse o tamanho de um estádio de futebol, o núcleo teria o de uma moeda, e o elétron seria como um grão de areia orbitando ao redor do estádio (Figura 2.3).

Na verdade, há muito mais espaço vazio em um átomo do que massa – e, portanto, matéria –, a qual só existe no núcleo. Todo o restante do átomo é composto por nada mais que uma nuvem de elétrons.

- Há muito mais espaço vazio do que matéria propriamente dita em um átomo.

- O volume do núcleo (matéria) corresponde a um bilionésimo do volume total do átomo. O restante do átomo é vazio.

Já que toda matéria que conhecemos é composta por átomos e os átomos são praticamente "espaços vazios", perguntamos: por que, então, não conseguimos atravessar paredes ou, quando pisamos no chão, não caímos e chegamos até o centro da Terra? Se os corpos materiais são constituídos de "espaço vazio", como pode haver colisões, atritos e outros fenômenos comprovados em nosso dia a dia? Isso se justifica porque os elétrons presentes na eletrosfera dos átomos de um corpo repelem com força os presentes na eletrosfera de outro corpo. Ou seja, os corpos sólidos não se atravessam em razão da força eletromagnética, assunto que será tratado em mais detalhes no próximo capítulo.

Modelos posteriores foram criados e aprimoraram a descrição de Rutherford-Bohr. Foi constatado que o núcleo também pode ser dividido em partículas menores, tais como os prótons, que têm carga positiva, e os nêutrons, que não apresentam carga elétrica. Sucessivas partículas nucleares passaram a ser descritas, muitas delas circunstanciais (ou seja, que "aparecem" apenas sob determinadas condições experimentais).

Na Figura 2.4 podemos observar o modelo atual do átomo, em que há uma eletrosfera cujos elétrons se movimentam dentro de orbitais em trajetórias aleatórias. Esses orbitais podem mudar de forma, dependendo das ligações que os átomos fazem entre si, para formar moléculas. O núcleo do átomo moderno é composto principalmente por prótons (carga positiva) e nêutrons (desprovidos de carga). Atualmente sabemos que os prótons e nêutrons são constituídos por estruturas infinitamente menores, chamadas *quarks*, que são 100 bilhões de vezes menores que os prótons (ou seja, podemos dizer que o núcleo atômico também é quase totalmente formado por espaço vazio). Os *quarks* são tão pequenos que a proporção entre um *quark* e uma cabeça humana é semelhante à proporção entre esta cabeça e o restante do universo.

De modo geral, o núcleo atômico é uma estrutura bastante estável em comparação com a eletrosfera; tanto que basta uma pequena fricção entre uma flanela e um bastão de vidro, por exemplo, para alterarmos a configuração de uma eletrosfera dos átomos que constituem um corpo (subtraindo ou adicionando elétrons). Esse fenômeno de manipulação da eletrosfera é um paradigma para toda a eletricidade. Em contrapartida, para se mover uma partícula de um núcleo atômico, é necessário um grande trabalho, uma força muito violenta. Geralmente, essa manipulação provoca a emissão de quantidades monumentais de energia. Para se ter ideia, a destruição completa de um quilograma de núcleos atômicos libera energia suficiente para manter todas as lâmpadas dos EUA acesas por 1 semana. No Capítulo 8, em que será tratado o tema radioatividade, as manipulações no núcleo atômico serão explicadas em mais detalhes.

Íons

Como explicado, os átomos apresentam uma eletrosfera relativamente instável. No seu estado fundamental, os átomos apresentam a mesma quantidade de cargas positivas no núcleo e negativas na eletrosfera. Se um átomo tem seis elétrons, deve ter seis prótons no núcleo; assim, a carga elétrica total é zero, já que cada carga positiva anula uma carga negativa.

Contudo, em razão da instabilidade da eletrosfera, esse átomo pode perder ou ganhar elétrons. Nesse caso, o átomo terá falta ou excesso de elétrons. No primeiro caso, o átomo fica com carga positiva (já que perdeu carga negativa, ficando com mais prótons que elétrons); no segundo caso, fica com carga negativa. O átomo que perdeu ou ganhou elétrons passa a ser denominado íon, que pode ser classificado de duas maneiras:
▶ Cátion: íon com carga(s) positiva(s)
▶ Ânion: íon com carga(s) negativa(s).

Estados da matéria

Sabemos que gelo e vapor são, na verdade, água. Porém, a matéria "água" parece não ser a mesma nas condições de gelo e vapor. Sabemos que as moléculas de H_2O são os elementos constituintes tanto do vapor, quanto do gelo, como da água líquida. O que, então, varia nas três "águas"? O estado da matéria "água".

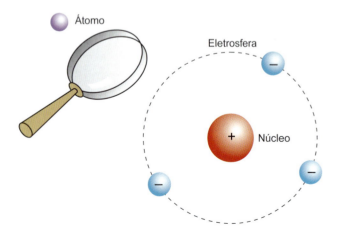

Figura 2.3 Ampliação de um átomo, evidenciando os componentes propostos pelo modelo atômico de Rutherford-Bohr – núcleo e eletrosfera. (A figura não representa a real proporção de tamanho entre núcleo e eletrosfera.)

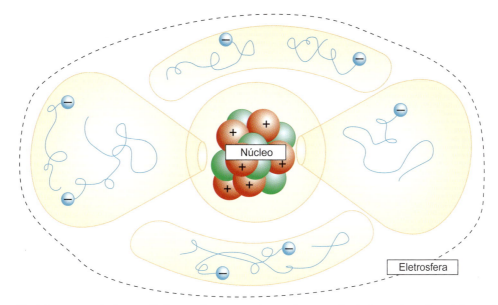

Figura 2.4 Modelo recente do átomo. (A figura não representa a real proporção de tamanho entre núcleo e eletrosfera.)

Entendermos o que determina o estado da matéria é fundamental para a compreensão dos fenômenos da mecânica, uma vez que as leis físicas que regem o comportamento da matéria dependem do estado no qual essa matéria se encontra.

Para efeitos práticos e levando em conta as aplicações biofísicas, a matéria assume basicamente dois estados: o sólido e o fluido. O que determina esses estados é o grau de organização dos átomos da matéria (grau de ordem), que está intimamente relacionado com a quantidade de energia no sistema e também com as interações moleculares intrínsecas ao tipo de matéria (p. ex., pontes de hidrogênio).

Estado sólido

No estado sólido, a ordem é maior, e, assim, comparativamente, a quantidade de energia (agitação molecular) é menor. Vejamos o exemplo do cristal: as moléculas do cristal mantêm estabilidade com baixa energia cinética e uma organização geométrica peculiar, que é natural do sistema. Como suas moléculas apresentam baixa energia cinética e um grau maior de ordem, os sólidos apresentam algumas propriedades características:

- Os sólidos dão origem a corpos de forma definida
- Uma vez que formam corpos definidos, sólidos não escoam, não fluem, não escorrem
- A macroestrutura da matéria depende de como as partículas do sólido se organizam. Um mesmo tipo de molécula pode formar corpos sólidos macroscópicos diferentes (como o carbono, que é o constituinte tanto do diamante quanto do grafite).

Na Figura 2.5 podemos observar organizações diferentes do mesmo material: tanto o diamante (cristal que brilha e reluz, sendo a matéria mais dura da Terra) quanto o grafite (pedrinha preta e macia que usamos para escrever) são formados pelo mesmo elemento – o carbono.

No estado sólido as moléculas estão unidas e organizadas, formando um retículo cristalino. O que difere o grafite do diamante é a configuração espacial que esse retículo cristalino assume.

Então, podemos sintetizar um conceito para sólido com base nas suas propriedades macroscópicas, que serão importantes para os nossos estudos:

> Sólida é a matéria que não escoa.

Estados fluidos

Os estados fluidos podem ser de dois tipos: líquido e gasoso. Nos estados fluidos, a ordem molecular é menor e o grau de movimentação independente (agitação) das moléculas é variável, porém maior que nos sólidos, uma vez que nos estados fluidos as moléculas não se organizam de modo a formarem um retículo cristalino. Nos fluidos, como a água ou o gás, as moléculas têm um grau de ordem menor, já que apresentam maior energia cinética. Vejamos algumas propriedades dos fluidos:

- Os fluidos não dão origem a corpos de forma definida
- Uma vez que os fluidos não têm forma própria (assumem a forma do recipiente que os contém), eles são capazes de escoar, fluir, escorrer.

> Fluida é a matéria que escoa.

Glossário

Eletrosfera
Região do átomo composta por uma nuvem de elétrons

Núcleo atômico
Região que representa a parte material do átomo, composta por prótons e nêutrons

Elétron
Partícula de carga negativa e massa desprezível, que orbita o núcleo atômico

Força eletromagnética
Força de atração ou repulsão elétrica e magnética que atua entre corpos distantes uns dos outros

Próton
Partícula nuclear dotada de massa, que tem carga positiva

Nêutron
Partícula nuclear dotada de massa, que não tem carga elétrica

Quark
Menor porção conhecida da matéria

Íon
Átomo que, após ganhar ou perder elétrons, deixa de ser eletricamente neutro

Cátion
Íon com carga positiva

Ânion
Íon com carga negativa

Estado da matéria
Configuração que uma substância apresenta em função da organização de suas moléculas ou de seus átomos

Mecânica
Parte da física que estuda o movimento

Estado sólido
Estado da matéria que não escoa

Energia cinética
Modalidade de energia capaz de produzir movimento

Retículo cristalino
Organização molecular estável e bem definida

Estado fluido
Estado da matéria que escoa

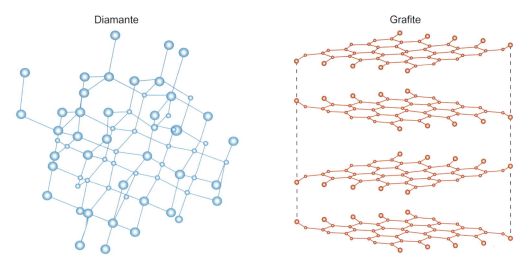

Figura 2.5 Organização de um cristal de diamante (*esquerda*) e do grafite (*direita*); ambos são formados por carbono.

Como já foi esclarecido, os fluidos compreendem os líquidos e os gases.

Elaboramos uma maneira bastante simples e didática para ensinar a diferença entre ambos. Imagine um litro de água (líquida) e um litro de vapor, cada um dentro de um saquinho plástico, ocupando plenamente seu interior. Ao levarmos esses saquinhos para uma sala completamente vazia e os abrirmos, o que acontece? Intuitivamente, você sabe: a água cai no chão e forma uma poça com extensão limitada. Independentemente do tamanho da sala, a poça é a mesma. Por outro lado, ao abrirmos o saco com vapor, ele se espalha por toda a sala, independentemente da dimensão dela, de maneira homogênea (contudo, quanto maior a sala, menor a quantidade de vapor por unidade de espaço). Podemos dizer que esta é a propriedade fundamental que diferencia gases de líquidos:

⚛ Os líquidos ocupam um volume fixo, independentemente do espaço em que estejam inseridos.

Por outro lado:

⚛ Os gases ocupam um volume variável, dependendo do espaço em que estejam inseridos.

Se aquecermos um gás a altas temperaturas (próximas à temperatura do Sol), obteremos outro estado da matéria: o **plasma**, que na verdade se trata de um gás ionizado. Atualmente, o plasma pode ser produzido artificialmente, e é utilizado em televisores. Na biofísica, entretanto, o plasma é um estado da matéria que não nos interessa diretamente, uma vez que não é encontrado em seres vivos.

Levemos em consideração, neste momento, um pequeno experimento: pegue dois conta-gotas completamente secos e limpos. Preencha um com água e o outro com álcool. Sobre uma placa de vidro pingue em uma extremidade uma gota de água e na outra, uma de álcool. Observe as gotas. São iguais? Não. A gota de água se espalha bem menos que a de álcool. Enquanto o álcool produz uma pequena lâmina sobre o vidro, a gota de água assume uma forma esferoide. Por que isso acontece se ambos são líquidos e se encontram sob a mesma temperatura (ou seja, apresentam o mesmo grau de energia interna)? As interações das moléculas que formam a matéria água são diferentes das que formam a matéria álcool, isto porque água e álcool apresentam estruturas moleculares com propriedades intrínsecas diferentes (Figura 2.6).

Apesar de essas propriedades não serem objeto de estudo da química, elas estão relacionadas com a atração entre as moléculas que formam cada substância (no caso, água ou álcool). Então, além da energia do sistema, propriedades de cada material determinam o comportamento dos fluidos. Por exemplo, as pontes de hidrogênio, que, explicadas em mais detalhes posteriormente, representam uma potente força de atração exercida entre moléculas de certas substâncias.

Considerando a energia no sistema e as propriedades de interação molecular de determinada substância, podemos sintetizar a ideia assim:

⚛ Quanto mais fluídico for um fluido, maior será o grau de independência entre suas partículas constituintes.

Em fluidos líquidos existem interações moleculares contrapondo-se à agitação molecular. Já nos gases, essas interações não existem. Por isso, as moléculas dos gases são verdadeiramente independentes, ficam à mercê da energia do sistema e estão livres para se mover e entrar em choque umas com as outras (Figura 2.7).

⚛ No gás não há interação molecular.

Figura 2.6 Experimento da água e do álcool. Observe o formato das gotas sobre a superfície, vistas de perfil.

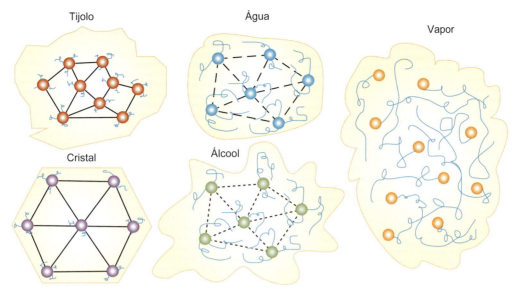

Figura 2.7 Esquema de relação entre cinética molecular e interação intermolecular nos três estados da matéria. Repare que as moléculas executam um movimento browniano, e que, nos sólidos, existe um retículo cristalino.

Uma vez que as moléculas dos fluidos não se organizam formando um retículo cristalino, como, então, se comportam as moléculas nos líquidos e gases? Sabe-se, por exemplo, que, se derramamos água no chão, após certo tempo ela evapora. Isso ocorre porque o choque das moléculas de água com a sua superfície faz com que as moléculas consigam "escapar" da água em direção à atmosfera. Se derramamos álcool, em vez de água, sabemos que a evaporação é ainda mais rápida, porque as ligações entre as moléculas do álcool são mais frágeis, como já esclarecido anteriormente. Quem determina esses choques moleculares? O movimento browniano, que estudamos no capítulo anterior.

Um aspecto fundamental sobre o movimento browniano é que ele se torna cada vez mais intenso quanto maior é a temperatura no sistema. Em outras palavras, quando aquecemos um fluido (líquido ou gás), o calor (energia) cedido ao sistema faz com que a energia cinética das moléculas aumente, e então essas moléculas passam a se agitar com maior velocidade e se chocar com mais frequência umas nas outras, e também contra as paredes do recipiente no qual, porventura, elas estejam contidas. Logo:

- O calor (energia) é uma variável decisiva na cinética molecular dos líquidos e gases.

É importante entender que, no caso dos sólidos, como suas moléculas estão organizadas em um retículo cristalino, os efeitos do movimento browniano são pouco perceptíveis macroscopicamente. Em contrapartida, este movimento é fundamental para a compreensão dos fenômenos físicos visíveis que ocorrem nos fluidos.

Por exemplo, imagine um fluido em um recipiente. É fácil supor que as moléculas desse fluido, que estão em movimento caótico (ou seja, imprevisível), têm altíssima probabilidade de se chocarem continuamente com as paredes do recipiente. Esse choque determina a pressão que um fluido exerce em seu continente. Discutiremos a pressão com maior profundidade no próximo capítulo, mas, desde já, tenha em mente estes conceitos:

- A pressão que um fluido (líquido ou gás) exerce em um recipiente é consequência dos choques que ocorrem entre as moléculas que compõem o fluido.

- Quanto maior a frequência de choques entre as moléculas de um fluido, maior a pressão que este fluido exerce em seu recipiente.

Pense, agora, em um gás contido em uma garrafa tampada. Sabe-se que, nos gases, as interações moleculares são mínimas; logo, o movimento das moléculas é ainda mais rápido e imprevisível. Assim, ao abrirmos a garrafa (onde o gás está muito concentrado), grande parte dele sai em direção à atmosfera (onde a concentração do gás é baixa), em função da enorme cinética das moléculas do gás. Ou seja, o movimento browniano também ajuda a explicar o movimento de um fluido entre dois meios diferentes, que é denominado difusão. O motivo de a passagem acontecer do meio mais concentrado para o menos concentrado é explicado pela segunda lei da termodinâmica, assunto esclarecido no capítulo anterior. A difusão será estudada em detalhes no Capítulo 6.

Por ora, é suficiente que se compreenda o que é o movimento browniano e que se perceba a sua importância. Mais adiante, definiremos mais conceitos, como pressão e força de difusão, que são consequências dessa movimentação caótica de moléculas.

Mudanças de estado

Uma vez definidos os estados (as fases) da matéria, discutiremos rapidamente como pode ocorrer a mudança de um estado da matéria para outro.

As mudanças de fase de uma substância são as seguintes:

- **Fusão**: de sólido para líquido
- **Solidificação**: de líquido para sólido
- **Vaporização**: de líquido para gás

> **Glossário**
>
> **Plasma**
> Gás altamente ionizado e constituído por elétrons e íons positivos livres, de modo que a carga elétrica total é nula
>
> **Movimento browniano**
> Reveja o Capítulo 1
>
> **Pressão**
> Consequência dos choques entre as moléculas de um fluido
>
> **Difusão**
> Transferência de matéria de um meio mais concentrado para um menos concentrado
>
> **Fusão**
> Passagem do estado sólido para o líquido
>
> **Solidificação**
> Passagem do estado líquido para o sólido
>
> **Vaporização**
> Passagem do estado líquido para o gasoso

- Condensação (ou liquefação): de gás para líquido
- Sublimação: de sólido para gás (sem passar pela fase líquida).

O fenômeno da vaporização (passagem de fase líquida para a fase gasosa) pode receber denominações diferentes quando ocorre em condições distintas. Se a vaporização ocorre à temperatura ambiente, chamamos isso de **evaporação** (é o que ocorre quando você sai de uma piscina e seca naturalmente). Quando a vaporização ocorre a determinada temperatura, que é específica para cada substância e que pode variar de acordo com a pressão local, temos a **ebulição** (p. ex., quando fervemos água a 100°C). Já se ocorre a passagem abrupta para o estado de vapor que se dá quando o líquido se aproxima de uma superfície muito quente, temos a **calefação** (p. ex., quando deixamos pingar uma gota de água sobre uma chapa muito quente e a água vaporiza antes de tocar a chapa).

É interessante observar que o termo "vapor" é, conceitualmente, diferente do termo "gás". **Vapor** se refere tão somente ao resultado de um processo de mudança de fase (vaporização), enquanto **gás** se refere a um estado da matéria. Embora, para fins práticos, essa distinção não seja tão relevante, é interessante saber que se trata de conceitos diferentes.

Em tese, qualquer substância pode sofrer todas as mudanças de fase descritas anteriormente. Contudo, uma vez que essas mudanças ocorrem por alteração de temperatura ou pressão sobre a substância, muitas vezes é necessária uma pressão ou uma temperatura tão alta ou tão baixa que a mudança torna-se possível apenas em condições de laboratório. Em alguns casos – como o de não existirem aparelhos capazes de produzir temperaturas ou pressões extremas –, a mudança de fase torna-se impossível.

No próximo capítulo, definiremos pressão de maneira mais formal. Por enquanto, para compreender as mudanças de fase, basta entender que pressão é um ente físico capaz de comprimir os corpos, tornando suas moléculas mais próximas.

Cada substância tem sua identidade química própria, isto é, apresenta uma temperatura ou pressão crítica fundamental para que determinada mudança de fase seja possível. Desse modo, uma vez que as manipulações na pressão e na temperatura são comuns em laboratório, com a finalidade de separar misturas, é importante entender as leis físicas que regem as mudanças de fase.

O gráfico da Figura 2.8 demonstra com mais clareza o que foi dito.

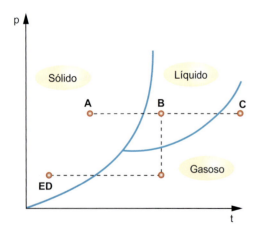

Figura 2.8 Diagrama de fases de uma substância. As linhas do gráfico separam regiões nas quais, sob determinada pressão ou temperatura, as substâncias se apresentam como sólidas, líquidas ou gasosas.

Observe que o gráfico da Figura 2.8 mostra duas variáveis: pressão (p) e temperatura (t). Algumas conclusões importantes podem ser extraídas dessa ilustração:

- As mudanças de estado sólido para líquido (fusão) ocorrem sob uma pressão constante (**transformação isobárica**), ou seja, para romper o retículo cristalino organizado de um corpo sólido, é necessário aumentar a temperatura para que seu ponto de fusão seja alcançado. Como podemos ver, a pressão não exerce influência significativa sobre os sólidos. Já a temperatura, por alterar a cinética molecular, é capaz de tornar fluido um sólido
- No caso da mudança de estado sólido para gasoso (sublimação, como ocorre, por exemplo, com a naftalina), é fundamental que o sólido esteja sob baixa pressão e que a temperatura aumente. Na maioria dos casos, é indispensável que o sólido esteja em uma câmara de **vácuo** e que seja aquecido, a fim de que a sublimação ocorra
- Já na transformação de líquido em gás, existem duas possibilidades: ou elevamos a temperatura, mantendo a pressão constante (aumentando a cinética molecular e, consequentemente, a desordem) ou mantemos a temperatura constante (**transformação isotérmica**) e reduzimos a pressão (ao reduzirmos a pressão em um líquido, facilitamos a agitação molecular e aumentamos a desordem). Para realizar as mudanças de gás para líquido, devemos aumentar a pressão ou reduzir a temperatura.

Para perceber o efeito da pressão nos líquidos, basta analisar o que ocorre em uma panela de pressão: o **ponto de ebulição** da água é, normalmente, 100°C; em contrapartida, sob pressão, a água da panela só consegue se vaporizar a uma temperatura de 120°C (assim, podemos cozinhar os alimentos em água mais quente). Isso ocorre porque as moléculas da água sob pressão ficam mais unidas (organizadas), sendo necessária uma temperatura maior para vaporizá-la.

Foi demonstrado que, para ocorrer fusão nos sólidos, a pressão não é importante. Porém, existe uma exceção: a água em estado sólido (gelo) se transforma em líquido quando aumentamos a pressão sobre o gelo. É por isso que é possível patinar sobre o gelo. A pressão dos patins faz com que o gelo se torne líquido sob eles, possibilitando que a pessoa deslize. Mas lembre-se: a água é exceção; normalmente, a pressão não tem influência sobre os sólidos.

Está claro que a pressão é um fator muito importante para os fluidos, e esse conceito será muito útil no próximo capítulo.

É muito interessante conhecer bem as leis físicas que regem as mudanças de estado da matéria, para que se possa entender fenômenos comuns que acontecem em nosso cotidiano. Vejamos alguns exemplos.

Você sabia que se queimar com vapor é muito mais grave do que se queimar pelo contato direto com um líquido quente? De fato, queimar-se com vapor d'água a 100°C é muito mais grave do que se queimar com água fervendo a 100°C. Isso ocorre pelo seguinte motivo: quando o vapor entra em contato com a pele, ele se condensa sobre a mesma (já que a pele está mais fria que o vapor quente). Em virtude da condensação, as moléculas de H_2O ficam aprisionadas nas gotículas condensadas. Esse aprisionamento aumenta o choque entre as moléculas, produzindo calor, que será transmitido para a pele que está em contato com as gotículas; portanto, o vapor libera muita energia quando se condensa e umedece a pele. Dessa maneira, a temperatura que passa para a pele será maior que os 100°C do vapor, pois terá, de acréscimo, a temperatura produzida pela energia cinética das moléculas dentro de cada gotícula.

Efetivamente, na condensação, quando as moléculas de vapor próximas à superfície de um líquido são atraídas por este, elas se incorporam ao líquido e esse aumento de moléculas faz com que elas colidam entre si e com a superfície do líquido com mais energia cinética. Essa energia cinética é absorvida pelo líquido, aumentando sua temperatura, e essa temperatura (energia térmica) se propaga, por condução, para o que estiver em contato com esse líquido. Por isso a condensação é um processo de aquecimento.

Outra situação que ilustra o que acaba de ser dito é a seguinte: quando tomamos banho quente, nos sentimos mais aquecidos na região fechada e úmida do boxe do chuveiro. Quando saímos do boxe, sentimos muito frio porque, longe da umidade, a taxa de evaporação da água é superior à sua taxa de condensação, e a evaporação causa resfriamento, conforme explicaremos a seguir.

No calor, o corpo produz suor, na intenção de perder calor para o meio e manter a temperatura do sangue constante. Mas como podemos explicar por que o suor resfria a pele? Na realidade, o que resfria a pele não é o suor em si, e sim sua evaporação. O mecanismo é o seguinte: o calor do corpo se transfere para as gotículas de suor. À medida que essas gotículas vão evaporando, moléculas de água se deslocam para a atmosfera e, consequentemente, a energia cinética (calor) dentro das gotículas diminui porque restam menos moléculas para se chocarem. Assim, a evaporação produz resfriamento. Por isso sentimos mais calor em uma sauna a vapor do que em uma sauna seca, e por isso também a sensação térmica é maior quando a umidade do ar é elevada, visto que, nesses casos, o ar saturado de vapor de água reduz a taxa de evaporação. Em síntese:

⚛ **Condensação produz aquecimento. Vaporização produz resfriamento.**

Outra situação interessante, que percebemos facilmente, é que regiões muito altas (montanhas, serras etc.) têm temperatura bem mais fria. Por que isso ocorre? Muitos pensam que as áreas mais altas deveriam ser mais quentes; afinal, estão mais "próximas ao Sol". Entretanto, esse raciocínio está equivocado porque, na realidade, o calor se forma por irradiação, de baixo para cima; as ondas de calor do Sol batem no solo e se irradiam para o alto, ou seja, o calor não se forma por radiação solar direta. A explicação para as regiões altas serem mais frias é a seguinte: em regiões mais altas, a pressão atmosférica é menor, facilitando a evaporação de água do solo para a atmosfera, e, como a evaporação produz resfriamento da vizinhança, as regiões mais altas ficam mais resfriadas. Isso explica, também, por que em regiões montanhosas a neblina é quase sempre presente; afinal, em temperaturas mais baixas, o vapor de água da atmosfera se condensa mais facilmente.

Densidade

Outra propriedade interessante da matéria é a densidade.

⚛ **Densidade é a quantidade de matéria (massa) por unidade de espaço (volume).**

Se dois corpos com a mesma massa ocupam volumes diversos, sua densidade é diferente. A seguinte pergunta costuma causar confusão: "O que pesa mais, um quilo de chumbo ou um quilo de isopor?". Ora, é óbvio que a massa (e o peso) de um quilograma de isopor é a mesma de um quilograma de chumbo. Portanto, os pesos são iguais. Mas por que temos a falsa impressão de que o chumbo é mais pesado?

O volume ocupado por um quilo de isopor é dezenas de vezes maior que o ocupado pela mesma massa de chumbo. Enquanto um quilo de chumbo cabe na palma da mão, um quilo de isopor ocupará o espaço de um guarda-roupa inteiro. Logo, apesar de os pesos serem iguais (1 kg), o chumbo é mais denso que o isopor.

O que determina a densidade de uma substância são, basicamente, dois fatores: a quantidade de moléculas por unidade de espaço (que pode estar relacionada com a intensidade das interações intermoleculares) e a massa de cada molécula.

Moléculas com mais massa podem necessitar de mais energia para aumentar sua cinética. Veremos, no Capítulo 5, que a massa da molécula é um dos determinantes da viscosidade de um líquido ou de um gás, exatamente porque, em um fluido, massas moleculares maiores necessitam de mais energia para entrarem em movimento.

⚛ **Viscosidade é a resistência intrínseca de um fluido ao escoamento.**

Por exemplo, o mel é mais viscoso que a água, a qual é mais viscosa que o álcool.

⚛ **A viscosidade é determinada pela massa das moléculas do material, pela densidade do material e pela força das interações das moléculas de um material.**

Discutiremos agora um conceito fundamental: o da inércia.

Inércia

A inércia é a propriedade essencial da matéria, seja ela fluida ou sólida, seja um simples átomo ou um corpo complexo. Qualquer porção ou tipo de matéria manifesta essa propriedade fundamental.

Glossário

Condensação (ou liquefação)
Passagem do estado gasoso para o líquido

Sublimação
Passagem direta do estado sólido para o gasoso (sem passar pela fase líquida)

Evaporação
Vaporização que ocorre à temperatura ambiente

Ebulição
Vaporização que ocorre a determinada temperatura, dependendo da substância e da pressão local; cada elemento químico tem seu próprio ponto de ebulição

Calefação
Vaporização abrupta quando o líquido se aproxima de uma superfície muito quente

Vapor
Termo que se refere ao produto resultante de um processo de vaporização (mudança de fase líquida para gasosa)

Gás
Termo que se refere ao estado da matéria que tem a característica de se expandir espontaneamente, ocupando a totalidade do recipiente que a contém

Transformação isobárica
Aquela que ocorre sob uma pressão constante

Vácuo
Região espacial em que não há matéria; na prática, é uma região de gás muito rarefeito, sob baixíssima pressão

Transformação isotérmica
Aquela que ocorre a uma temperatura constante

Ponto de ebulição
Temperatura na qual um líquido começa a se vaporizar

Taxa de evaporação
Velocidade com que um líquido evapora

Taxa de condensação
Velocidade com que um gás se liquefaz, ou seja, se condensa

Densidade
Quantidade de massa por unidade de volume

Viscosidade
Resistência de um fluido ao escoamento

Inércia
Resistência que a matéria oferece à aceleração

Podemos defini-la como a resistência que um corpo apresenta à variação de sua velocidade, ou seja:

> Inércia é a resistência que um corpo oferece à aceleração.

Somente influências extrínsecas a esse corpo podem alterar o seu estado de inércia, alterando sua velocidade, seja este corpo fluido ou sólido.

Quando definimos inércia como o estado de constância de velocidade da matéria, admitimos que esse corpo pode estar em repouso (ou seja, em velocidade zero) ou em movimento constante (velocidade constante, diferente de zero), tanto de rotação (velocidade angular constante) como de translação (velocidade escalar constante).

> Inércia não significa, necessariamente, estar parado. Inércia é permanecer como está.

No próximo capítulo, discutiremos a inércia de maneira mais formal.

Medida da inércia

Apesar de o conceito de inércia estar relacionado com a velocidade dos corpos, na verdade quem determina e permite que se meça a inércia de um corpo não é sua velocidade, e sim sua massa. Analisemos um exemplo prático: imagine dois veículos com massas diferentes – uma carreta de seis eixos (massa de 20 toneladas) e um fusca (massa de 800 kg). Ambos trafegam em uma rodovia reta, lado a lado, à mesma velocidade constante. Nesse momento, podemos dizer que cada corpo tem a sua inércia. Se considerássemos que a medida da inércia é simplesmente a medida da velocidade constante, esses dois corpos teriam a mesma inércia.

Agora, suponhamos a seguinte situação: no mesmo momento e no mesmo ponto do percurso, ambos os motoristas pisam o freio (consideramos aqui o freio uma influência extrínseca aos corpos que irá tirá-los da inércia). Se as inércias fossem as mesmas, essa influência iria tirar ambos os veículos da sua velocidade constante da mesma maneira. Mas isso acontece? Não. O fusca não terá muita dificuldade para interromper seu estado de movimento. Então, apesar de a influência extrínseca (a frenagem) e a velocidade original serem as mesmas, ambos os veículos saem da inércia de modo diferente. Se a carreta tinha mais inércia que o fusca, uma vez que demorou mais para mudar o seu estado de movimento, concluímos que a massa dos veículos determinou a quantidade de inércia de cada um, já que essa era a única diferença entre eles (Figura 2.9).

Conclusão:

> A quantidade de matéria determina a quantidade de inércia.

Considerando movimento uma propriedade da matéria, responda: o movimento do fusca e o da carreta são iguais?

Basta observar esse exemplo simplório que a natureza nos impõe para dizer que não, uma vez que o comportamento dos corpos foi diferente, apesar de as velocidades terem sido iguais.

Movimento

Nosso senso comum nos remete ao conceito de movimento como equivalente ao de velocidade. De fato, muitos físicos conceituam movimento como o fenômeno resultante da ação da velocidade nos corpos. Com base neste conceito, movimento e velocidade são indistinguíveis, e, logo, poderíamos dizer que o fusca e a carreta apresentam o mesmo movimento (já que ambos viajam à mesma velocidade).

Entretanto, há outros físicos que entendem que, para se analisar o movimento, é necessário levar em conta também a massa (inércia) dos corpos. A fim de evitar dúvidas entre os conceitos, estes físicos deram o nome de *momentum* (também conhecido como quantidade de movimento) à grandeza que leva em conta tanto a massa quanto a velocidade de um corpo. Neste caso, afirmamos que a carreta apresenta um *momentum* muito maior que o do fusca. Então, podemos dizer que uma carreta a 40 km/h apresenta um *momentum* maior que o de uma motocicleta a 200 km/h.

O conceito de *momentum* tem muito mais desdobramentos práticos do que o conceito de movimento (que leva em conta somente a velocidade), uma vez que todos sabemos que, se a carreta e o fusca (ambos com a mesma velocidade) se chocassem contra um obstáculo, as consequências seriam muito maiores quanto maior fosse o *momentum* do corpo.

Figura 2.9 O fusca e a carreta. O tamanho da seta é proporcional ao *momentum* (quantidade de movimento) dos veículos, partindo-se do pressuposto de que a velocidade inicial era igual para ambos e que a frenagem foi totalmente efetiva para travar as rodas dos veículos.

Como veremos no próximo tópico ("Energia"), o conceito de *momentum* está intrinsecamente relacionado com o conceito de energia; isto porque os conceitos em física são um tanto relativos e dependem, muitas vezes, de convenções adotadas por um determinado grupo de cientistas.

Vamos então sistematizar alguns conceitos:

- Inércia é a medida da massa dos corpos.

- Movimento é o efeito da velocidade nos corpos.

- *Momentum* é o produto da massa dos corpos pela sua velocidade.

Energia

A partir do senso comum, imaginamos energia como "fogo", "raio", "vitalidade"; contudo, fogo, raio e vitalidade nada mais são do que a expressão de fenômenos de transformação da matéria por ação daquilo que, apesar de não poder ser visto, é chamado de energia.

De fato, energia é algo que, intuitivamente, todo mundo "sabe" o que é, mas ninguém consegue definir precisamente em palavras.

Em verdade, nem mesmo os físicos mais notáveis conseguem explicar o que é a energia, embora esse talvez seja o ente mais importante da física. O que sabemos e que nos é possível saber é o seguinte:

- Toda energia produz efeitos.

- Toda energia tem uma fonte conhecida.

Assim, "definimos" energia a partir de sua fonte, embora isso não seja uma definição rigorosa, uma vez que definir algo é dizer o que esse algo é, e não o ele faz ou de onde vem. Essa situação de fragilidade dos conceitos é bem mais comum na física do que se possa imaginar. Na realidade, ninguém consegue definir o que são a luz, as ondas, o tempo, o espaço etc. Esses conceitos são muito abstratos, embora, intuitivamente, possamos sentir seus efeitos e, então, formar um modelo mental do que eles "são", mesmo não sendo possível defini-los com precisão e rigor científico.

Dito isso, nos contentamos em "definir" energia a partir da fonte que a emite (Tabela 2.1).

Como não é possível saber a real natureza da energia, nos resta tentar atribuir a ela algumas "definições" que, embora imprecisas, possam ter alguma utilidade prática para lidarmos com os fenômenos do dia a dia. Estão, já que podemos perceber que energia está relacionada com os fenômenos de transformação da matéria ao nosso redor, ousamos dizer que a energia é, conceitualmente, uma capacidade; ou, como os físicos clássicos costumam enunciar:

- Energia representa a capacidade de transformar.

Ainda, em outras palavras:

- Energia é a capacidade de realizar trabalho.

Na realidade, como já foi dito nos parágrafos anteriores, apesar de todos termos uma noção intuitiva sobre a ideia de energia, é extremamente difícil criar uma definição formal que seja plenamente satisfatória. Isso acontece porque os nossos cinco sentidos são as portas de entrada pelas quais o mundo se apresenta à nossa mente, e, no caso, a energia não tem, ao mesmo tempo, cor, cheiro, sabor e som; tampouco, pode ser tocada. Enfim, sabemos de onde ela vem, sentimos seus efeitos, mas não nos é possível enunciar o que ela é.

Determinadas modalidades de energia podem ser percebidas por um de nossos sentidos – algumas podem ser vistas, mas não ouvidas ou tocadas; outras podem ser ouvidas, mas não têm sabor e são invisíveis; e muitas formas de energia não podem ser identificadas por nenhum dos nossos sentidos (como, por exemplo, a energia nuclear, o ultrassom, os raios infravermelhos, entre outras). Por este motivo, qualquer conceito que possamos criar para algo tão heterogêneo e abrangente certamente será incompleto e insatisfatório. Ainda assim, procuraremos criar uma "definição" que possa ter alguma utilidade prática na biofísica.

Energia e movimento

O que fenômenos como o raio, o fogo e o som têm em comum? O movimento (lembre-se de que movimento é o efeito da velocidade).

Para haver fogo, moléculas têm de se mover; para ocorrer o raio, partículas do átomo têm de sair do lugar; para que a vitalidade seja possível, você tem de se mover. Ou seja, as transformações do mundo (o efeito da energia), de algum modo, estão relacionadas com a dinâmica da matéria – o *momentum*.

Vamos simplificar este conceito a um exemplo elucidativo: imagine duas bolas de bilhar com exatamente a mesma massa e sem nenhuma influência extrínseca que altere sua inércia. Uma delas está em repouso; a outra, em movimento uniforme. A bola em repouso está na trajetória da bola que se move, ou seja, em um dado momento, elas irão se chocar. O que acontecerá? Supondo que o atrito entre as bolas e a mesa seja muito pequeno, o *momentum*

Tabela 2.1 Classificação de energia segundo sua fonte emissora.

Modalidade de energia	Fonte emissora
Mecânica	Gravidade, movimento
Elétrica	Diferença de potencial elétrico
Acústica	Som (onda mecânica)
Eólica	Vento
Química	Reações químicas
Térmica	Calor
Luminosa	Luz
Nuclear	Reações no núcleo atômico

Glossário

Velocidade
Agente físico que caracteriza o estado de movimento de um corpo

Aceleração
Agente que produz a variação da velocidade de um corpo em função do tempo

Repouso
Situação na qual um corpo apresenta velocidade nula

Movimento constante
Situação na qual um corpo apresenta velocidade constante e diferente de zero

Frenagem
Processo de desaceleração (redução da velocidade)

Movimento
Fenômeno resultante da ação da velocidade nos corpos

Momentum
Grandeza diretamente proporcional à velocidade e à massa dos corpos

Quantidade de movimento
Sinônimo de *momentum*

praticamente se conserva, ou seja, a primeira bola entra em repouso e a segunda adquire uma velocidade semelhante à que a primeira tinha antes do choque. Se, após o choque, a massa de ambas as bolas permanece a mesma e o movimento de ambas torna-se diferente, o que uma bola afinal transfere para a outra? A velocidade.

Como vimos que energia é a capacidade de transformação e que o que foi transformado no exemplo dado foi a velocidade (movimento), podemos dizer que:

Energia é a capacidade de transferir velocidade.

O que é a transferência de calor por meio de condução ou convecção senão transferência de movimento pela agitação térmica das moléculas? O que é a eletricidade senão o movimento de elétrons? A energia nuclear senão o movimento das partículas nucleares? E a luz senão o movimento de fótons? Observe que o movimento (a velocidade) está presente nas diversas modalidades de energia; entretanto, nem sempre aquilo que se movimenta contém massa, como é o caso dos fótons e elétrons.

Energia mecânica

Uma modalidade de energia bastante comum em nosso cotidiano é a energia mecânica. Sabemos, por exemplo, que as usinas hidrelétricas fornecem energia elétrica para os centros urbanos. Como isso ocorre? É simples: tudo parte de uma queda d'água. Por ação da força da gravidade, a água cai em aceleração, ganha velocidade e, depois, essa velocidade (energia) é convertida em energia elétrica. A água em movimento aciona uma turbina, e o movimento do eixo da turbina produz um campo eletromagnético dentro de um gerador dotado de um eletroímã. O campo magnético assim originado produz uma corrente elétrica, e a eletricidade é distribuída até nossas casas.

Como energia é transferência de velocidade, dizemos que, quando um corpo qualquer apresenta velocidade, esse corpo apresenta energia cinética. Porém, antes de o corpo começar o movimento e apresentar velocidade, ele deve estar em uma condição que permita que o movimento se inicie, isto é, uma condição latente capaz de romper a inércia de repouso e colocar o corpo em movimento. Essa condição latente (energia acumulada pronta a se transformar em movimento) pode ser representada pela altura de um corpo na iminência de cair, por uma mola esticada prestes a ser solta ou por um fluido sob pressão prestes a escoar.

Quando um corpo qualquer se encontra em alguma dessas condições de movimento iminente, dizemos que ele apresenta energia potencial. À soma das energias potencial e cinética damos o nome de energia mecânica, a qual deveria se conservar do início

PARA SABER MAIS

Matéria escura e energia escura

A partir de 1930, as observações astronômicas constataram dois fenômenos que o modelo teórico vigente à época não dava conta de explicar. Em primeiro lugar, para que os corpos celestes e as galáxias permanecessem unidos, seria necessária uma força de atração gravitacional muito maior do que aquela explicada pela massa desses corpos celestes. Daí concluíram que, como força gravitacional é algo exercido pela matéria, deve haver uma enorme quantidade de matéria invisível, a qual, por meio da gravidade, mantém as galáxias onde elas estão. Esse novo tipo de matéria, por ser invisível (não interagir com a luz) e por só interagir gravitacionalmente (ou seja, ela é somente um "gerador" de gravidade, sem interagir com a matéria comum), não pode ter as mesmas características da matéria que conhecemos. Pelo fato de ser invisível, passou a ser chamada de matéria escura, um "tipo" de matéria que não interage com nada – nem com matéria comum, nem com ondas (luz etc.) – e que não é constituída por átomos (prótons, nêutrons e elétrons). Mas, afinal, o que é algo que, embora exerça enorme poder gravitacional, não é formado por átomos e não interage com nada? Ninguém faz a mínima ideia. A matéria escura é um absoluto mistério, embora ela responda por mais de 20% da "matéria" existente no Universo, enquanto a matéria comum, que conhecemos (chamada de matéria bariônica), responde por apenas 4%!

A segunda observação que abalou a cosmologia foi a constatação de que o Universo está se expandindo. Além disso, ele está se expandindo de maneira acelerada! Isso significa dizer que, como toda aceleração é efeito de uma força, deve existir "algo" extremamente forte, que seja capaz de vencer a interação gravitacional causada pela matéria escura e expandir as galáxias em movimento acelerado. Como ninguém faz a menor ideia do que seja esse "algo" que produz movimento, os cientistas passaram a chamá-lo de energia escura. O nome energia se justifica pelo fato de ela produzir movimento, e o termo escura lhe foi atribuído porque, ao contrário de todas as formas de energia comum, ninguém sequer imagina qual seja a sua fonte. Mas, afinal, o que se pode dizer sobre uma "energia" que ninguém sabe o que é e nem de onde ela veio? Absolutamente nada. Muito embora, atualmente, a cosmologia considere que ela responda por mais de 70% do que existe no Universo!

Podemos então concluir que todos os modelos teóricos vigentes na física contemporânea só são capazes de dar conta de explicar 4% da realidade que conhecemos (Figura 2.10). Isso mesmo, 96% do Universo é, para nós, nada mais que algo absolutamente inexplicável, como um abismo escuro e silencioso. Um mistério, nada mais que um mistério.

Figura 2.10 Quanto se sabe a respeito do Universo?

até o fim do movimento, desde que não existissem forças dissipativas (como o atrito). Em contrapartida, como discutimos no capítulo anterior, toda transformação envolve entropia; logo, o que acontece na verdade é que a energia mecânica final é menor que a energia mecânica inicial, uma vez que parte desta se transforma em calor e desordem (entropia).

Observe um exemplo prático: suponha que você esteja segurando uma pedra a uma altura de 1 metro do solo. Nesse momento, a energia mecânica da pedra é representada apenas pela energia potencial, representada pela altura, que permitirá que a pedra entre em movimento de queda livre ao ser solta.

Você acaba de soltar a pedra, e ela entra em queda livre, atraída pelo campo gravitacional. Como ela cai em movimento acelerado, a cada instante sua velocidade aumenta, e sua altura em relação ao solo diminui; ou seja, a energia potencial (Ep) diminui à medida que a energia cinética (Ec) aumenta.

Imediatamente antes de tocar o solo, a altura da pedra em relação a ele tende a zero, e sua velocidade é máxima. Nesse instante, a energia mecânica é representada somente pela energia cinética, a qual será equivalente à energia potencial inicial menos a quantidade de energia que se transformou em calor (entropia) que foi produzido pelo atrito da pedra em queda com o ar. Observe que foi respeitada a primeira lei da termodinâmica, uma vez que a energia total inicial (energia potencial) foi igual à energia total final (energia cinética mais calor dissipado); logo, a energia total do sistema se conservou, apesar de ter ocorrido redução na energia útil em virtude da inevitável entropia.

Energia cinética e *momentum*

Pelo que foi dito, podemos concluir que a energia não depende da existência de matéria (massa). Por isso, energia e *momentum* (quantidade de movimento) não são a mesma coisa. É importante fazermos esta observação porque é comum o estudante confundir *momentum* com energia mecânica; contudo, diferentemente do *momentum*, a energia é uma grandeza escalar e, pelas leis da termodinâmica, jamais assume valor igual a zero (uma vez que o zero absoluto não é atingível).

Por exemplo, imagine dois carros de igual massa, viajando à mesma velocidade e em sentido contrário, na iminência de se colidirem. Quando os dois colidem, a quantidade de movimento se anula, mas não há como suas energias se anularem (pois energia não se perde). Com efeito, a energia mecânica deles, após a batida, irá se transformar em energia sonora, e poderá até explodir seus tanques de combustível. Isso ilustra a diferença entre *momentum* e energia.

Além disso, matematicamente, o *momentum* depende da velocidade, enquanto a energia cinética depende do quadrado da velocidade. Assim, um corpo que se move com o dobro da velocidade de outro da mesma massa possui o dobro do *momentum* desse, mas quatro vezes mais energia cinética.

> **Glossário**
>
> **Energia**
> Capacidade de transferir velocidade
>
> **Energia cinética**
> Energia que os corpos em movimento apresentam
>
> **Energia potencial**
> Energia capaz de colocar um corpo em movimento
>
> **Energia mecânica**
> Soma das energias cinética e potencial
>
> **Matéria escura**
> Tipo hipotético de matéria indetectável que não interage com nada e que não é constituída por átomos
>
> **Energia escura**
> Forma hipotética e indetectável de energia que estaria distribuída por todo o espaço e que produziria a expansão do Universo em movimento acelerado

Resumo

- Matéria é tudo aquilo que contém massa; a massa, por sua vez, é a quantidade de matéria existente em um corpo, e a força da gravidade nada mais é do que a força com que uma massa atrai outra
- O átomo que perdeu ou ganhou elétrons passa a se denominar íon, o qual pode ser classificado em: cátion – íon com carga(s) positiva(s), isto é, que perdeu elétrons; ou ânion – íon com carga(s) negativa(s), isto é, que ganhou elétrons
- A matéria pode assumir três estados: sólido, líquido e gasoso; para efeitos práticos e levando em conta as aplicações biofísicas, a matéria assume basicamente dois estados apenas: estado sólido e estado fluido (que compreende os líquidos e os gases)
- O que determina os estados da matéria é o grau de organização de seus átomos, o qual está intimamente relacionado com a quantidade de energia no sistema e também com interações moleculares intrínsecas (p. ex., pontes de hidrogênio)
- No estado sólido, a ordem é maior, e assim, de modo comparativo, a quantidade de energia (agitação molecular) é menor; sólida é a matéria que não escoa
- Há dois tipos de estados fluidos: líquido e gasoso – nos estados fluidos, a ordem molecular é menor, e o grau de movimentação independente (agitação) das moléculas é variável, porém maior que nos sólidos, uma vez que nos estados fluidos as moléculas não se organizam formando um retículo cristalino; fluida é a matéria que escoa
- Os líquidos ocupam um volume fixo independentemente do espaço em que estejam inseridos; os gases, por outro lado, ocupam um volume variável e dependente do espaço em que estejam inseridos
- No caso dos sólidos, como suas moléculas estão organizadas em um retículo cristalino, os efeitos do movimento browniano são pouco perceptíveis macroscopicamente; porém, o movimento browniano é fundamental para justificar os fenômenos físicos visíveis que ocorrem nos fluidos (escoamento etc.)
- A pressão que um líquido ou gás exerce em um recipiente é consequência dos choques que ocorrem entre as moléculas que compõem o fluido: quanto maior a frequência de choques entre as moléculas de um fluido, maior a pressão exercida por este fluido em seu recipiente
- As mudanças de estado físico são: fusão (passagem do estado sólido para o líquido); solidificação (passagem do estado líquido para o sólido); vaporização (passagem do estado líquido para o gasoso); condensação ou liquefação (passagem do estado gasoso para o líquido); sublimação (passagem direta do estado sólido para o gasoso, sem passar pela fase líquida)
- Podemos classificar as transformações em: isobáricas (que ocorrem sob uma pressão constante) e isotérmicas (que ocorrem a uma temperatura constante)
- A matéria apresenta propriedades como densidade e viscosidade: densidade é a quantidade de matéria (massa) por unidade de espaço (volume), e viscosidade é a resistência intrínseca de um fluido ao escoamento

(continua)

- A propriedade fundamental da matéria é a inércia, que pode ser definida como a resistência que um corpo oferece à aceleração; inércia não significa, necessariamente, estar parado, mas permanecer como está
- A quantidade de matéria determina a quantidade de inércia
- Movimento é a medida da velocidade dos corpos
- *Momentum* é o produto da massa dos corpos pela sua velocidade
- Energia representa a capacidade de transformar, ou, em outras palavras, é a capacidade de realizar trabalho
- Relacionando energia e movimento, pode-se dizer que a primeira é a capacidade de transferir velocidade
- Energia e *momentum* não são a mesma grandeza; diferentemente do *momentum*, a energia é uma grandeza escalar e, pelas leis da termodinâmica, jamais assume valor igual a zero (uma vez que o zero absoluto não é atingível)
- A energia mecânica é a soma das energias cinética (energia que os corpos em movimento apresentam) e potencial (energia capaz de colocar um corpo em movimento).

Autoavaliação

2.1 Conceitue matéria e inércia e, em seguida, relacione os dois conceitos.

2.2 Conceitue energia.

2.3 Aponte as diferenças entre energia cinética, energia potencial e energia mecânica.

2.4 Defina movimento browniano.

2.5 Diferencie as características dos estados sólido, líquido e gasoso.

2.6 O que são fluidos?

2.7 Defina densidade e viscosidade. Há alguma relação entre esses conceitos?

2.8 Conceitue *momentum*.

2.9 Relacione o conceito de *momentum* com o de energia mecânica.

2.10 Elabore um resumo explicando os processos de mudança de fase da matéria.

2.11 Explique a influência da pressão e da temperatura nos processos de mudança de fase da matéria.

2.12 Qual é a diferença entre átomo e íon?

2.13 O que são *quarks*?

2.14 Diferencie os conceitos de velocidade e aceleração.

2.15 Defina transformação isobárica e transformação isotérmica.

2.16 Faça uma pesquisa na internet sobre dois conceitos que estão em voga na física moderna: matéria escura e energia escura.

2.17 Faça uma pesquisa na internet sobre a teoria das cordas. Escreva um pequeno texto expondo a sua opinião sobre a seguinte questão: caso esta teoria seja cientificamente comprovada um dia, ela poderá contribuir de alguma maneira para nossa compreensão acerca da estrutura da matéria?

2.18 Discuta por que é tão difícil, senão impossível, dar uma definição exata e precisa de matéria e de energia.

2.19 Um amigo lhe fala o seguinte: "Matéria é tudo aquilo que é capaz de impressionar nossos sentidos". Você concordaria com ele? Por quê?

2.20 Diferencie os seguintes termos: evaporação, ebulição e calefação.

2.21 Qual é a diferença conceitual entre gás e vapor?

2.22 Como funciona uma garrafa térmica?

2.23 É mais fácil secar uma roupa no calor ou na sombra? Por quê?

2.24 Em dias frios, é mais fácil secar uma roupa na presença ou na ausência de vento? Por quê?

2.25 No processo de fervura, a ebulição esquenta ou esfria a água? Por quê?

2.26 É mais eficiente cozinhar com a panela aberta ou tampada? Explique.

2.27 Como funciona a panela de pressão?

2.28 Como e por que se forma a neblina?

2.29 Por que se queimar com vapor a 100°C é pior do que se queimar com água fervendo a 100°C?

2.30 Por que perdemos calor por meio da sudorese?

2.31 Por que no clima úmido a sensação térmica é bem maior, mesmo que a temperatura não varie?

2.32 O que esquenta mais nosso corpo: sauna seca ou sauna a vapor? Justifique.

2.33 Por que regiões mais altas são mais frias?

Atividade complementar

Desde o início do século 20, os cientistas começaram a estudar e propor modelos para o comportamento da matéria em nível subatômico. Assim, foi criada a mecânica quântica, que, a cada dia, promete trazer mais novidades para a ciência. Apesar de a mecânica quântica parecer muito complicada, na verdade suas premissas podem ser entendidas até mesmo pelos leigos. Com o objetivo de tornar a física quântica mais compreensível, o físico Robert Gilmore escreveu dois excelentes livros (traduzidos para o português e disponíveis no Brasil), que narram a aventura das partículas subatômicas por meio de interessantes metáforas: *O mágico dos quarks* (com base no enredo de *O mágico de Oz*) e *Alice no País do Quantum* (com base no enredo de *Alice no País das Maravilhas*). Quando possível, leia estes livros e elabore uma resenha sobre eles.

3

Força, Pressão e Tensão

Objetivos de estudo, 32
Conceitos-chave do capítulo, 32
Introdução, 33
Força, 34
Pressão, 40
Tensão, 43
Aplicação: ventilação pulmonar, 45
Resumo, 46
Autoavaliação, 47

Objetivos de estudo

- Compreender com clareza o conceito de inércia
- Ser capaz de definir o que é força
- Compreender a lei de ação e reação
- Ser capaz de identificar os tipos de força existentes na natureza
- Compreender o conceito de pressão
- Compreender os conceitos de tensão e complacência
- Ser capaz de explicar as consequências da lei de Laplace

Conceitos-chave do capítulo

- Alvéolos pulmonares
- Aneurisma
- Capacitância
- Cavidade pleural
- Complacência
- Conteúdo
- Continente
- Densidade
- Direção
- Elasticidade
- Equilibrante
- Expiração
- Fluidez
- Fluidodinâmica
- Fluidostática
- Força
- Força de campo
- Força de contato
- Força de tração
- Força eletromagnética
- Força gravitacional
- Força normal
- Força peso
- Forças nucleares
- Grandeza escalar
- Grandeza vetorial
- Hilo pulmonar
- Inércia
- Influências extrínsecas
- Inspiração
- Lei de Boyle
- Lei de Laplace
- Módulo
- Movimento
- Par ação e reação
- Pleura parietal
- Pleura visceral
- Pressão
- Pressão arterial
- Pressão atmosférica
- Pressão diastólica
- Pressão hidrostática
- Pressão intra-alveolar
- Pressão intrapleural
- Pressão negativa
- Pressão sistólica
- Princípio de Pascal
- Resultante
- Rotação
- Sentido
- Tensão
- Trajetória
- Translação
- Velocidade angular
- Velocidade escalar
- Ventilação pulmonar
- Vetor

Introdução

Vamos nos recordar de alguns conceitos da dinâmica estudados no colégio. Uma das propriedades fundamentais da matéria clássica é a inércia (conforme visto no capítulo anterior, no qual definimos inércia como a resistência da matéria à aceleração). Um corpo em inércia pode estar em repouso ou em velocidade constante, seja escalar ou angular. Contudo, se observarmos a realidade da natureza, somente é possível encontrarmos corpos em movimento que estejam em inércia se as influências extrínsecas a esse corpo, de alguma maneira, anularem-se.

Pode-se pensar que os corpos celestes, como a Terra, encontram-se em perfeita inércia em relação tanto à sua rotação quanto à sua translação, mas, se observarmos com cuidado, veremos que eles estão "praticamente" em inércia, uma vez que, na verdade, mesmo os corpos celestes podem "adiantar-se" ou "atrasar-se" um pouquinho que seja. Sabemos disso observando que os anos terrestres não são exatamente iguais – nem mesmo os dias. Este ano, com certeza, será pelo menos alguns segundos maior ou menor que o anterior. Então, a velocidade angular ou escalar dos corpos celestes também sofre variações, as quais nos revelam que até mesmo os corpos celestes sofrem influências que rompem sua inércia.

Portanto:

⚛ Se um determinado corpo está em inércia, isso significa que as influências extrínsecas a esse corpo se anulam.

Por quê? Ora, conforme já discutimos, sabe-se que não existem sistemas isolados na natureza. Logo, qualquer sistema, por regra, sofre alguma influência de sua circunvizinhança.

Pois bem, então o que é a influência extrínseca ao corpo que rompe a sua inércia? Este capítulo busca a resolução dessa questão; contudo, antes de prosseguirmos, é necessário compreender a seguinte realidade:

⚛ Todo corpo pode sofrer influência de um agente extrínseco que rompa sua inércia.

Esse agente é a força (Figura 3.1). Como este capítulo é dedicado a tais agentes, precisamos citar o seu grande "padrinho": Isaac Newton. Foi ele quem, primeiro, formalizou a dinâmica das forças quando caminhava pela Inglaterra nos idos do século 17. Tanto que lá, nessa época, Newton conceituou inércia, por meio da qual criou sua primeira lei, um dos pilares da física clássica:

⚛ Todo corpo tende a manter sua velocidade constante.

Em contrapartida, o termo tendência não significa realidade. Para que isso aconteça, as influências que romperiam a inércia do corpo têm de se cancelar de algum modo.

Após definirmos força, voltaremos ao conceito de inércia; entretanto, agora, precisamos abrir um parênteses e discutir um importante conceito que define a quantificação das características da matéria e da energia: grandezas.

Grandezas

Existem entidades na natureza que não podem ser medidas, ou seja, não podem ser quantificadas de modo formal. Não é possível dizer a quantidade de dor experimentada quando se pisa em um prego, por exemplo. Sabe-se até que, quando se pisa em um prego, sente-se mais dor do que quando se sofre um beliscão. Mas é possível quantificar, medir a dor?

Glossário

Inércia
Resistência que a matéria oferece à aceleração
Influências extrínsecas
Forças que, porventura, atuem em um corpo
Rotação
Movimento em trajetória curvilínea
Translação
Movimento em trajetória retilínea
Velocidade angular
Velocidade de um corpo em rotação
Velocidade escalar
Velocidade de um corpo em translação
Força
Agente capaz de produzir aceleração em um corpo

Figura 3.1 Rompendo a inércia dos corpos em repouso (*em cima*) ou em movimento (*embaixo*). As *setas* representam a força necessária para romper a inércia.

Não. Por outro lado, existem entidades da natureza que podem ser medidas. Tudo o que pode ser medido chamamos de **grandeza**. Logo:

⚛ Medida é a descrição formal de uma grandeza.

Medimos, por exemplo, o **movimento**. Podemos medir tanto a massa de um corpo quanto o seu movimento. Diferentemente da dor, do frio e da alegria, a massa e o movimento são grandezas. Porém, movimento e massa são grandezas do mesmo tipo ou de tipos diferentes?

É fácil responder. Podemos dizer que a massa de um corpo é igual a 20 g; contudo, se dissermos que um corpo de 20 g se move a 10 km/h, descreveremos completamente esse movimento? Pense bem antes de responder!

Vinte gramas a 10 km/h nos remetem ao conceito de *momentum*; entretanto, movimento é apenas quantidade? Pense mais um pouco antes de responder.

Imagine-se em um táxi. Como você instrui o motorista a levá-lo para casa? Por acaso diz: "Por favor, leve meus 80 kg a 60 km/h"? Diante dessa instrução, o motorista, obviamente, vai arquear as sobrancelhas e perguntar: "Para onde afinal?"

Pois é. O "para onde" é uma variável da medida do movimento. Logo, todo movimento tem de ter, por definição, **direção** (p. ex., horizontal) e **sentido** (p. ex., da direita para a esquerda). Massa, por si, não tem direção nem sentido. Volume não tem direção nem sentido, tempo não tem direção nem sentido. Em contrapartida, corrente elétrica ou marítima tem. A **trajetória** de uma bala de canhão também tem.

Enfim, podemos sintetizar dois tipos de grandezas que podem ser medidas em relação às entidades da natureza:
- **Grandeza escalar:** é a grandeza definida apenas por um valor numérico, associado à intensidade desta grandeza (p. ex., massa, volume etc.)
- **Grandeza vetorial:** é a grandeza que, além da intensidade, necessita da direção e do sentido para ser bem definida (p. ex., velocidade, aceleração etc.).

Sempre representamos uma grandeza vetorial por meio de uma *seta gráfica* que aponta para a direção e o sentido da grandeza. O comprimento dela representa a intensidade ou o módulo de tal grandeza dentro do plano cartesiano. Essa seta se chama **vetor**.

Na Figura 3.2, à esquerda, vemos a representação gráfica de dois carros em deslocamento para direções diferentes em relação a um ponto de referência; à direita, a representação gráfica do vetor velocidade dos carros em relação à origem no plano cartesiano. A partir dessa figura, perguntamos: qual dos veículos está em maior velocidade? É fácil: o carro da esquerda apresenta maior velocidade, pois o vetor que a representa é maior.

Lembre-se:

⚛ Direção e sentido são variáveis-chave na descrição de uma grandeza vetorial.

Podemos, então, fechar aquele parêntese e começar a estudar o agente que rompe a inércia dos corpos: uma grandeza vetorial denominada força.

Força

Eis a filha de Newton que explica como os corpos aceleram, param ou se deformam – seja de forma elástica (como a mola) ou de forma plástica (como a massa de modelar). Isto é, como os corpos têm sua inércia rompida. Obviamente, toda força influencia um movimento ou uma deformação em direção e sentido determinados.

A partir disso, podemos começar a formalizar um conceito para força:

⚛ Força é um agente vetorial capaz de romper a inércia dos corpos.

Se determinado corpo está em inércia (seja em repouso ou em movimento), isso significa que as influências sobre ele se anulam. Já falamos sobre isso anteriormente; logo, sabemos que essas influências são forças e, então, podemos dizer que as forças podem se anular. Desse modo, se a inércia de um corpo é rompida, a resultante das forças que atuam sobre ele não é nula. Neste ponto, lançamos um conceito capital: **resultante**.

Assim:

⚛ Resultante é a soma vetorial das forças que atuam sobre um corpo.

As forças que apontam para sentidos opostos têm um efeito subtrativo; as forças que apontam para o mesmo sentido têm um efeito aditivo. Já as forças que apontam para sentidos diferentes (porém, não opostos) podem se somar ou se subtrair. Para compreender como isso acontece, veja a Figura 3.3.

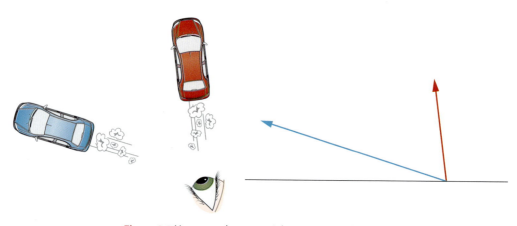

Figura 3.2 Uma grandeza vetorial; no caso, a velocidade.

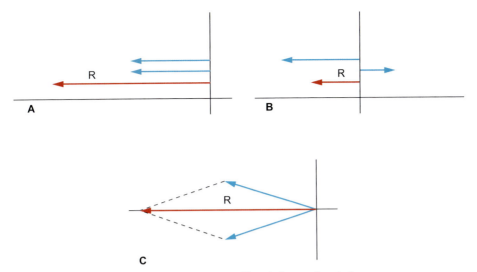

Figura 3.3 Representação gráfica de interações de forças.

Observando a Figura 3.3, podemos analisar três situações distintas:
- Em A, duas forças paralelas (*setas azuis*) na mesma direção e no mesmo sentido interagem produzindo uma força resultante (*seta vermelha*) de módulo igual à soma dos módulos das duas forças paralelas
- Em B, duas forças paralelas (*setas azuis*) na mesma direção, porém em sentidos opostos, interagem produzindo uma força resultante (*seta vermelha*) de módulo igual à diferença dos módulos das duas forças paralelas
- Em C, duas forças não paralelas (*setas azuis*) produzem uma resultante (*seta vermelha*), a qual pode ser visualizada pela regra do paralelogramo e calculada em função do ângulo entre as forças, pela lei dos cossenos.

Não é nosso objetivo discutirmos como é calculada matematicamente a resultante na situação C, até porque é provável que esses artifícios de cálculo já tenham sido estudados no Ensino Médio. Para nós, é suficiente que o comportamento do vetor resultante, ilustrado na figura, seja visualizado.

Agora, imagine que, enquanto 600 pessoas (300 de cada lado) estejam em uma disputa de cabo de guerra, um passarinho pouse no meio da corda. O pássaro pode estar em repouso (não sair do lugar, se a corda estiver imóvel). Independentemente do valor da força, se não houver ruptura da inércia, a resultante será nula. Assim, consolidamos a ideia de que um corpo pode sofrer a atuação de centenas de forças monstruosamente grandes e permanecer em repouso, desde que a resultante dessas forças seja nula e, logo, sua inércia não seja rompida – *o corpo não acelera, sua velocidade permanece constante* (nesse caso, igual a zero).

O gênio Isaac Newton, a partir desse conhecimento, formulou, então, a segunda lei da dinâmica, que diz:

> ⚛ Um corpo, independentemente de sua massa, só é capaz de acelerar se a resultante das forças que atuam sobre ele for diferente de zero.

Um conceito formal para *aceleração* é a *variação da velocidade* de um corpo, que pode diminuir ou aumentar *em função do tempo*. Se um corpo mantém sua velocidade constante (seja ela nula ou não), não há aceleração –, a resultante das forças que atuam sobre o corpo é zero.

Se a aceleração tiver sentido contrário ao da velocidade, ela diminui; se, em vez disso, tiver o mesmo sentido, ela aumenta. Logo, aceleração é uma grandeza vetorial, uma vez que é determinada pela direção e pelo sentido da resultante. A aceleração sempre terá a mesma direção e o mesmo sentido da resultante.

Imagine uma bola de bilhar em movimento com velocidade constante. Não há aceleração nesse sistema, a resultante das respectivas forças é nula, e, assim, a bola está em inércia; porém, nesse caso, a bola também descreve uma trajetória com direção e sentido. Dito isso, uma vez que a resultante é nula, como encontramos a grandeza vetorial que determina a direção e o sentido desse movimento?

Sabemos que o movimento é função da massa e da velocidade do corpo e também que massa é uma grandeza escalar (ela não tem direção nem sentido). Então, concluímos que:

> ⚛ Velocidade é uma grandeza vetorial.

Assim, esse movimento se mantém exclusivamente *por causa da velocidade*. Ou seja, é dispensável a existência de uma resultante para que o movimento se mantenha.

Estruturamos, assim, o seguinte raciocínio:

> ⚛ Para que o estado de movimento se altere, é necessária uma força resultante não nula.

> ⚛ Para que o movimento se mantenha, basta a velocidade.

Vamos retomar a definição de inércia à luz do conceito de força.

Glossário

Grandeza
Aquilo que pode ser quantificado em números

Movimento
Estado de um corpo cuja posição muda ao longo do tempo

Direção
Inclinação da reta em uma trajetória retilínea (p. ex., direções horizontal, vertical, inclinada em 27° etc.)

Sentido
Orientação da trajetória (p. ex., sentidos da esquerda para a direita, anti-horário, ascendente etc.)

Trajetória
Caminho percorrido por um corpo ou partícula em movimento

Grandeza escalar
Grandeza definida apenas por um valor numérico, associado à intensidade desta grandeza

Grandeza vetorial
Grandeza que, além da intensidade, necessita da direção e do sentido para ser bem definida

Vetor
Ente matemático representado por um segmento de reta, que representa intensidade (módulo), direção e sentido

Força
Agente vetorial capaz de romper a inércia dos corpos

Resultante
Soma vetorial das forças que atuam sobre um corpo

É fundamental dedicarmos atenção especial ao conceito de inércia, uma vez que ele representa a viga mestra sobre a qual se constrói todo o raciocínio da mecânica clássica. Apesar de parecer simples, o conceito de inércia talvez seja um dos pontos que mais cause confusão e erros de interpretação, comprometendo seriamente a compreensão das leis físicas que governam o movimento. Portanto, é hora de redobrar nossa atenção. Vamos lá.

O princípio da inércia, que foi sistematizado por Newton em sua primeira lei (como já foi discutido), foi na verdade originalmente proposto por Galileu no século 17.

Antes de Galileu, prevalecia o pensamento de Aristóteles (que viveu cerca de 350 anos antes de Cristo), que associava a ideia de força à de movimento. Assim, segundo Aristóteles, a função da força era *manter* ou *conservar* o movimento, e, portanto, não poderia haver movimento sem a presença de força. Essa ideia, apesar de parecer um tanto lógica, se mostrou *equivocada* (pois, como vimos, a velocidade pode manter o movimento, ainda que nenhuma força esteja sendo exercida).

O grande mérito de Galileu foi o de associar a ideia de força à de *mudança* de velocidade, o que implicaria a existência de movimentos com velocidade constante, sem a intervenção de forças.

Para testar essa hipótese, Galileu fez vários experimentos, em que esferas muito bem polidas eram postas a deslizar em superfícies igualmente polidas e lubrificadas. Como o atrito era reduzido a valores mínimos, Galileu, ao medir a distância percorrida pela esfera por unidade de tempo, verificou que sua velocidade se mantinha praticamente constante, apesar de nenhuma força atuar no sentido de manter o movimento. Logo:

⚛ Inércia não é, necessariamente, estar em repouso, mas, sim, permanecer como está.

Outro desafio para Galileu era explicar por que, para manter as máquinas funcionando com velocidade constante, era necessária a presença de forças motrizes (forças que movem os motores). Tudo ficou claro e evidente quando Galileu descobriu que as forças motrizes eram utilizadas tão somente para equilibrar as forças resistentes – como, por exemplo, o atrito –, que são contrárias ao movimento. O equilíbrio entre o atrito e a força motriz gerava uma resultante nula, e a máquina permanecia funcionando exclusivamente *por inércia*.

Devemos insistir no fato de que, se um corpo se move em velocidade constante, não existe nenhuma força que mantenha o movimento – o que o mantém é a própria inércia.

Vamos sistematizar o que foi dito, enunciando algumas consequências da lei da inércia:

⚛ Para alterar a inércia de um corpo, é necessária uma força resultante.

⚛ O movimento de um corpo com velocidade constante se mantém por inércia.

⚛ Uma força resultante não é necessária para manter um movimento com velocidade constante.

⚛ Uma força resultante somente é necessária para alterar a velocidade de um corpo em movimento.

Examinemos mais um exemplo para tornar o assunto ainda mais claro: imagine uma esfera polida rolando sobre uma superfície horizontal sem atrito, da esquerda para a direita, com velocidade constante. Que força mantém o movimento da esfera? *Nenhuma!* O movimento se mantém por *inércia*.

Suponha que a mesma esfera passe para uma superfície em que exista atrito. Bem, nesse momento, passa a existir uma força resultante contra o movimento (força de atrito), ou seja, a resultante está da direita para a esquerda, enquanto o movimento continua da esquerda para a direita, porém perdendo velocidade. Ora, se a resultante está contrária ao movimento, não seria o caso de o sentido do movimento se inverter? *Não!* O que mantém o movimento da esquerda para a direita é a inércia e, portanto, o vetor velocidade. Como a resultante está em sentido contrário, a aceleração também estará; logo, o módulo do vetor velocidade irá decrescer. Quando o vetor velocidade se igualar a zero, a esfera irá parar, no entanto nunca irá inverter seu sentido de movimento; afinal, repetimos:

⚛ O que determina o sentido do movimento da esfera é a própria inércia (representada pelo vetor velocidade), e não a resultante de forças.

Generalizando, em relação à atuação de uma resultante em um corpo em movimento retilíneo com velocidade constante, podemos dizer que:

⚛ Se a resultante tem o mesmo sentido da velocidade, o corpo acelera.

⚛ Se a resultante tem sentido contrário ao da velocidade, o corpo desacelera.

⚛ A resultante jamais pode inverter o sentido do movimento.

Procure assimilar bem esses conceitos, pois eles se aplicam também ao movimento dos fluidos (líquidos e gases), já que estes também apresentam inércia. Conforme veremos mais adiante, *o comportamento de um corpo sólido diante de uma resultante de forças é o mesmo comportamento de um fluido diante de uma diferença de pressão*.

Ação e reação

Conforme mencionamos no início do capítulo, uma força pode produzir deformação de um corpo. O grau de deformação, contudo, depende da resistência intrínseca do material. Ou seja, a mesma força deforma mais uma folha de papel laminado do que uma chapa de aço.

Então, imaginemos que você, dirigindo seu carro, tenha perdido o controle sobre ele e batido contra um muro, e este tenha desabado. Logicamente, a queda do muro se deve à força que seu carro exerceu sobre ele. É lógico dizer também que seu carro não ficou ileso. Provavelmente, a seguradora amargará a perda total do veículo. Ora, se seu carro foi deformado, é porque algo exerceu uma força sobre ele: o muro.

Percebendo essa realidade, Isaac Newton descreveu sua terceira lei da dinâmica:

⚛ Todo corpo que exerce uma força sobre outro corpo recebe dele uma força de igual intensidade e sentido contrário.

Com base nesse exemplo, concordamos que uma força de reação foi exercida pelo muro sobre o carro. Mas como podemos saber que essa força de reação tem a mesma intensidade que a força original de ação?

Idealizamos um experimento para demonstrar que a reação tem a mesma intensidade da ação. Contudo, será necessário um foguete, porque essa experiência precisa ser realizada onde não haja gravidade e onde a resistência do ar não influencie os seus resultados – o vácuo do espaço sideral.

Pois bem, suponha que você e um colega cuja massa é exatamente a mesma que a sua estejam no espaço sideral. Após um período inicial de repouso, você empurra o seu colega com determinada força para a frente. Você, então, perceberá que também sofreu um deslocamento com a mesma velocidade, porém em sentido contrário ao dele. Se tanto a sua massa quanto a de seu colega são iguais, podemos desconsiderá-las. E, se a velocidade de ambos também tem o mesmo módulo, isso significa que o módulo da aceleração que os tirou da inércia também é o mesmo. Portanto, se a resultante que determina a aceleração é diferente de zero, logo as resultantes sobre vocês (a ação e a reação) são iguais.

Como conceituamos energia a partir de movimento e como observamos na termodinâmica que a quantidade total de energia do universo se conserva, então o *momentum* (quantidade de movimento) também se conserva.

Uma maneira simples de testar a ação e a reação é a seguinte: considere duas bolas de bilhar com a mesma massa, movendo-se com a mesma velocidade sobre uma mesa perfeitamente nivelada. Ao projetar uma bola contra a outra, você perceberá, medindo o quanto cada uma se deslocou após o choque, que ambas assumem velocidades de mesmo módulo e sentido contrário. Afinal, o que determina esse deslocamento é a velocidade (uma vez que as massas são iguais).

Considere agora uma bola de soprar: do mesmo modo que o ar dentro da bola dilata a borracha da bola, essa borracha comprime o ar nela contido. Ou seja: ação e reação.

Observando a Figura 3.4, podemos constatar que, quando o carro age sobre o muro, o muro reage sobre o carro, e as forças trocadas diferem somente quanto ao sentido. Repare que a força de ação atua sobre o muro, enquanto a força de reação atua sobre o carro; então, podemos concluir que:

⚛ **As forças de ação e reação atuam em corpos distintos.**

Uma dúvida frequente é a seguinte: as forças de ação e reação podem se anular? Não. Como elas atuam em corpos diferentes:

⚛ **As forças de ação e reação nunca se equilibram.**

Imagine um livro em repouso sobre uma mesa. Quais forças atuam no livro? A força peso determinada pela gravidade que "puxa" o livro para o centro da Terra e a força normal (força de contato que a mesa exerce sobre o livro). Pois bem, nesse caso as duas forças (peso e normal) se anulam, já que o livro está em repouso. Dizemos então que a força normal é equilibrante da força peso, pois ambas se anulam e atuam sobre o mesmo corpo (o livro).

Agora perguntamos: nesse caso, a força normal e a força peso constituem um par ação e reação, já que apresentam mesmo módulo, mesma direção e sentidos contrários? Não! Conforme já foi dito, forças de ação e reação atuam em corpos *distintos* (e, por essa razão, jamais se anulam).

Além disso, os efeitos produzidos pela ação e pela reação podem não ser os mesmos, já que dependem da resistência mecânica dos corpos (veja a situação do carro e do muro, que sofreram diferentes deformações).

Isaac Newton também se aventurou no estudo da gravidade e definiu que dois corpos exercem mutuamente uma força gravitacional um sobre o outro. *A gravidade, então, é uma aplicação da terceira lei de Newton*: a gravidade é um par de forças com sentidos opostos e mesma intensidade. Essa força é proporcional às massas dos corpos em questão. Se o produto dessas massas for pequeno demais, a gravidade nem é notada (p. ex., a força gravitacional produzida por uma azeitona em um ovo de

Glossário

Módulo
Medida da intensidade de uma grandeza vetorial
Força peso
Força com que o centro da Terra atrai os corpos localizados em sua superfície
Força normal
Força que dois corpos exercem um sobre o outro, quando ambos estão em contato
Equilibrante
Força que anula a resultante de um sistema de forças
Par ação e reação
Par de forças com mesma direção, mesmo módulo e sentidos contrários, compartilhado por dois corpos
Força gravitacional
Força de atração que a massa de um corpo exerce, a distância, sobre a massa de outro corpo

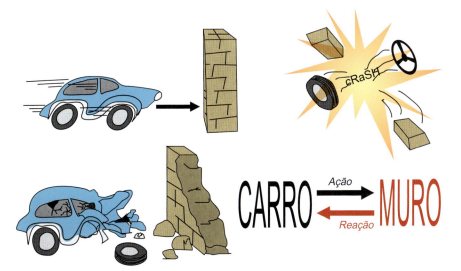

Figura 3.4 Ação e reação. O carro em movimento produz uma força (ação) sobre o muro. Este produz uma força de igual valor, mas em sentido contrário ao da ação, chamada de reação. Enquanto a ação deforma o muro, a reação deforma o carro.

codorna é desprezível). Logo, a força gravitacional somente pode ser notada se pelo menos a massa de um dos corpos desse par for muito grande, como é a massa de um corpo celeste.

A maçã de Newton, então, caiu até a Terra por causa da força da gravidade. Porém, ao mesmo tempo que a Terra exerceu uma força de gravidade sobre a maçã, ela exerceu uma força gravitacional sobre a Terra. Por que, então, a maçã de Newton não "puxou" a Terra para si? (Afinal, pasmem, *a maçã atrai a Terra com uma força de mesma intensidade com que a Terra atrai a maçã!*) Por que a Terra não "sobe" até a maçã? Sigamos com um raciocínio proveniente da segunda lei de Newton.

Sabemos que o movimento está em função da massa e da velocidade e que a variação dele necessita de uma resultante não nula de forças que atuem sobre o corpo em questão. Se a massa não varia, o que muda no movimento é a velocidade. E o que determina a mudança da velocidade é a aceleração, a qual é resultado de uma força. Mas, convenhamos, para se acelerar uma massa muito grande e outra bem menor até que alcancem a mesma velocidade, forças de intensidades diferentes deverão ser aplicadas. Então, duas forças de mesma intensidade aceleram os corpos na razão inversa de suas massas.

Logo:

O efeito da ação e da reação depende das massas dos corpos.

Nesse caso, como a massa da Terra é imensamente maior que a da maçã, sob efeito de forças de mesma intensidade, a aceleração da Terra em direção à maçã é absolutamente menor que a aceleração da maçã em direção à Terra.

Tipos de força

Na natureza, dispomos de basicamente três tipos de forças: forças de campo, forças de contato e forças nucleares.

Forças de campo

Intuitivamente, sabe-se que a gravidade é uma força que "puxa" um corpo em direção ao centro da Terra. Newton deve ter percebido isso quando a maçã caiu em sua cabeça. Analisando este fato, nenhum corpo exerceu diretamente uma força sobre a maçã; o centro da Terra (a fonte da força) não precisa estar em contato com a maçã para imprimir nela a força da gravidade. A força da gravidade, assim como a força magnética e a força eletrostática, é chamada de força de campo.

Para compreender o conceito de "campo", vamos nos valer do exemplo de um ímã (que exerce uma força magnética notável sobre determinados materiais) e um prego. Percebemos claramente que, quanto mais afastarmos o prego do ímã, menor será a força com que esse prego será atraído para o ímã. Depois de certa distância, essa força diminui tanto que, na prática, pode ser considerada inexistente (isto ocorre porque as forças de campo são inversamente proporcionais ao quadrado da distância que separa os corpos; ou seja, se a distância dobrar, a força diminuirá 4 vezes, e assim por diante). Logo, esse ímã tem um campo de atuação ao seu redor, dentro do qual exerce força magnética sobre os corpos circunvizinhos. Da mesma maneira, cargas elétricas e corpos materiais produzem, respectivamente, campos de forças elétrica e gravitacional.

Já vimos que a gravidade é uma força de campo originada a partir da interação a distância entre dois corpos. Da mesma maneira, todas as forças de campo são forças de interação a distância. Na eletricidade, a força com que a carga positiva atrai a negativa é de mesma intensidade da força com que a carga negativa atrai a positiva. Assim:

As forças de campo são aplicações da terceira lei de Newton – ação e reação.

As duas forças de campo que existem na natureza são a **força eletromagnética** e a **força gravitacional**. A força eletromagnética é muito mais "forte" que a força da gravidade. Se lançarmos uma taça de cristal do alto de um edifício, ela cairá em franca aceleração em direção ao centro da Terra por causa da força da gravidade.

Entretanto, ela não chegará ao centro da Terra, quebrando-se ao chocar-se contra o chão. Por quê? A força eletromagnética existente na eletrosfera de todos os átomos cria campos de repulsão que não permitem que um corpo sólido atravesse outro (apesar de, como já vimos no Capítulo 2, os átomos terem muito mais espaço vazio do que matéria). Desta maneira, a força eletromagnética se contrapõe à força gravitacional de modo que, do chão, a taça não passa.

A força eletromagnética presente na eletrosfera dos átomos mantém, por exemplo, as moléculas que formam um lápis unidas de tal modo que, se quisermos quebrá-lo com as mãos, teremos de fazer muita força.

Forças de contato

Outro tipo de força é a **força de contato**, que genericamente corresponde à força que qualquer corpo exerce em outro corpo por meio do contato entre eles. Uma raquetada em uma bolinha, o atrito, um aperto de mão, o cabo de guerra, entre outros, são exemplos de forças de contato, quer seja uma força de compressão (que empurra) ou uma força de tração (que puxa) – veja a Figura 3.5.

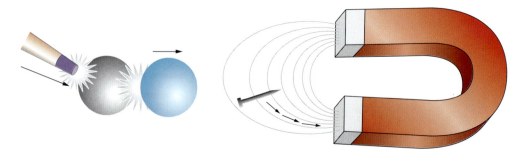

Figura 3.5 Tipos de força: de contato (*à esquerda*) e de campo (*à direita*). A diferença básica entre estas forças é a maneira de interação dos corpos materiais.

Forças nucleares

Sabemos que, no núcleo dos átomos, as forças de grande intensidade que são exercidas entre as partículas nucleares são responsáveis pela estabilidade (coesão) do núcleo atômico. Elas são as **forças nucleares**. Para anular qualquer uma dessas forças é necessária uma quantidade de energia muito grande, e a energia que essas forças mobilizam é semelhante àquela que mantém o Sol "aceso" ou à que destruiu Hiroshima durante a Segunda Guerra Mundial. As forças nucleares são imensamente mais "fortes" que as forças de campo e as forças de contato. Existem dois tipos de forças nucleares: força nuclear forte e força nuclear fraca. Falaremos sobre elas no Capítulo 8, quando estudarmos as radiações.

Forças nos fluidos

Os "corpos" que figuraram em nossas discussões, até então, foram os sólidos. De modo geral, em qualquer livro-texto de física, os modelos utilizados para descrever as forças da mecânica envolvem corpos sólidos como blocos, esferas etc.; porém, neste momento, lançamos as seguintes questões: como se organizam as forças nos fluidos (líquidos e gases)? Como os fluidos se comportam sob a ação de forças?

Existem ainda outras questões a serem analisadas; a própria inércia, até então, foi relacionada com corpos sólidos. Ora, fluidos, enquanto líquidos que escoam, ou gases que preenchem espaços vazios, não têm inércia? Em caso afirmativo, ao se "empurrar" com o dedo uma massa de água, exercendo sobre ela uma força, a inércia da água será rompida?

Definitivamente, *apesar de apresentarem inércia*, os fluidos reagem de maneira diferente da dos sólidos sob a ação das mesmas forças físicas. Isso é compreensível, uma vez que os fluidos e sólidos são matérias com propriedades dinâmicas completamente diferentes. A principal diferença é que os *fluidos escoam* e geralmente assumem a forma do recipiente em que estão inseridos; daí dizermos que o fluido representa o **conteúdo** e o recipiente representa o **continente**. Em função das propriedades de escoamento dos fluidos, os físicos criaram um ramo especial da mecânica chamado mecânica de fluidos, dividida em **fluidostática** e **fluidodinâmica**.

Vamos aproveitar todos os conceitos termodinâmicos estudados até agora para determinar o verdadeiro motivo de o comportamento mecânico de fluidos e sólidos ser diferente: em ambos os estados, a matéria é composta por partículas (átomos ou moléculas). Contudo, no caso de *um corpo sólido, quando este é submetido a uma força, em razão de seu grau de ordem e estabilidade, todas as suas partículas mantêm o mesmo padrão de comportamento.* Como no fluido as partículas são relativamente independentes, quando ele é submetido a uma força, as partículas desse líquido assumem padrões diferentes de comportamento. Então, podemos estudar a mecânica nos fluidos considerando-os não como corpos homogêneos, e sim como populações de pequeninos sólidos.

> ⚛ Quanto maior o grau de escoamento de um fluido, maior o grau de independência (desordem) entre suas partículas constituintes.

A diferença fundamental entre os comportamentos observados na Figura 3.6 é que, nos sólidos, as partículas têm alto grau de interdependência, de modo que se comportam de modo uniforme sob uma força macroscópica. Isso já

Glossário

Forças de campo
Forças que atuam a distância, representadas pelas forças eletromagnética e gravitacional

Força eletromagnética
Força de campo determinada pela eletrosfera dos átomos

Força gravitacional
Força de campo determinada pela massa dos corpos

Forças de contato
Forças exercidas por corpos que se tocam

Forças nucleares
Forças de altíssima intensidade que ocorrem no núcleo dos átomos

Conteúdo
Fluido que ocupa um determinado recipiente

Continente
Recipiente no qual o fluido está inserido

Fluidostática
Estudo das forças que atuam nos fluidos em repouso

Fluidodinâmica
Estudo dos fluidos em movimento

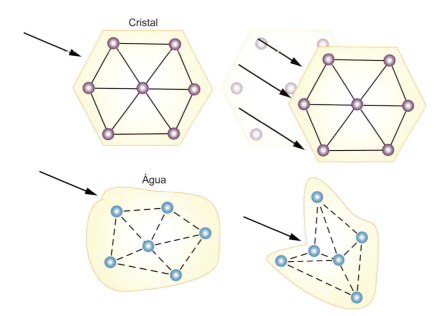

Figura 3.6 Efeito de uma força aplicada em um sólido (*em cima*) e em um líquido (*embaixo*), observando a perspectiva das partículas desses materiais.

não acontece com os líquidos, que, em razão do alto grau de independência entre as suas moléculas, não se comportam como um sólido. Por causa dessa independência, podemos adotar o modelo da "população de sólidos microscópicos" e extrapolar esse comportamento para explicar as suas propriedades macroscópicas.

O que determina o grau de fluidez (capacidade de escoar) de um fluido? Observamos anteriormente, à luz da termodinâmica, que um fator crucial é a desordem do sistema, que é proporcional à quantidade de energia injetada no sistema, uma vez que, quanto mais energia existir em um conjunto de partículas, maior será a cinética das partículas e maior a desordem. Contudo, falamos que existem outros fatores intrínsecos à natureza da matéria que também determinam o grau de fluidez, ainda que sob as mesmas condições energéticas. Por exemplo, as pontes de hidrogênio, que estudaremos melhor posteriormente, são compostas por uma potente força de atração exercida entre moléculas de certas substâncias.

Em fluidos líquidos, essas forças são atuantes, contrapondo-se à cinética molecular; já nos gases essas forças não atuam. Por isso, um líquido não preenche uma sala tal qual o gás.

Considerando um fluido uma população de pequenos sólidos, e observando as propriedades dos líquidos e gases, vamos definir pressão.

Pressão

Todos sabemos que um líquido ou um gás exercem pressão sobre o seu continente. De modo intuitivo, tendemos a relacionar pressão a uma força, ou seja, a uma grandeza vetorial. Contudo, aprendemos no Ensino Médio que pressão não é uma grandeza vetorial, e sim escalar. Essa definição pode parecer paradoxal, e é neste momento que o nosso modelo de enxergar os fluidos como uma população de pequenos sólidos vai solucionar esse problema. Podemos considerar, didaticamente, que a pressão é um conjunto de forças exercidas por cada uma das infinitas partículas do fluido sobre infinitos pontos de seu continente.

Macroscopicamente, a pressão não pode ser considerada uma força, pois incide sobre todos os pontos do continente com mesma intensidade, conforme a Figura 3.7. Em contrapartida, a pressão é composta por pequenas forças produzidas pelos choques das moléculas do fluido sobre a parede do continente; tanto que, com o aumento do calor e, consequentemente, com o aumento da cinética molecular, a pressão dentro da bola de gás também aumenta.

Essas forças são consideradas forças de contato e são determinadas pelos choques que as partículas produzem na parede do continente em razão da sua cinética. Logo, se a cinética aumenta, o que acontece com a pressão? Aumenta, já que o número de choques também aumenta.

Isso explica por que, com o aumento da temperatura, a pressão de um gás se eleva; do mesmo modo, explica a distensão de um continente elástico (como uma bola de soprar) sob elevação do calor no sistema, uma vez que o aumento do número de choques aumenta o número de forças sobre as paredes desse continente, que, assim, sofre maior deformação.

Nosso modelo está em perfeita conformidade com o conceito de pressão, que é: *força por unidade de área* do continente. Como a pressão não tem uma única direção e um único sentido, logo ela só tem módulo, sendo, portanto, uma grandeza escalar.

Princípio de Pascal

Como o choque de moléculas se dá aleatoriamente em todos os pontos do recipiente, fica fácil observar que a pressão (força por unidade de área) será a mesma em todos os pontos do continente. Observando esse fato, em pleno século 17, o matemático e filósofo francês Blaise Pascal enunciou um importante princípio, que diz: o acréscimo de pressão produzido em um fluido transmite-se integralmente a todos os pontos do fluido e às paredes do recipiente (continente), ou, em outras palavras, *a pressão de um fluido se distribui igualmente em todos os pontos de seu continente*. Esse é o princípio de Pascal, que explica, por exemplo, o funcionamento da prensa hidráulica.

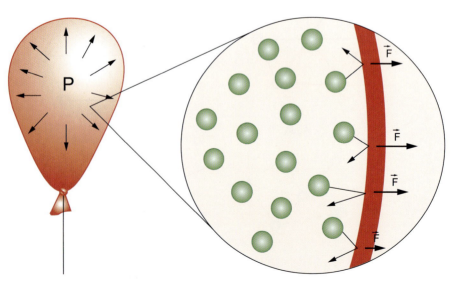

Figura 3.7 A pressão de um gás sobre as paredes de uma bola de soprar.

Pressão hidrostática

A massa de gás contida em uma bola de soprar exerce pressão sobre a parede da bola tanto aqui na Terra quanto no espaço sideral, já que, nesse caso, a pressão é resultado da cinética molecular, a qual é proporcional ao calor no gás.

Contudo, outras fontes de força, como a gravidade, também interferem na pressão. É muito importante que se compreenda esse assunto como base para os estudos de fisiologia.

Agora, vamos definir:

> Pressão hidrostática é a pressão exercida pelo fluido sobre as paredes do continente ou sobre um corpo imerso nesse fluido, em função de um campo gravitacional, da altura da coluna desse fluido dentro do seu continente e da densidade desse fluido.

Dentro de um campo gravitacional terrestre, a força da gravidade puxa cada partícula em direção ao centro da Terra – na prática, para baixo. Assim, cada partícula exerce uma força de contato sobre os corpos contíguos ao fluido e, em função da gravidade, produz pressão. É lógico que, quanto maior a densidade do fluido (maior a quantidade de massa de partículas por unidade de espaço) e quanto maior o número de partículas empilhadas (maior a altura da coluna de fluido), maior será a pressão hidrostática. Obviamente, como os gases são menos densos que os líquidos, a pressão hidrostática exercida pelos gases é menor.

No caso de líquidos, por que a pressão hidrostática é exercida tanto no fundo do continente quanto em suas paredes? Para responder a essa questão, retornaremos ao nosso modelo de fluido como um conjunto de partículas.

Caso consideremos cada partícula do fluido uma pequena esfera, por deslizamento, essas esferas exercerão forças tanto no fundo do continente quanto em suas paredes.

Vamos preencher um tubo de PVC de cinco metros de altura com bolinhas de aço, daquelas utilizadas nos rolamentos, e, então, perfurar esse tubo a um metro de sua extremidade superior e, também, em sua base. De onde sairão mais bolinhas por unidade de tempo? Observe a Figura 3.8.

Esse modelo explica o comportamento análogo da água, que flui em quantidades proporcionalmente maiores quanto mais na base do recipiente o furo é feito. Além disso, as partículas que saem da base alcançam maior distância, pois, como a pressão é maior na base, maior também é a aceleração, e, portanto, maior será a velocidade da partícula, permitindo que ela alcance distâncias maiores.

Pressão como grandeza

Esse modelo da Figura 3.8 também pode explicar por que *a pressão não é uma grandeza vetorial*.

Será que, se fizermos um furo em qualquer parte do tubo, ocorrerá movimento de bolinhas para fora? É claro que sim. Ora, isso significa que o conjunto de bolinhas, de certo modo, se comporta tão homogeneamente que elas potencialmente irão acelerar da mesma maneira em qualquer sentido. Ou seja, podemos fazer um furo em qualquer ponto do tubo, que, ainda assim, as bolinhas sairão. Logo, não há lógica

> **Glossário**
>
> **Fluidez**
> Capacidade de escoamento que um determinado fluido apresenta
>
> **Pressão**
> Conjunto de forças que um fluido exerce em seu continente, em virtude do choque entre suas moléculas constituintes
>
> **Princípio de Pascal**
> A pressão que um fluido exerce em seu continente se distribui igualmente em todos os pontos deste continente
>
> **Pressão hidrostática**
> Pressão que um fluido em repouso exerce em seu continente
>
> **Densidade**
> Relação entre a massa de um corpo e seu volume

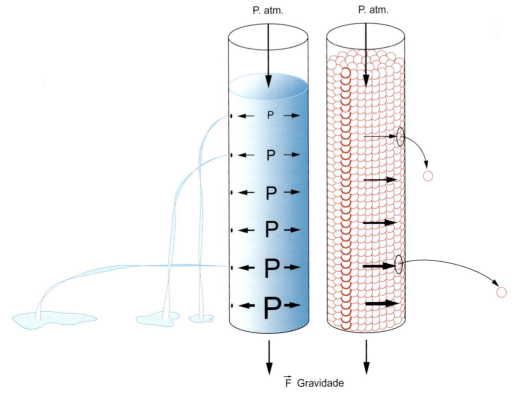

Figura 3.8 Pressão hidrostática. P. atm.: pressão atmosférica.

em falar sobre sentido para o movimento da massa de bolinhas como um todo. O que varia, de fato, dentro dos cinco metros de tubo, é a quantidade de bolinhas que sai por unidade de tempo *em função da altura*, ou seja, em função apenas da massa da coluna de bolinhas. Logo:

- A pressão é dependente da massa.

Além do mais, com base no princípio de Pascal, como a pressão se distribui em todos os sentidos e direções, só podemos defini-la a partir de sua intensidade. Concluímos, então, que:

- A pressão é uma grandeza escalar.

Em condições fixas de calor, nos gases, *o que vai determinar a pressão exercida nas paredes de um continente inextensível será a massa de gás dentro desse continente* (mais massa, mais partículas por unidade de espaço, mais choques).

Lei de Boyle

Imaginemos, agora, que uma massa de gás é colocada dentro de um continente cujo volume pode variar; por exemplo, uma seringa comum. Ao ocluirmos a abertura da seringa cheia de gás, podemos provocar uma alteração da pressão do gás sobre o continente, variando o seu volume: se puxarmos o êmbolo da seringa, a pressão lá dentro irá diminuir. Se, ao contrário, empurrarmos o êmbolo, a pressão irá aumentar. Essa observação foi a base para a formulação da lei de Robert Boyle (século 17), que diz que:

- A pressão em um sistema é dependente do volume do continente.

Vamos, agora, raciocinar sobre a lei de Boyle, imaginando uma seringa preenchida por um líquido. Apesar de o líquido ser inextensível (não há variação de volume), a pressão interna varia em função da força exercida sobre o êmbolo: uma vez que se tente puxar o êmbolo (apesar de ele não obedecer ao comando, pois o conteúdo líquido não varia de volume), a pressão interna cai; se a tentativa for a de empurrar o êmbolo, a pressão imediatamente sobe, em função da força exercida. Isso pode ser demonstrado facilmente. Basta comprimir a seringa com bastante força. Se, de repente, a abertura da seringa é desobstruída, o que acontece? A água sai com toda velocidade.

As conclusões que podemos aprender a partir da lei de Boyle são fundamentais para compreendermos a dinâmica dos fluidos, que estudaremos no Capítulo 5. Essas conclusões são as seguintes:

- Para aumentar a pressão dentro de um continente, basta diminuir seu volume.

- Para diminuir a pressão dentro de um continente, basta aumentar seu volume.

Pressão arterial

Agora que definimos pressão, falaremos rapidamente de algo sobre o qual vocês já ouviram falar – a pressão arterial. É muito comum ouvir alguém dizer: a minha pressão é 12 por 8. Mas o que isso significa? Será que existem duas pressões diferentes nas artérias?

Não é bem assim. Na verdade, quando dizemos 12 por 8, estamos nos referindo aos valores de 120 por 80 mmHg – trata-se do *mesmo fenômeno registrado em momentos diferentes*.

Vejamos: a **pressão arterial** é a pressão que o sangue exerce na parede das artérias; afinal, como vimos, um fluido sempre exerce pressão na parede de seu continente. Então, quando o coração não está se contraindo, a pressão no sistema é de 80 mmHg (**pressão diastólica**); quando o coração se contrai e lança mais sangue no sistema, a pressão sobe para 120 mmHg (**pressão sistólica**).

Então, quando dizemos que a "pressão da vovó" é de 120 × 80, isso significa que a pressão no sistema arterial é de 120 mmHg quando o coração se contrai e se mantém em 80 mmHg durante o período em que o coração está relaxado.

Futuramente, na Fisiologia, você terá a oportunidade de estudar mais detalhadamente a pressão arterial.

Pressão atmosférica

O ar (atmosfera) que nos circunda é formado por uma mistura de moléculas gasosas (nitrogênio, oxigênio etc.). Essas moléculas, naturalmente, têm massa; logo, a atmosfera tem peso. Esse peso exerce pressão sobre os corpos: a **pressão atmosférica**. Assim, podemos definir a pressão atmosférica como sendo o efeito do peso do ar.

- Pressão atmosférica é o efeito do peso do ar.

Embora não pareça, a pressão atmosférica tem uma intensidade extremamente elevada. De fato, se considerarmos que a superfície corporal de uma pessoa tem, em média, 1 m^2, então a pressão atmosférica (peso do ar) que paira sobre nossas cabeças é de cerca de 10 toneladas (o peso aproximado de dois elefantes!). Então por que não ficamos esmagados como uma panqueca, já que suportamos o peso de dois elefantes sobre nós? Simplesmente porque, da mesma maneira que existe ar nos rodeando por fora, o ar também existe dentro de nós, por meio da respiração, contrabalançando esse efeito. Além disso, a pressão atmosférica esmagadora se distribui por cada milímetro de nossa superfície corporal. Na verdade, não sentimos o peso do ar simplesmente porque vivemos imersos em um "oceano de ar", isto é, estamos cercados pelo ar por todos os lados, por fora e por dentro.

Vamos entender isso melhor a partir de uma analogia. Se você amarrar às suas costas um saco plástico contendo 50 kg de água, certamente irá sentir o peso e terá dificuldades até de se locomover. Agora imagine que, ainda carregando o saco com 50 kg de água, você mergulhe até o fundo de uma piscina. O que irá acontecer? Assim que você submergir, imediatamente, como em um passe de mágica, você deixará de sentir o peso, como se os 50 kg tivessem desaparecido. Isso acontece porque agora você está imerso na água. Agora o peso da água está distribuído por todo o seu corpo. Por essa mesma razão, o peixe não percebe o peso da água, assim como nós não sentimos o peso do ar.

Isso explica por que, em altitudes elevadas (onde o ar é rarefeito), a pressão atmosférica é menor. Já ao nível do mar, a pressão atmosférica é maior, simplesmente porque, nessa situação, existe mais massa de ar sobre nós. Da mesma forma, no fundo do oceano, sentimos uma pressão maior do que logo abaixo da superfície, porque a massa de água sobre nosso corpo é muito maior nas profundezas.

Entender que o ar atmosférico tem muito peso (embora não o percebamos) e exerce uma pressão muito forte é essencial para se compreender como se dá a ventilação pulmonar (entrada e saída de ar dos pulmões), que estudaremos mais adiante, ao fim deste capítulo.

Tensão

Podemos entender **tensão** como o esforço (estresse) que uma força exerce sobre um corpo. No caso dos corpos sólidos, a tensão é produzida por forças de contato; no caso dos fluidos, a tensão é produzida pela pressão. Vamos começar analisando as diferentes modalidades de tensão às quais um corpo sólido pode estar sujeito.

> Tensão é o esforço que a força ou a pressão transmitem a um corpo.

Uma vez submetido a uma tensão, um corpo tende a se modificar (se romper, se deformar etc.). Naturalmente, o que determina se esse corpo vai ou não se deformar é a resistência do material.

> A tensão depende da resistência do material. Quanto mais resistente o material, menor a tensão sobre ele, ou seja, menor a probabilidade de ele se romper.

Para exemplificarmos o que é o conceito de tensão, imagine uma barra de metal circular de seção transversal de 10 cm² sustentando um corpo de 100 kg. É evidente que outra barra, do mesmo material, de seção transversal maior (20 cm²), sustentando também 100 kg, trabalha em condições menos severas do que a primeira e, portanto, tem muito menos probabilidade de se deformar. Então, nesse caso, dizemos que a tensão na primeira barra é maior que na segunda, *embora a força que atue em ambas seja a mesma*.

Isso sugere a necessidade de definição de uma grandeza que tenha relação com força aplicada em uma superfície sólida, levando em consideração a área dessa superfície, de forma que os esforços possam ser comparados e caracterizados para os mais diversos materiais. Logo, podemos dizer que:

> Tensão é a grandeza física definida pela força atuante em uma superfície sólida, levando em conta a área dessa superfície.

Então, intuitivamente, podemos dizer que a tensão se refere ao esforço, solicitação ou estresse a que um corpo é submetido quando sobre ele atua uma força de contato (no caso dos sólidos) ou uma pressão (no caso dos fluidos).

> Forças produzem movimento de translação, de rotação ou misto.

> Uma força de contato pode ser aplicada em um corpo de diferentes maneiras, originando diferentes tipos de solicitação (esforço).

> Esforço se traduz, fisicamente, como tensão.

O tipo de esforço que uma força impõe a um corpo pode ocorrer de diversas maneiras. Assim, como ilustra a Figura 3.9, há vários tipos de tensão, a saber:

- *Tração*: caracteriza-se pela tendência de alongamento do elemento na direção da força atuante
- *Compressão*: a tendência é uma redução do elemento na direção da força de compressão

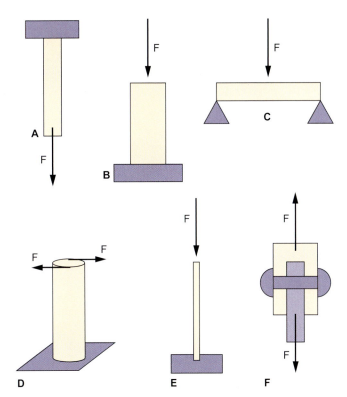

Figura 3.9 Diferentes tipos de tensão. **A.** Tração. **B.** Compressão. **C.** Flexão. **D.** Torção. **E.** Flambagem. **F.** Cisalhamento.

- *Flexão*: ocorre uma deformação na direção perpendicular à da força atuante
- *Torção*: forças atuam em um plano perpendicular ao eixo e cada seção transversal tende a girar em relação às demais
- *Flambagem*: é um esforço de compressão em uma barra de seção transversal pequena em relação ao comprimento, que tende a produzir uma curvatura na barra
- *Cisalhamento*: forças atuantes tendem a produzir um efeito de corte, isto é, um deslocamento linear entre seções transversais

É interessante observar que um mesmo corpo pode estar sujeito a diferentes tipos de tensão. Isso acontece, por exemplo, nas pontes (Figura 3.10), que estão sujeitas a uma tensão do tipo compressão (na parte superior) e a uma tensão de tração (na parte inferior). Por esse motivo, são usados materiais diferentes na construção de estruturas como pontes, vigas, pilares etc.; por exemplo, enquanto o aço é muito resistente à tração, o concreto é muito resistente à compressão. Logo, conhecer a resistência de um material a determinado tipo de tensão é muito útil no cotidiano. Nunca é demais lembrar que a resistência a cada tipo de tensão é uma propriedade intrínseca de cada material. Por isso, nos currículos de engenharia, há uma importante disciplina que trata exclusivamente da resistência de materiais.

Glossário

Lei de Boyle
À temperatura constante, a pressão de um fluido varia inversamente ao volume de seu continente

Pressão arterial
Pressão que o sangue exerce na parede das artérias

Pressão diastólica
Pressão arterial registrada durante a diástole

Pressão sistólica
Pressão arterial registrada durante a sístole

Pressão atmosférica
Efeito do peso do ar

Tensão
Esforço que uma força de contato produz em um corpo

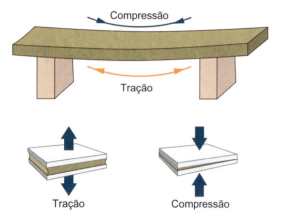

Figura 3.10 Uma ponte está sujeita a dois tipos distintos de esforço (tensão): tração e compressão.

Por falar em resistência de materiais, imaginemos, agora, um cabo sujeito a uma tensão do tipo tração. Perguntamos: e se o cabo for elástico, o que acontece? Nesse caso, quanto maior a tensão, maior a força elástica que o cabo exerce para se recompor. Podemos ilustrar essa situação imaginando uma massa suspensa por uma mola. É fácil perceber que, quanto maior for a tensão sobre a mola, maior será a sua força elástica (reação). Nesse caso, a reação da tensão passa a ser compensada pela força elástica da mola, dentro dos limites de sua resistência, pois, se essa resistência for sobrepujada, a mola se rompe.

O mesmo acontece com um fluido dentro de um continente (recipiente). Se o continente apresentar elasticidade, como ocorre com vasos sanguíneos, cavidades cardíacas e músculos em geral, a tensão irá produzir uma força elástica em sentido contrário. Assim:

⚛ **A força elástica é a reação à tensão em um corpo que apresente elasticidade.**

Agora, vamos analisar mais detidamente a tensão (esforço) produzida pela pressão que um fluido faz nas paredes do recipiente (continente) que o contém.

Tensão gerada por fluidos: lei de Laplace

Para falar de tensão produzida pela pressão exercida pelos fluidos, propomos uma experiência: encha de ar um preservativo comum e amarre a sua extremidade. O preservativo irá assumir a forma de cilindro com um pequeno apêndice na extremidade, como mostra a Figura 3.11.

Sabemos que, nessa situação, o ar exerce pressão nas paredes do preservativo e também que a pressão é a mesma em todos os pontos da parede, como assegura o princípio de Pascal.

Agora, se você continuasse enchendo esse preservativo com ar, indefinidamente, é lógico que ele estouraria. Perguntamos: em que ponto você crê que ele iria estourar? No A ou no B da Figura 3.11? Intuitivamente, sabemos que ele estouraria no ponto B. Como a pressão é igual em todos os pontos, não seria a pressão a responsável pela ruptura no ponto B. Então, o que o faria romper no ponto B? Ora, a tensão, já que o esforço imposto ao material no ponto B é maior. Logo, a tensão no ponto B é maior que no ponto A.

Para verificar o que foi dito, palpe cuidadosamente o preservativo cheio de ar, tanto o ponto A quanto o B. Você notará que o ponto B é mais "rígido", e o ponto A, no qual o raio é menor, é mais "macio". Nunca é demais lembrar que a pressão se distribui igualmente no interior do preservativo, ou seja, a pressão é a mesma, tanto em A quanto em B.

Conforme já sabemos que a tensão depende da resistência do material, fica muito fácil compreender por que a tensão (no caso, tendência à ruptura) é maior no ponto em que o raio é maior. A Figura 3.12 ilustra o que acontece com a parede do preservativo à medida que seu raio aumenta. Repare que, quanto maior o raio, mais fina e frágil torna-se a parede, e, portanto, menos resistente e mais propensa a se romper. Como a tensão representa justamente esta tendência à ruptura, é fácil concluirmos que a tensão aumenta em função do aumento do raio – ou seja, quanto maior o raio, maior a chance de se romper.

Ficou claro por que, apesar de a pressão ser a mesma, a tensão é maior no corpo do preservativo (ponto B)?

Com base em observações como esta, Pierre-Simon de Laplace, o eminente matemático francês do século 18, cunhou sua lei – a conhecida **lei de Laplace**, que diz:

⚛ **A tensão na superfície de um recipiente é diretamente proporcional à pressão exercida pelo fluido que o preenche e ao raio do recipiente.**

A partir de tudo o que foi exposto, podemos concluir que a tensão depende diretamente da pressão e do raio, e pode, dependendo da estrutura em que é aplicada, desencadear uma força elástica de reação.

⚛ **A tensão é maior onde o raio do continente é maior.**

No corpo humano, sabemos que existem diversos fluidos em circulação, seja ar nos pulmões, seja sangue nas artérias ou liquor no cérebro. Esses líquidos exercem pressões sobre seus continentes, e, consequentemente, há tensão nas paredes desses continentes. O principal fator para determinar a tensão

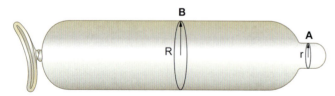

Figura 3.11 Um preservativo cheio de ar forma uma câmara de dimensões diferentes. A extremidade do continente (**A**) é mais estreita que seu corpo (**B**).

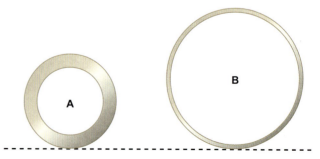

Figura 3.12 Seções transversais do preservativo nas regiões **A** e **B**, mostradas na Figura 3.11. Em **B**, a espessura da parede do preservativo é bem menor que em **A**.

sobre esses recipientes biológicos é o seu raio. Tanto a pressão como a tensão serão determinantes importantes do funcionamento desses sistemas na respiração, na quantidade de sangue bombeada pelo coração, na pressão do sangue nas artérias etc. Logo, a morfologia dos recipientes (raio) irá determinar o seu funcionamento e sua resistência, bem como a ocorrência de algumas doenças, como, por exemplo, os aneurismas.

Em nosso organismo, a tensão não existe somente em órgãos que formam cavidades. Ela existe também em tecidos que apresentem algum grau de elasticidade, como, por exemplo, os músculos esqueléticos.

Assim como cada um dos materiais presentes na natureza apresenta uma resistência que lhe é peculiar, também os tecidos vivos apresentam maior ou menor capacidade de suportar determinada tensão sem se romperem, ou seja, uns tecidos se rompem mais facilmente do que outros.

> Damos o nome de complacência ou capacitância à facilidade que determinado material tem de aumentar seu volume ao sofrer estiramento, sem chegar a se romper.

As veias, por exemplo, em virtude da estrutura de sua parede, são capazes de acomodar grandes quantidades de sangue e aumentar muitas vezes seu raio sem se romperem. De fato, 70% do sangue contido no sistema circulatório estão no leito venoso. Dizemos então que o sistema venoso é um sistema que apresenta alta complacência (ou alta capacitância).

Aplicação: ventilação pulmonar

Agora vamos discutir as pressões nos pulmões e seu papel na respiração.

Chamamos de ventilação pulmonar o processo em que o ar atmosférico entra nos alvéolos pulmonares. Após ocorrer a ventilação, o oxigênio contido no ar alveolar se difunde para os capilares pulmonares, vai ao coração e é bombeado para os tecidos a fim de suprir suas necessidades metabólicas. Para entender as bases biofísicas da ventilação (entrada de ar nos alvéolos), examinemos a Figura 3.13.

Antes de tudo, vamos entender o que é a cavidade pleural (região B na figura). A cavidade pleural é um espaço único delimitado em toda a sua extensão por uma membrana denominada pleura. A parte da pleura que fica aderida à parede torácica se denomina pleura parietal, enquanto a porção do folheto pleural que fica aderida ao parênquima pulmonar (alvéolos) é chamada de pleura visceral.

O pulmão é um órgão elástico, cuja malha de fibras conjuntivas é concêntrica (ou seja, as fibras são pequenas molas radiais que convergem para o hilo pulmonar). Um bom modelo para o pulmão seria o de uma bola de soprar, cuja abertura corresponderia ao hilo pulmonar. Uma vez que o ar no interior do pulmão mantém continuidade com o ar atmosférico, o pulmão se encontra distendido (ver Figura 3.13). O pulmão está encerrado dentro de uma caixa rígida, a caixa torácica, reforçada por um gradil costal. A caixa torácica tem um volume bem maior do que o do pulmão vazio.

Contudo, o pulmão preenche completamente o interior da caixa torácica. Isso significa que o pulmão é submetido a determinada tensão que o estira a ponto de preencher toda a

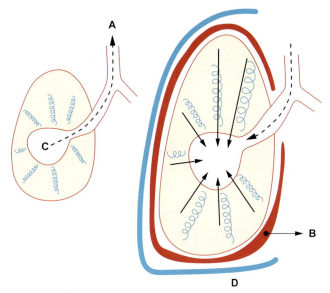

Figura 3.13 *À esquerda*, o pulmão em repouso, quando suas fibras (pequenas molas) não sofrem tensão. *À direita*, o pulmão distendido (molas estiradas), preenchendo a caixa torácica, sob forças radiais de tensão (vetores apontando para o centro do órgão). A pressão intra-alveolar é igual à pressão atmosférica, já que os alvéolos mantêm comunicação direta com o meio ambiente. **A.** Atmosfera. **B.** Cavidade pleural. **C.** Alvéolos pulmonares. **D.** Músculo diafragma.

cavidade. Note, na Figura 3.13, que o interior do alvéolo mantém contato contínuo com o meio atmosférico; assim, mesmo quando o pulmão está estirado dentro da caixa torácica (sob tensão), a sua pressão interna (pressão intra-alveolar) é igual à pressão atmosférica.

Qual a fonte de tensão que produz o estiramento do pulmão? De fato, não é uma pressão interna positiva que "empurra" as paredes do pulmão, promovendo a distensão do órgão (afinal, como já dissemos, a pressão interna é igual à pressão atmosférica), e sim uma "pressão negativa", que rodeia o exterior do pulmão que o puxa para fora, estirando-o.

O que produz essa pressão negativa é a própria caixa torácica, inextensível, que, na verdade, cria vácuo dentro da cavidade pleural.

Isso se deve às características de elasticidade da caixa torácica e dos pulmões. Se realizarmos um experimento retirando os pulmões da caixa torácica, vamos observar que a elasticidade dos músculos da parede torácica tende a tracioná-la para fora, ou seja, sem os pulmões

Glossário

Lei de Laplace
Tensão é diretamente proporcional à pressão e ao raio

Aneurisma
Região de dilatação anormal nas artérias, de causa congênita

Elasticidade
Capacidade de se deformar para acomodar uma dada tensão

Complacência
Facilidade de aumentar o volume ao sofrer estiramento sem se romper

Capacitância
Sinônimo de complacência

Ventilação pulmonar
Processo físico de entrada e saída de ar dos pulmões

Pleura parietal
Porção da pleura aderida à parede torácica

Pleura visceral
Porção da pleura aderida aos pulmões

Hilo pulmonar
Região do pulmão por onde chegam e saem vasos sanguíneos, nervos, vasos linfáticos e brônquios

Pressão intra-alveolar
Pressão que o ar exerce na parede dos alvéolos pulmonares

Pressão negativa
No caso do sistema respiratório, é sinônimo de pressão subatmosférica

a tendência do tórax é de se expandir mais ainda. Por outro lado, os pulmões isolados da caixa torácica tendem a se colapsar (se retrair) em função das fibras elásticas que existem em torno dos alvéolos pulmonares.

Como a parede torácica tende a se expandir (trazendo consigo a pleura parietal) e os pulmões tendem a colapsar (levando consigo a pleura visceral), ocorre afastamento dos dois folhetos pleurais, aumentando o volume da cavidade pleural e criando aí uma pressão de sucção (pressão negativa). É como tapar o orifício de uma seringa e puxar seu êmbolo, criando um vácuo em seu interior.

Além disso, a cavidade pleural é preenchida por um líquido que sofre sucção contínua do sistema linfático, contribuindo ainda mais para que a pressão intrapleural torne-se negativa.

Apesar de ter um volume relativamente fixo, *a caixa torácica não é imóvel*. Ela pode aumentar de volume pela contração de músculos como o diafragma (ver Figura 3.13) e os músculos intercostais. Por conseguinte, ao se expandir a caixa torácica, a pressão da cavidade pleural torna-se ainda mais negativa. A pressão intrapleural mais negativa "aspira" o pulmão em direção à parede torácica; daí o pulmão se distende mais, causando aumento do volume dos alvéolos, e, com isso, sua pressão diminui. Então, a pressão intra-alveolar, que era igual à pressão atmosférica, passa a apresentar valores negativos (subatmosféricos), causando a entrada de ar nos pulmões. Eis a inspiração.

Durante a expiração, basta os músculos intercostais e o diafragma relaxarem, e a própria elasticidade do pulmão cuida de "tracionar" as pleuras e a caixa torácica até a posição original, criando uma pressão intra-alveolar positiva, que faz com que o ar saia dos pulmões.

Observe a Figura 3.14 para estudar o comportamento das pressões intrapleural e intra-alveolar no ciclo respiratório (inspiração e expiração). Para efeitos comparativos, a pressão atmosférica é considerada de 0 mmHg. Assim, podemos ver pela figura que a inspiração se dá por uma sequência de sucções; ou seja: A expande tracionando B, que expande tracionando C e D, criando uma pressão intra-alveolar subatmosférica, a qual permite a entrada de ar. Na expiração, ocorre exatamente o oposto: as estruturas se retraem até criarem uma pressão intra-alveolar positiva, a qual expulsa o ar dos pulmões.

> **Glossário**
> **Alvéolos pulmonares**
> Estruturas saculares de pequenas dimensões, localizadas no final dos bronquíolos, nas quais se realiza a troca de gases entre o ar e o sangue
> **Cavidade pleural**
> Espaço virtual entre os folhetos parietal e visceral da pleura
> **Pressão intrapleural**
> Pressão no interior da cavidade pleural
> **Inspiração**
> Entrada de ar nos pulmões
> **Expiração**
> Saída de ar dos pulmões

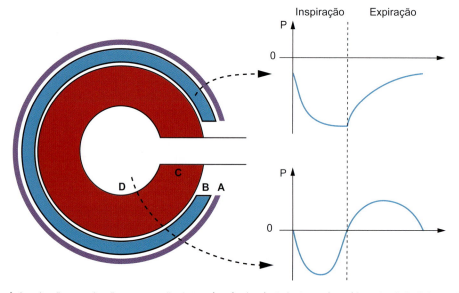

Figura 3.14 Esquemas de inspiração e expiração e as pressões intra-alveolar (*embaixo*) e intrapleural (*em cima*). **A.** Caixa torácica, que se expande e contrai. **B.** Cavidade pleural (vácuo). **C.** Parênquima pulmonar (e suas fibras elásticas). **D.** Alvéolos em comunicação com a atmosfera.

Resumo

- Todo corpo pode sofrer influência de um agente extrínseco que rompa sua inércia; esse agente é a força
- Inércia é a resistência que um corpo apresenta à aceleração
- Aceleração é a variação da velocidade de um corpo, que pode diminuir ou aumentar em função do tempo
- Existem dois tipos de grandeza: a grandeza escalar, definida apenas por um valor numérico, associado à intensidade desta grandeza; e a grandeza vetorial, que, além da intensidade, necessita da direção e do sentido para tornar-se bem definida
- Conceitua-se movimento como o estado de um corpo cuja posição muda ao longo do tempo; para definirmos o movimento, precisamos saber sua trajetória, sua direção e seu sentido
- Resultante é a soma vetorial das forças que atuam sobre um corpo
- Um corpo de determinada massa somente irá acelerar se a resultante das forças que atuem sobre ele for diferente de zero
- O movimento de um corpo com velocidade constante se mantém por inércia

- Uma força resultante não é necessária para manter um movimento com velocidade constante; ela somente é necessária para alterar a velocidade de um corpo em movimento
- Todo corpo que exerce uma força de ação sobre outro corpo recebe dele uma força de igual intensidade e de sentido contrário
- As forças de ação e reação atuam em corpos distintos e nunca se equilibram
- Na natureza, há basicamente três tipos de força: forças de campo, forças de contato e forças nucleares
- Forças de campo são forças que atuam a distância; são representadas pelas forças eletromagnética e gravitacional
- Forças de contato são as exercidas por corpos que se tocam
- Forças nucleares são as de altíssima intensidade, que ocorrem no núcleo dos átomos
- Quanto maior o grau de escoamento de um fluido, maior o grau de independência (desordem) entre suas partículas constituintes
- Fluidez é a capacidade de escoamento que determinado fluido apresenta
- Pressão é o conjunto de forças que um fluido exerce em seu recipiente (continente), em virtude do choque entre suas moléculas constituintes
- O princípio de Pascal determina que a pressão que um fluido exerce em seu continente se distribui igualmente em todos os pontos desse continente
- Pressão hidrostática é a exercida pelo fluido sobre as paredes do continente ou sobre um corpo imerso nesse fluido, em função de um campo gravitacional, da altura da coluna desse fluido dentro do seu continente e da densidade desse fluido
- Densidade é a relação entre a massa de um corpo e seu volume
- A pressão é uma grandeza escalar
- A lei de Boyle determina que, mantendo constante a temperatura, a pressão de um fluido varia inversamente ao volume de seu continente
- Tensão é a força que tende a produzir ruptura
- A tensão é maior onde o raio do continente é maior
- A tensão depende da resistência do material: quanto mais resistente o material, menor a tensão sobre ele, ou seja, menor a probabilidade de ele se romper
- A força elástica é a reação à tensão em um continente que apresente elasticidade
- A lei de Laplace diz que a tensão é diretamente proporcional à pressão e ao raio
- Complacência ou capacitância é a capacidade que um determinado material tem de suportar tensão sem se romper.

Autoavaliação

3.1 Conceitue força e relacione esse conceito com o de inércia.

3.2 Diferencie grandeza escalar de grandeza vetorial.

3.3 Conceitue aceleração.

3.4 Explique por que teoricamente é possível que um corpo se mantenha em movimento ainda que nenhuma força atue sobre ele.

3.5 Explique por que forças de ação e reação nunca se anulam.

3.6 Conceitue força resultante e força equilibrante.

3.7 Faça uma comparação entre a intensidade das forças eletromagnética e gravitacional.

3.8 Diferencie forças de contato de forças de campo.

3.9 Diferencie os seguintes tipos de força: gravitacional, eletromagnética e nuclear.

3.10 Conceitue atrito.

3.11 Qual é o agente físico capaz de alterar o estado de inércia de um fluido?

3.12 Diferencie pressão de tensão.

3.13 Enuncie a lei de Laplace.

3.14 Enuncie a lei de Boyle.

3.15 Explique os diferentes tipos de tensão.

3.16 Explique fisicamente como ocorre o processo de ventilação pulmonar.

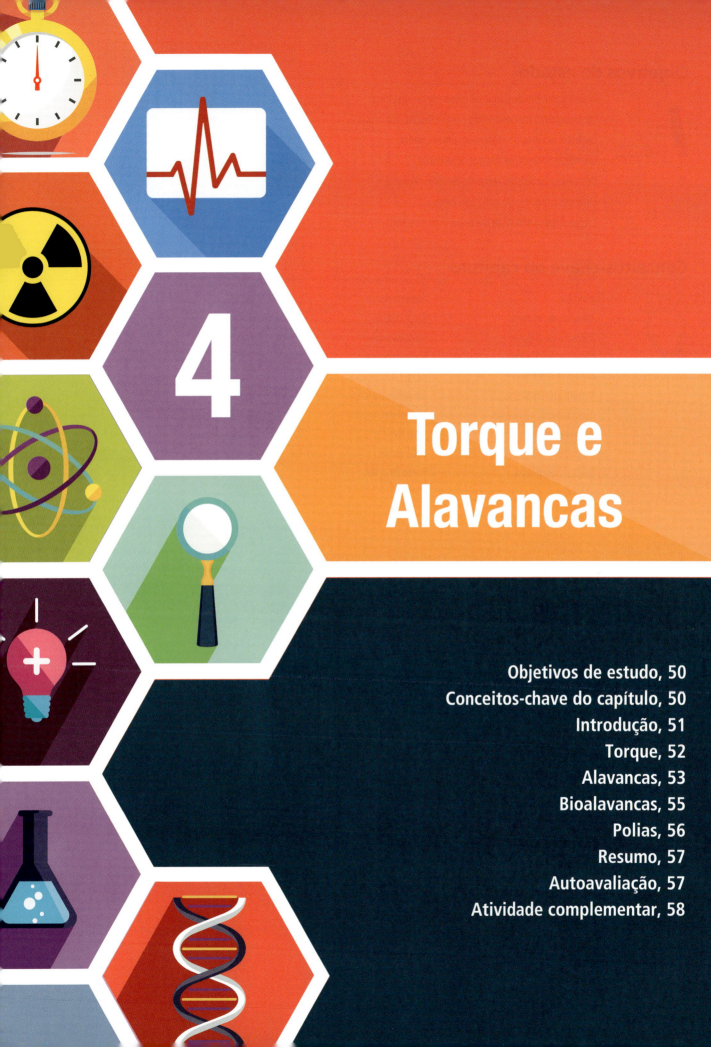

4
Torque e Alavancas

Objetivos de estudo, 50
Conceitos-chave do capítulo, 50
Introdução, 51
Torque, 52
Alavancas, 53
Bioalavancas, 55
Polias, 56
Resumo, 57
Autoavaliação, 57
Atividade complementar, 58

Objetivos de estudo

Definir o conceito de torque ou momento de uma força
Compreender o funcionamento e o objetivo das alavancas
Conhecer as forças que atuam em uma alavanca
Classificar e diferenciar os tipos de alavanca
Descrever as principais alavancas do corpo humano
Entender o conceito de vantagem mecânica
Compreender a utilização das polias fixas e móveis

Conceitos-chave do capítulo

Alavanca	Cabo de tração	Ponto fixo
Alavanca de 1ª classe	Força motriz	Precessão
Alavanca de 2ª classe	Força potente	Roldana
Alavanca de 3ª classe	Força resistente	Rotação
Alavanca interfixa	Fulcro	Torque
Alavanca interpotente	Momento de força	Tração
Alavanca inter-resistente	Movimento circular	Vantagem mecânica
Bioalavanca	Polia fixa	Velocidade angular
Braço da força	Polia móvel	
Braço da resistência	Ponto de apoio	

Introdução

A palavra torque certamente não lhe é estranha. Ela está relacionada com a "força" de arranque de um carro, com outros aparatos mecânicos compostos por engrenagens que giram e com alavancas. Sabemos que não existem engrenagens no organismo humano; contudo, nosso corpo é uma composição de alavancas: temos ossos interligados por articulações, que sofrem a ação das forças dos músculos para a realização de movimento. Esse é o grande objetivo de estudarmos a dinâmica das alavancas.

Antes que seja introduzido o conceito de torque, vamos discutir algumas situações cotidianas, de maneira que, como temos feito até agora, possamos construir um conceito a partir de sua vivência e intuição, evitando definições formais ou recursos matemáticos. Afinal, como já dissemos, *a física é a ciência do dia a dia*.

Observe a Figura 4.1.

Isso mesmo: é um pião. Conforme sabemos, o pião é enrolado por uma fieira, que, em seguida, é fortemente tracionada, imprimindo uma rotação ao pião, o qual, então, cai no chão e começa a girar. Agora, despreze a resistência do ar e o atrito da ponta do pião com o solo e responda:

▶ Que força mantém o pião girando?
▶ Desprezando o atrito e a resistência do ar, durante quanto tempo o pião continuará girando?

Se você respondeu corretamente ao primeiro item, com certeza acertou também o segundo; vejamos as respostas corretas:

Nenhuma força mantém o pião girando! Está surpreso? Ao tracionar a fieira, foi gerada, de fato, uma força que rompeu a inércia do pião (que estava em repouso); *porém*, o que manteve o movimento foi o vetor *velocidade* (assunto já abordado neste livro) – nesse caso, a velocidade angular. Pode estar certo de que, se nada mais interferir, esse pião continuará girando com velocidade angular constante até o final dos tempos (isso responde ao segundo item). Concluímos, então, que, se o pião contém massa e o único vetor que atua sobre ele é a velocidade, ele se mantém girando por *inércia*.

Talvez não seja muito comum pensarmos no conceito da inércia aplicado a movimentos circulares; porém, ele se aplica perfeitamente nesse caso.

Analisemos um exemplo óbvio que confirma isso: veja a Figura 4.2.

Isso mesmo. É a Terra; e ela gira! O cientista italiano Galileu Galilei, no século 17, quase "virou carvão" por causa dessa afirmação. Mas por que o planeta gira? A Terra gira em torno de seu eixo por inércia, apesar de ninguém saber ao certo quem deu o primeiro "peteleco" para que ela começasse a girar no início dos tempos...

Voltemos ao pião (Figura 4.1C). Você sabe que, na prática, o pião não gira para sempre; ao contrário, como existe atrito com o solo, após certo tempo ele começa a bambolear em torno de um eixo vertical imaginário até que, finalmente, cai. Esse bamboleio recebe o nome técnico de precessão. Mas e a Terra? Existe precessão no movimento da Terra? Sim, a Lua e o Sol exercem forças gravitacionais de campo sobre ela, de modo que ela realiza precessão em torno de um eixo vertical imaginário, em um ângulo de aproximadamente 23°.

> **Glossário**
>
> **Rotação**
> Tipo de movimento cuja trajetória é circular
>
> **Velocidade angular**
> Velocidade de um corpo em movimento de rotação
>
> **Precessão**
> Movimento do eixo de rotação, perfazendo uma trajetória em formato de cone

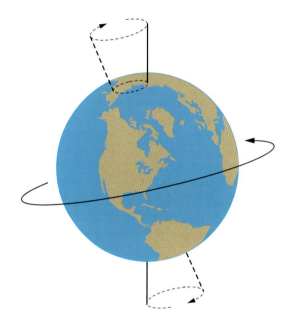

Figura 4.2 A Terra gira por inércia.

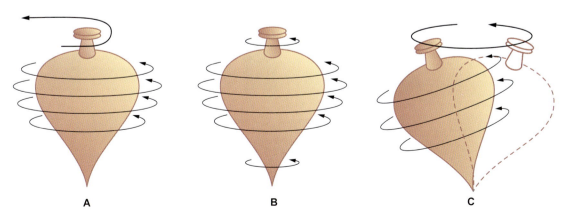

Figura 4.1 Um pião girando, desde o momento em que é acelerado até o começo da desaceleração.

Agora resta a pergunta: se existe precessão no movimento da Terra, será que, ao longo do tempo, o ângulo de precessão tenderá a aumentar e a Terra "cairá" no universo como um "pião cansado"? Há quem acredite que sim, mas fique tranquilo: se isso acontecer, essa tragédia só irá se consumar daqui a bilhões de anos – não nos preocupemos com isso por ora.

Diante do que foi estudado, fica claro que:

⚛ O conceito de inércia se aplica também ao movimento circular.

Agora, finalmente, discutiremos o conceito de torque.

Torque

Imagine uma porta aberta e suponha que se deseje fechá-la. Como se deve proceder para romper a inércia da porta? A princípio, poderíamos pensar que basta aplicar na porta uma força. De fato, podemos aplicar uma força na porta, mas isso não garante que conseguiremos imprimir nela uma aceleração. Para entender melhor essa situação, veja a Figura 4.3.

Observe que, na situação A, apesar de termos aplicado uma força, a porta não se moveu; na situação B, a porta até se move, mas, sem dúvida, o modo mais eficiente é o mostrado na situação C.

Por experiência própria, já percebemos que, ao se aplicar uma força a um corpo que tem um eixo fixo, essa força pode provocar no corpo um movimento de rotação.

Acontece que, para gerar um movimento circular, não basta aplicar uma força, mas devemos, sim, aplicar um torque (ou momento de força). Vamos explicar melhor.

Torque é uma força que tende a girar objetos. Apertar as porcas das rodas de um carro é um bom exemplo, já que, ao usar uma chave de roda, aplica-se determinada força para manejá-la; essa força cria um torque sobre o eixo da porca, o qual tende a girar o eixo da roda.

A situação C da Figura 4.3 nos ensina algo importante:

⚛ Para gerar um torque é preciso aplicar uma força perpendicular ao raio do movimento.

Entretanto, o torque não depende somente da força perpendicular aplicada. Existe mais uma variável em jogo. Vamos examiná-la agora, observando a Figura 4.4.

Já está claro que, entre as situações A e B, a situação B é mais vantajosa, uma vez que a força está aplicada em sentido perpendicular. Agora, comparando as situações B e C, podemos observar que, na situação C, aplicando a mesma força, poderemos produzir uma rotação maior. Por quê? Porque a força foi aplicada a maior distância do eixo do movimento. Com base nisso, podemos chegar a duas conclusões fundamentais:

⚛ Torque é a grandeza capaz de romper a inércia em um movimento circular.

⚛ O torque depende da distância do ponto de aplicação da força ao eixo do movimento.

Na Figura 4.4, observamos que a chave de boca funcionou como uma alavanca e que, quanto maior seu comprimento, mais torque foi gerado. Há mais de 2.000 anos, um gênio grego chamado Arquimedes de Siracusa se encantou pela ideia de alavancas para otimizar movimentos de rotação e, por volta do ano 250 a.C., disse a eminente frase: *"Deem-me uma alavanca e um ponto de apoio, e eu moverei o mundo."* Talvez ele tenha exagerado um pouco, mas a ideia central do que ele disse é mais que correta. Vamos compreender melhor a afirmação de Arquimedes, examinando a Figura 4.5.

Bem, agora vamos definir alguns termos:

▸ **Força potente**: é a força que exercemos para criar o torque. A partir de agora, chamaremos a força potente apenas de força

▸ **Força resistente**: é a força que cria resistência à força potente, ou seja, a força que pretendemos vencer para gerar o torque. De agora em diante a chamaremos apenas de resistência

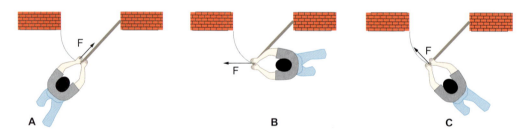

Figura 4.3 Abertura e fechamento da porta, aplicando-se a mesma força (F), mas em direções diferentes.

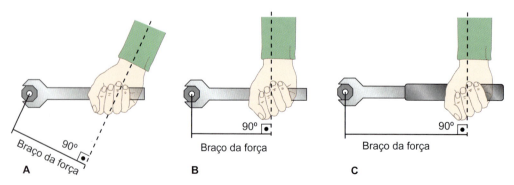

Figura 4.4 Giro de uma porca.

Capítulo 4 Torque e Alavancas 53

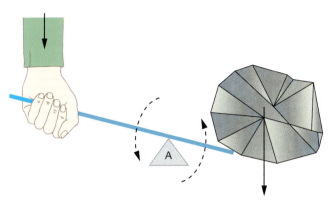

Figura 4.5 Aplicação do poder das alavancas. "A" é o ponto de fulcro, elemento que funciona como o "eixo fixo" ou ponto fixo, que permite o movimento circular, onde a alavanca é apoiada para que possa mover a massa da pedra (*à direita*). Se observarmos bem, o movimento da alavanca é de rotação em torno do ponto fixo, indicado pelas *setas tracejadas*.

▸ Ponto fixo: também conhecido como fulcro, é o ponto de apoio (ponto A da Figura 4.5). O eixo de rotação se localiza sobre o ponto fixo, o qual representa o centro da circunferência que descreve a trajetória do movimento
▸ Braço da força: é a distância entre a força e o ponto fixo
▸ Braço da resistência: distância entre a resistência e o ponto fixo.

Para diferenciar a força potente da resistência, deve-se levar em conta o seguinte: a força potente pode variar – ela representa a força que se aplica para vencer a resistência; já a resistência tem um valor fixo. À medida que nos aprofundarmos no assunto, esses conceitos ficarão cada vez mais claros.

Agora, para ratificar o conceito de torque, vamos observar a Figura 4.6.

Fica fácil observar que, na situação A, o equilíbrio é impossível – é claro que a gangorra irá pender para o lado do personagem mais pesado. A explicação é simples: além de haver mais peso do lado esquerdo, o porquinho e o frango estão à mesma distância do ponto de apoio (fulcro). Se quisermos equilibrar a gangorra, teremos de colocar o frango mais distante do *ponto fixo* e o simpático suíno mais próximo desse ponto (situação B). Com esse exemplo, fica óbvio que o torque necessário para produzir a rotação da gangorra depende tanto da *força* quanto da *distância* da força ao ponto fixo.

Alavancas

Já percebemos que o torque produz o movimento de alavancas em torno de um ponto fixo; é como se a alavanca descrevesse uma trajetória circular, tendo o ponto fixo como centro da circunferência. Para podermos entender melhor a aplicação das alavancas, que veremos no próximo tópico, é de fundamental importância aprendermos a classificar as alavancas.

Em primeiro lugar, vamos nos recordar de que, nas alavancas, existem três elementos a se considerar: o *ponto fixo*, a força (*força potente*) e a resistência (*força resistente*).

Os tipos de alavanca são classificados de acordo com qual dos três elementos fica *entre* os outros dois elementos. Por exemplo, se o ponto fixo fica *entre* a força e a resistência, a alavanca será *interfixa*. Vejamos a classificação.

Alavancas interfixas: alavancas de 1ª classe

As alavancas interfixas são assim denominadas porque o ponto fixo

> **Glossário**
>
> **Momento de força**
> Sinônimo de torque
> **Torque**
> Força que atua em um corpo, produzindo sua rotação
> **Alavanca**
> Barra situada entre o corpo a ser movido e a força aplicada para movê-lo
> **Força potente**
> Força exercida a fim de produzir o torque
> **Força resistente**
> Força que deve ser vencida a fim de que seja gerado o torque
> **Ponto fixo**
> Representa o centro da circunferência que descreve a trajetória do movimento produzido pelo torque
> **Fulcro**
> Sinônimo de ponto fixo
> **Ponto de apoio**
> Sinônimo de fulcro, ou ponto fixo
> **Braço da força**
> Distância entre a força potente e o ponto fixo
> **Braço da resistência**
> Distância entre a força resistente e o ponto fixo
> **Alavanca interfixa**
> Alavanca na qual o ponto fixo se situa entre a força potente e a força resistente
> **Alavanca de 1ª classe**
> Sinônimo de alavanca interfixa

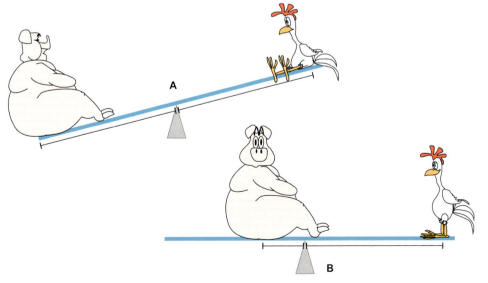

Figura 4.6 Equilíbrio (ou desequilíbrio) de corpos extensos.

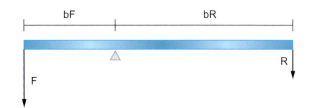

Figura 4.7 Alavanca interfixa. F: força potente; R: resistência; bF: braço da força; bR: braço da resistência.

se encontra *entre* a força e a resistência; ou seja, o ponto fixo se localiza no meio. Veja a Figura 4.7 para entender melhor.

Na verdade, esse tipo de alavanca já foi mostrado em exemplos anteriores; é o caso da gangorra (ver Figura 4.6) e a tentativa de Arquimedes em mover o mundo (ver Figura 4.5). Pelo que foi observado, ficou claro que, quanto maior o braço da força (bF), menos força (F) teremos de fazer para alcançar o mesmo torque. Assim, esse tipo de alavanca é vantajoso no caso de bF ser maior que bR, pois assim poderemos conseguir uma rotação utilizando menos força e, quem sabe até, mover o mundo.

Alavancas inter-resistentes: alavancas de 2ª classe

Nesse tipo de alavanca, a resistência fica entre a força potente e o ponto fixo. Observe a Figura 4.8.

As alavancas inter-resistentes apresentam grande vantagem mecânica, pois, como a resistência fica no meio, bF será sempre maior que bR (ou, em outras palavras, relação bF/bR > 1). Como bF é maior que bR, podemos aplicar uma força potente menor que a força resistente e produzir torque.

> ⚛ Quanto maior for o braço da força, isto é, a distância entre o ponto de apoio da alavanca e a posição onde a força é aplicada, menor será a força necessária para realizar determinado trabalho.

Vejamos um exemplo do cotidiano na Figura 4.9.

A lógica do uso do remo se encontra na terceira lei de Newton, uma vez que, assim como o remo empurra a água em um sentido, a água empurra o barco em sentido oposto; logo, remo e água constituem um par ação e reação. Observando a Figura 4.9, podemos verificar que, considerando o referencial na terra, o ponto de apoio do remo se localiza onde a ponta do remo toca a água; logo acima, na interface água-barco, está a força resistente, determinada pelo atrito da água com o barco, e a força potente fica no ponto em que o remador pega o remo. Assim, bR é curto (distância entre ponta do remo e superfície da água) e bF é longo (distância entre ponta do remo e mão

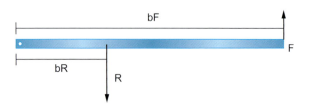

Figura 4.8 Alavanca inter-resistente. F: força potente; R: resistência; bF: braço da força; bR: braço da resistência.

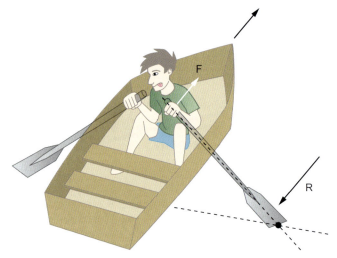

Figura 4.9 Impulsão do barquinho com auxílio de remos. Aplicação da alavanca inter-resistente. F: força potente aplicada pelo remador; R: força resistente imposta pelo atrito da água com o barquinho.

do remador), e, como a resistência se encontra no meio do caminho, estamos diante de uma alavanca de 2ª classe. Como o braço da força é longo, o remador precisa fazer menos força para vencer a resistência ao deslocamento do barco.

Podemos verificar, pelo exemplo apresentado, que as alavancas inter-resistentes são altamente vantajosas do ponto de vista da economia de força (vantagem mecânica). Assim, quando quisermos economizar energia e fazer menos força para produzir torque, deveremos utilizar alavancas inter-resistentes; outra maneira de economizar força seria utilizar alavancas interfixas, desde que bF fosse maior que bR. Portanto:

> ⚛ Alavancas inter-resistentes sempre apresentam vantagem mecânica.

> ⚛ Alavancas interfixas podem apresentar vantagem mecânica, desde que bF > bR.

Entretanto, nem sempre o objetivo do uso das alavancas é fazer menos força. Às vezes, quando a resistência não é muito grande, podemos estar interessados em produzir movimentos mais rápidos, em vez de fazer menos força. Nesse caso, utilizamos o terceiro tipo de alavancas, que estudaremos agora.

Alavancas interpotentes: alavancas de 3ª classe

Nas alavancas interpotentes, a força potente está entre o ponto fixo e a resistência (Figura 4.10).

Podemos observar que, nas alavancas de 3ª classe, teremos sempre bF < bR; logo, teremos de fazer mais força, e, portanto, não existe vantagem mecânica. Em contrapartida, como dissemos, a vantagem mecânica não é o objetivo aqui. O que se pretende, nesse caso, é maior velocidade de movimento. Para compreender isso melhor, vamos analisar a situação da Figura 4.11.

Ao usar uma pá, o operário mantém aproximadamente fixa a mão que fica junto ao corpo. Logo, na Figura 4.11, o ponto fixo fica na mão direita do rapaz, a força potente é exercida pela mão esquerda, e a resistência é o peso da areia que ele vai

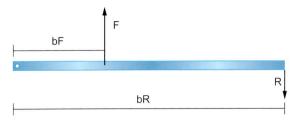

Figura 4.10 Alavanca interpotente. F: força potente; R: resistência; bF: braço da força; bR: braço da resistência.

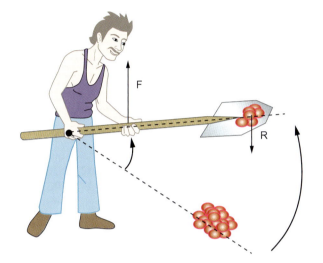

Figura 4.11 Escavação de uma trincheira. Aplicação da alavanca interpotente.

deslocar. Como se trata de uma alavanca interpotente, bF (distância entre as mãos) é menor que bR (distância entre mão direita e pá); logo, ele terá de fazer mais força; contudo, isso não representa um problema, pois a massa de areia a ser deslocada é pequena. O que interessa aqui é criar grande deslocamento de areia.

Em qualquer alavanca interpotente, a força sempre será maior que a resistência. Então, nesse tipo de alavanca, não teremos aquela vantagem mecânica que deixou Arquimedes tão empolgado (conseguir vencer grandes resistências com forças bem menores).

Em contrapartida, podemos perceber que existe outra vantagem no uso das alavancas interpotentes: um pequeno deslocamento provocado no ponto de aplicação da força potente acarreta grandes deslocamentos no ponto em que se aplica a resistência. Para entender isso melhor, vejamos a Figura 4.12.

A partir da Figura 4.12, podemos ver claramente que, para um dado tempo t, d2 > d1, e, desse modo, podemos provocar maior deslocamento e com maior velocidade (d2/t > d1/t). Concluímos que utilizar esse tipo de alavanca é interessante quando obter agilidade for mais importante que fazer menos força. Claro que se, em vez de mover areia, o operário quisesse mover um saco de cimento, esse tipo de alavanca não seria adequado.

A fim de fixar os conceitos referentes à classificação das alavancas e à vantagem de cada uma, discuta a classificação e a vantagem do uso das alavancas da Figura 4.13.

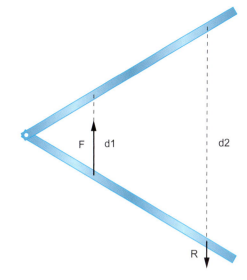

Figura 4.12 Ganho de agilidade no movimento. Aplicação da alavanca interpotente.

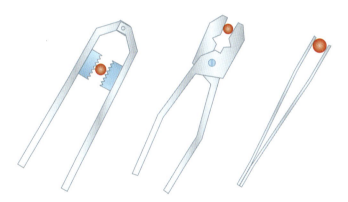

Figura 4.13 Exemplos das três classes de alavancas.

Bioalavancas

Para finalizar, vamos observar como a engenharia do corpo humano utilizou os conceitos apresentados até agora. No nosso organismo, praticamente todos os movimentos são produzidos por meio da criação de um torque, em que as articulações representam os pontos fixos (eixo do movimento), os ossos representam as alavancas e os músculos produzem a força potente – são as chamadas **bioalavancas**.

A natureza, em sua infinita sabedoria, utiliza os três tipos de alavanca em nosso organismo, de acordo com o objetivo de cada articulação, a fim de que haja otimização do ganho biomecânico. Veremos um exemplo de cada um dos três tipos de alavanca no corpo humano.

Para iniciar, veja a Figura 4.14.

> **Glossário**
>
> **Alavanca inter-resistente**
> Alavanca na qual a força resistente se situa entre a força potente e o ponto fixo
>
> **Alavanca de 2ª classe**
> Sinônimo de alavanca inter-resistente
>
> **Vantagem mecânica**
> Situação na qual se consegue vencer uma resistência aplicando na alavanca uma força potente menor que a força resistente
>
> **Alavanca interpotente**
> Alavanca na qual a força potente se situa entre a força resistente e o ponto fixo
>
> **Alavanca de 3ª classe**
> Sinônimo de alavanca interpotente
>
> **Bioalavancas**
> Alavancas existentes no sistema locomotor dos seres vivos

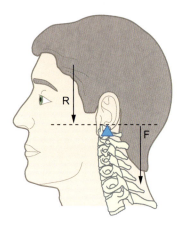

Figura 4.14 Exemplo de alavanca de 1ª classe.

A Figura 4.14 representa a articulação da coluna vertebral com o crânio (articulação atlantoccipital). Nesse caso, a resistência é o peso da cabeça e a força potente é exercida pela musculatura paravertebral da região cervical. Como o objetivo aqui é fundamentalmente equilibrar o peso da cabeça, em vez de produzir grande torque, esse tipo de alavanca é adequado.

Agora, veja a Figura 4.15.

Nessa articulação (tornozelo), o objetivo é ter grande vantagem mecânica, ou seja, utilizar menos força na musculatura da panturrilha para vencer a resistência oferecida pelo peso do corpo. Como pretendemos utilizar menos força para gerar torque, indubitavelmente a alavanca de 2ª classe (inter-resistente) é a solução.

Finalmente, vamos analisar a Figura 4.16.

Está claro que, na Figura 4.16, estamos diante de uma alavanca interpotente.

Vamos analisar a situação da alavanca produzida pelo bíceps, usando um "probleminha": suponha que o bíceps atue a uma distância de 4 cm do ponto O (ponto fixo) e que a distância de P a O seja de 32 cm. Supondo ainda que P = 5,0 kgf, qual o valor da força F que o bíceps deve exercer para equilibrar esse peso?

Fácil, não é? Basta perceber que o produto de 4 por F deve ser igual ao produto de 32 por 5; logo, resolvendo esta equação simples, concluímos que F = 40 kgf. Ou seja, se quisermos

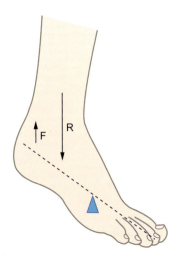

Figura 4.15 Exemplo de alavanca de 2ª classe.

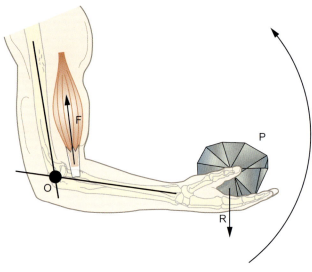

Figura 4.16 Exemplo de alavanca de 3ª classe.

erguer a pedra, teremos de fazer uma força maior que 40 kgf. Apesar de a força ter de ser maior que a resistência, devemos nos lembrar de que, além de a resistência não ser muito grande, o que interessa aqui é maior agilidade, como já foi discutido.

Agora sugerimos que, em um exercício de imaginação, você pense sobre outras articulações de seu corpo. Tente classificá-las, avaliar sua finalidade e, cada vez mais, se encante, observando a genialidade com que a evolução arquitetou nosso corpo.

Polias

Apesar de as polias, também chamadas de roldanas, não constituírem um sistema de alavancas nem serem acionadas por meio da aplicação de um torque, vamos falar rapidamente sobre elas, uma vez que também representam artifícios para permitir a mobilização de cargas elevadas de maneira mais confortável ou utilizando forças menores. As polias servem para guiar cabos que exercem força de tração. Os cabos metálicos guiados pelas polias se denominam cabos de tração.

O princípio que rege as polias é o mesmo que rege as alavancas: facilitar de algum modo o deslocamento de massas. A diferença fundamental entre elas, de uma perspectiva biofísica, é que as alavancas, como já vimos, existem em abundância no corpo humano. Esse não é o caso das polias; contudo, elas são utilizadas em vários dispositivos criados pelo homem, a fim de vencer cargas, como, por exemplo, aparelhos utilizados para imobilizar articulações, mantendo os membros suspensos. Quem de nós nunca viu, na televisão ou na vida real, pacientes acamados com os membros engessados e suspensos por cabos que passam por polias fixadas ao teto?

Podemos classificar as polias em dois grupos:
- Polia fixa: nesse caso, a polia tem seu eixo ligado a um suporte. Em uma das extremidades do cabo se aplica a força motriz e, na outra, a resistência (peso a ser vencido)
- Polia móvel: nesse caso, uma das extremidades do cabo é presa a um suporte e, na outra, se aplica a força motriz. A resistência é aplicada no eixo da polia.

As polias fixas facilitam o movimento unicamente por mudarem o sentido da força, permitindo-nos fazer força de maneira mais cômoda. As polias móveis facilitam mais o trabalho, por nos permitirem usar uma força motriz menor que o peso que temos de elevar. Na verdade, a roldana móvel distribui o peso em dois cabos, daí temos de fazer uma força que corresponde à metade do peso. Para que esse conceito fique claro, observe a Figura 4.17.

Na situação A da Figura 4.17, teremos de fazer uma força igual ao peso do corpo a ser erguido; porém, podemos puxar o cabo em angulações diferentes, tornando a tarefa mais confortável. Já na situação B, observe que metade do peso (5 kgf) se transferiu para o teto (onde a polia móvel está fixada) e a outra metade (5 kgf) se transferiu para o cabo que iremos tracionar. Desse modo, teremos de fazer metade da força, ou seja, existirá *vantagem mecânica* (utilização de força menor) – uma situação semelhante à que ocorre com as alavancas inter-resistentes.

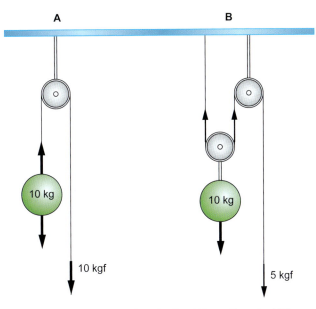

Figura 4.17 Exemplo de polia fixa (**A**) e polia móvel (**B**).

Glossário

Articulação atlantoccipital
Articulação entre o crânio e o atlas (primeira vértebra cervical)

Musculatura paravertebral
Conjunto de músculos que se situam lateralmente às vértebras, estabilizando a coluna

Região cervical
Região anatômica correspondente ao pescoço

Bíceps
Músculo do braço que tem a função de flexionar o antebraço

Polia
Roda por onde corre um cabo transmissor de movimento

Roldana
Sinônimo de polia

Tração
Tipo de força que puxa objetos

Cabo de tração
Cabo metálico que é guiado por polias e que tem a função de tracionar massas

Polia fixa
Polia que tem seu eixo preso a um suporte

Força motriz
Força que produz o movimento

Polia móvel
Polia que desliza ao longo do cabo durante o movimento

Resumo

▸ Velocidade angular é a velocidade de um corpo em movimento de rotação
▸ Precessão é o movimento do eixo de rotação, perfazendo uma trajetória em formato de cone
▸ Torque (ou momento de força) é a força que atua em um corpo, produzindo rotação dele
▸ Para gerar um torque é necessário aplicar uma força perpendicular ao raio do movimento
▸ Torque é a grandeza capaz de romper a inércia em um movimento circular; ele depende da distância do ponto de aplicação da força ao eixo do movimento
▸ Alavanca é uma barra situada entre o corpo a ser movido e a força aplicada para movê-lo
▸ Força potente é a força que exercemos para gerar o torque
▸ Força resistente é a força que cria resistência à força potente
▸ Ponto fixo (ou fulcro) é o ponto de apoio
▸ Braço da força é a distância entre a força e o ponto fixo
▸ Braço da resistência é a distância entre a resistência e o ponto fixo
▸ As alavancas podem ser interfixas, inter-resistentes ou interpotentes
▸ Alavanca interfixa (ou de 1ª classe) é a alavanca na qual o ponto fixo se situa entre a força potente e a força resistente
▸ Alavanca inter-resistente (ou de 2ª classe) é a alavanca na qual a força resistente se situa entre a força potente e o ponto fixo
▸ Alavanca interpotente (ou de 3ª classe) é a alavanca na qual a força potente se situa entre a força resistente e o ponto fixo
▸ Vantagem mecânica é a situação na qual conseguimos vencer uma resistência aplicando na alavanca uma força potente menor que a força resistente
▸ Alavancas inter-resistentes sempre apresentam vantagem mecânica; Alavancas interfixas podem apresentar vantagem mecânica
▸ Bioalavancas são alavancas existentes no sistema locomotor dos seres vivos
▸ Polia (ou roldana) é uma roda por onde corre um cabo transmissor de movimento
▸ Polia fixa é a polia que tem seu eixo preso a um suporte
▸ Polia móvel é a que desliza ao longo do cabo durante o movimento.

Autoavaliação

4.1 O conceito de inércia também se aplica aos movimentos circulares. Você concorda com essa afirmativa?

4.2 Defina torque.

4.3 Defina precessão.

4.4 Conceitue: a) força potente; b) força resistente; c) ponto de apoio; d) braço da força; e) braço da resistência.

4.5 Defina os três tipos de alavanca existentes: a) interfixa; b) inter-resistente; c) interpotente.

(continua)

4.6 O que são alavancas de 1ª classe, de 2ª classe e de 3ª classe?

4.7 Defina e explique o conceito de vantagem mecânica.

4.8 Todos os três tipos de alavancas apresentam vantagem mecânica? Justifique.

4.9 Já que nas alavancas de 3ª classe a força potente sempre tem de ser maior que a força resistente, qual é a vantagem em se utilizar este tipo de alavanca?

4.10 Cite articulações do corpo humano que representem os três tipos de alavancas estudadas neste capítulo.

4.11 Diferencie, à luz da física, a polia fixa da polia móvel.

4.12 Qual é a finalidade de se utilizarem polias fixas em cabos de tração?

4.13 Por que se utilizam polias móveis em cabos de tração?

4.14 Os cabos de tração podem apresentar aplicação biofísica, ainda que não estejam guiados por roldanas. Faça uma pesquisa sobre a utilização odontológica de fios metálicos de tração em tratamentos de ortodontia. Explique, sob a visão da física, o motivo de tais cabos serem utilizados nesse tipo de tratamento.

Atividade complementar

Com o auxílio de um livro-texto de Anatomia, elabore uma lista que contenha as principais articulações presentes no sistema musculoesquelético humano e tente classificar as bioalavancas presentes nessas articulações. Discuta a vantagem funcional em cada tipo de alavanca descrita.

5

Fluidos

Objetivos de estudo, 60
Conceitos-chave do capítulo, 60
Introdução, 61
Sistemas compostos por fluidos, 61
Aplicação do conceito de pressão, 61
Fluxo, 63
Energia mecânica nos fluidos, 64
Pressão nos capilares, 64
Fluxo laminar, 64
Resistência ao fluxo, 65
Visão termodinâmica da circulação, 67
Dinâmica da filtração renal, 67
Resumo, 69
Autoavaliação, 69

Objetivos de estudo

- Compreender o conceito de pressão
- Definir as propriedades dos fluidos
- Explicar como ocorre a aceleração de um fluido
- Ser capaz de definir fluxo e seus determinantes
- Entender a diferença entre fluxo e velocidade de escoamento
- Explicar como ocorre a resistência ao fluxo e quais fatores a determinam
- Compreender as aplicações da lei de Poiseuille
- Entender os processos biofísicos envolvidos na dinâmica da filtração renal

Conceitos-chave do capítulo

- Capilar
- Cápsula de Bowman
- Caudal
- Circuito aberto
- Circuito fechado
- Coração
- Diálise
- Diástole
- Difusão
- Endotélio
- Energia cinética
- Energia mecânica
- Energia potencial
- Energia potencial elástica
- Entropia
- Esfíncter
- Filtração
- Fluidodinâmica
- Fluidos
- Fluxo
- Fluxo laminar
- Fluxo turbilhonado
- Força de atrito
- Força de resistência
- Força dissipativa
- Força motriz
- Glomérulo
- Gradiente
- Lei da quarta potência
- Lei de Boyle
- Lei de Laplace
- Lei de Poiseuille
- Linfa
- Néfrons
- Plasma
- Pressão
- Pressão aspirativa
- Pressão diastólica
- Pressão hidrostática
- Pressão negativa
- Pressão positiva
- Pressão sistólica
- Rede capilar
- Relação exponencial
- Resistência ao fluxo
- Sistema biológico
- Sistema circulatório fechado
- Sistema conservativo
- Sistema dissipativo
- Sistema hidráulico
- Sistema linfático
- Sístole
- Sopro
- Tensão
- Ultrafiltração
- Urina
- Vasos arteriais
- Vasos comunicantes
- Vasos venosos
- Vazão
- Velocidade de escoamento
- Viscosidade

Introdução

No Capítulo 3 estudamos a definição de pressão. Agora, veremos que ela *é um agente físico capaz de romper a inércia de um fluido*, o qual, quando submetido a uma aceleração, entra em movimento. O estudo dos fluidos em movimento é o objetivo deste capítulo.

O estudo dos fluidos (líquidos e gases) em movimento se denomina fluidodinâmica. Pelo fato de apresentarem um comportamento físico diferente daquele observado nos sólidos (que têm um corpo material com ordem intrínseca [forma] bem definida), os fluidos, cujas partículas têm grande independência e baixo grau de ordem, tornam-se um objeto de pesquisa que demanda recursos matemáticos mais sofisticados.

Apesar de a fluidodinâmica normalmente ser pouco mencionada nos currículos do Ensino Médio, seu estudo é de extrema importância. Afinal, nada no universo encontra-se estático, tampouco os fluidos. Por exemplo, no corpo humano, os fluidos se movem sem cessar. Pense, por um instante, na circulação de sangue pelos vasos ou então no ar entrando e saindo continuamente de seus pulmões, para perceber a relevância desse assunto, ainda que ele seja novo para você.

Muitos dos princípios que a mecânica dos fluidos estuda se aplicam exclusivamente a sistemas conservativos (apesar de eles não existirem no mundo real), mas, como nosso interesse são os sistemas biológicos (que são dissipativos), tais teorias não serão sequer mencionadas em nosso curso.

Como o nosso alvo é a biofísica, e não a física isoladamente, neste capítulo trataremos apenas dos conceitos da fluidodinâmica, que, no futuro, serão importantes para a compreensão da fisiologia cardiovascular e respiratória.

Sistemas compostos por fluidos

Muitas vezes, principalmente quando os fluidos estão em movimento organizado (como a água em um encanamento, por exemplo), é necessário que o fluido (gás ou líquido) esteja em um continente (recipiente) que possa, de certa maneira, acondicioná-lo. Como o fluido interage ativamente com esse continente para que se estabeleça a sua dinâmica, eles constituem um sistema. Isso é visto no dia a dia, mesmo que de modo não explícito. Introduziremos, agora, um novo conceito – o de circuito, que forma um sistema com fluidos dinâmicos.

> Circuito é qualquer estrutura que contenha fluidos em movimento.

Sempre que um fluido está em movimento dentro de um continente, este é chamado circuito. Desse modo, podemos dizer que um encanamento é um circuito para a água da cisterna; o leito do rio é o circuito por onde a água flui, bem como até mesmo o oceano é o circuito em que as correntes marítimas fluem.

Os circuitos podem ser abertos e fechados (Figura 5.1):

- **Circuito fechado:** o fluido contido nesse circuito movimenta-se sem contato direto com outros sistemas
- **Circuito aberto:** o fluido contido nesse circuito estabelece contato direto com outros sistemas; ou seja, em algum momento o fluido ou parte dele pode deixar o circuito.

Aplicação do conceito de pressão

Imagine uma seringa com um determinado medicamento líquido em seu interior. Agora, suponha que a agulha da seringa foi introduzida na veia de um indivíduo. Ao apertarmos o êmbolo, iremos romper a inércia do medicamento e criar uma aceleração para fora da seringa, fazendo com que o medicamento entre na veia. Se, ao contrário, puxarmos o êmbolo, iremos aspirar sangue para o interior da seringa. Em algum momento, você já deve ter passado por ambas as experiências (receber uma injeção na veia ou então ter um pouco de sangue retirado durante um exame) e, portanto, sabe que esses fenômenos de fato acontecem.

Vamos analisar, à luz da física, o que ocorreu nas duas situações apresentadas: conforme você sabe, o sangue exerce determinada pressão nos vasos sanguíneos; pois bem, quando apertamos o êmbolo da seringa e a pressão no seu interior fica maior que a pressão sanguínea, o medicamento acelera e entra na corrente sanguínea. Quando puxamos o êmbolo, a pressão no interior da seringa fica menor que a pressão sanguínea, e, daí, o sangue acelera em direção à seringa; ou seja, o sangue é aspirado.

> **Glossário**
>
> **Pressão**
> Agente físico capaz de romper a inércia dos fluidos (acelerar ou desacelerar)
>
> **Fluido**
> Estado da matéria que escoa; os fluidos são representados pelos líquidos e gases
>
> **Fluidodinâmica**
> Estudo dos fluidos em movimento
>
> **Sistemas biológicos**
> Sistemas cujos elementos são estruturas vivas (células, tecidos etc.)
>
> **Sistema**
> Estrutura que compreende um conjunto de elementos e suas inter-relações
>
> **Circuito**
> Estrutura que contém fluidos em movimento
>
> **Circuito fechado**
> Circuito no qual o volume de fluido em seu interior é sempre constante; ou seja, em nenhum momento o fluido sai do circuito
>
> **Circuito aberto**
> Circuito no qual ocorre perda de seu conteúdo (fluido)

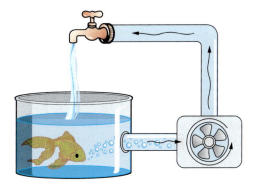 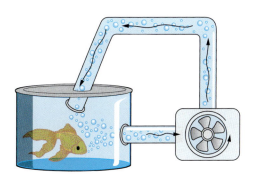

Figura 5.1 Circuitos aberto (*à esquerda*) e fechado (*à direita*).

Antes de explicarmos melhor o fenômeno, examinemos outra situação, com um gás, em vez de um líquido. Você já percebeu que, para inspirar, é necessário expandir o tórax ("encher o peito") e que, para expirar (esvaziar os pulmões), o tórax se retrai. Muito bem, o que ocorre nesse caso? Ao encher o peito, a pressão no interior de seus pulmões torna-se menor que a pressão atmosférica, e, então, o ar acelera, entrando nos pulmões e os preenchendo. Na expiração, a retração do tórax faz com que a pressão nos pulmões fique maior que a pressão atmosférica, e, logo, o ar acelera para fora dos pulmões em direção ao exterior.

A partir desses exemplos, podemos ilustrar uma lei fundamental da fluidodinâmica:

⚛ Só ocorrerá aceleração de um fluido se houver diferença de pressão entre dois pontos do circuito.

Porém:

⚛ Após ter sua inércia rompida pela diferença de pressão, o movimento do fluido em velocidade constante é mantido pela própria inércia.

Ou seja:

⚛ A lei da inércia também se aplica aos fluidos.

Faremos agora uma afirmação que somente será totalmente compreendida adiante, neste capítulo: em razão da existência de uma força de resistência inerente ao deslocamento do fluido ao longo do circuito, essa força de resistência deve ser vencida por uma força motriz para que o líquido se mantenha em inércia. Por exemplo, no sistema circulatório humano, em que, em condições normais, o sangue flui a uma velocidade mais ou menos constante, o coração é um motor, que nada mais faz do que vencer a resistência do sistema, a fim de que o sangue se mantenha em movimento por inércia (sem aceleração). Obviamente, em virtude da demanda (exercício físico, por exemplo), o coração bate mais depressa e com mais força, criando maior gradiente (diferença) de pressão, o qual acelera o sangue e aumenta o fluxo no sistema para suprir as necessidades metabólicas do organismo.

Assim, a partir dos exemplos citados, concluímos que:

⚛ A aceleração de um fluido ocorre do ponto de maior pressão do circuito para o de menor pressão.

Observe muito bem esse princípio, pois ele é a base sobre a qual se constrói toda a teoria acerca da dinâmica dos fluidos.

Entretanto, ainda resta uma pergunta: por que, quando puxamos o êmbolo da seringa ou expandimos os pulmões, a pressão no interior dessas estruturas torna-se menor?

Na verdade, já conhecemos a resposta: lembram-se da lei de Boyle? Pois então; ela nos diz que, *quando aumentamos o volume do continente, a pressão em seu interior diminui*, e, paralelamente, *quando diminuímos o volume do continente, a pressão em seu interior aumenta*, não é mesmo? Assim, percebemos a importância desse princípio, que sumariza como o continente forma um sistema com o fluido.

Neste momento, vamos definir dois termos de uso bastante comum na fisiologia:

▸ Quando aumentamos a pressão de um continente, dizemos que foi produzida uma pressão positiva; ou seja, uma pressão que "expulsa" o fluido de seu interior

▸ Quando diminuímos a pressão de um continente, dizemos que foi produzida uma pressão negativa; ou seja, uma *pressão de sucção* que "aspira" um fluido para seu interior.

É muito importante ressaltar que as palavras "positiva" e "negativa" aqui empregadas *não são formalmente corretas*. Afinal, como bem sabemos, a pressão é uma grandeza escalar, e, portanto, não há lógica em atribuir a ela um "sentido" positivo ou negativo. Além do mais, em termos de módulo, não faz sentido imaginar uma pressão menor do que zero (negativa): afinal, a pressão simplesmente existe ou não.

Entretanto, pela praticidade desses termos, eles são muito utilizados. Por isso, nunca é demais repetir sua definição:

⚛ Pressão positiva é a pressão que expulsa o fluido de seu continente.

⚛ Pressão negativa é a pressão que aspira o fluido para o interior de seu continente.

Muito bem. Agora, observando-se a Figura 5.2, e com base no que já foi dito, podemos juntar as peças e tirar as seguintes conclusões:

▸ Quando quisermos criar uma pressão positiva, devemos diminuir o volume do continente
▸ Para criar uma pressão negativa, devemos aumentar o volume do continente.

Na fisiologia da respiração, consideramos como pressão negativa *qualquer pressão menor que a pressão atmosférica*; ou seja, uma pressão capaz de aspirar o ar para o interior dos alvéolos. Por exemplo, no interior da cavidade pleural (que é fechada), a pressão é menor que a pressão atmosférica em cerca de 5 cmH$_2$O. Por isso, o pulmão permanece sempre cheio de ar, como já discutimos no Capítulo 3.

Outro exemplo interessante de pressão negativa é o que ocorre no sistema linfático. Os capilares linfáticos são vasos em fundo cego que existem no interstício dos tecidos e cuja função é aspirar o excesso de líquidos e proteínas dos tecidos,

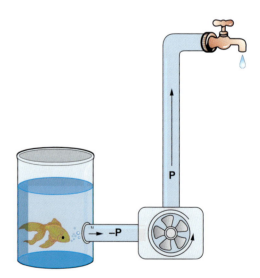

Figura 5.2 O movimento do fluido e as pressões no sistema. Antes da bomba, a pressão é negativa, de sucção ("−P"). Após a bomba, a pressão é positiva, e o movimento se estabelece do sentido da maior pressão (P) para a menor pressão (no caso, a pressão atmosférica, que deve ser menor do que P para que o fluido possa subir pelo cano, em direção à torneira).

desembocando finalmente no sistema venoso para devolver à circulação o líquido recolhido (linfa) ao longo dos tecidos. Como os capilares linfáticos exercem sua função de drenagem?

Vejamos: os capilares linfáticos apresentam grande capacidade de se dilatar ativamente; ao se dilatar, o capilar aumenta seu volume, e, portanto, sua pressão diminui. Assim, o capilar linfático produz uma pressão negativa que aspira os líquidos em excesso do interstício. Para que os líquidos do interstício sejam aspirados pelo capilar, este é dotado de grandes poros; porém, esses poros apresentam válvulas que só permitem a entrada do líquido. O objetivo dessas válvulas é o seguinte: após dilatar (aumentar o raio) e aspirar os líquidos, a tensão na parede do capilar aumenta (lei de Laplace), gerando uma força elástica contrária que faz o capilar se contrair, bombeando a linfa adiante; ora, se as válvulas não existissem, nesse momento a linfa retornaria aos tecidos através dos poros. Assim, ao se dilatarem e contraírem, os capilares linfáticos drenam os líquidos dos tecidos, bombeando-os para a frente, até desembocarem no sistema venoso e devolverem os líquidos recolhidos à circulação sistêmica.

Que tal mais um exemplo para fixar esses conceitos? Então vamos lá.

Conforme nos lembramos do Ensino Médio, o coração realiza dois movimentos básicos – sístole e diástole. Durante a sístole (contração), a cavidade dos ventrículos diminui e, consequentemente, a pressão interior aumenta. Dessa maneira, o coração ejeta o sangue para os vasos. Já na diástole (relaxamento), os átrios aumentam sua cavidade e, consequentemente, a pressão interior diminui (em outras palavras, cria-se uma pressão negativa), e, assim, o coração aspira o sangue de volta. Esse modelo simples é a lógica de nosso sistema circulatório: vasos sanguíneos unidos por um coração entre eles, que funciona como uma bomba que aspira e, em seguida, ejeta o sangue, fazendo-o, assim, circular.

É interessante ainda observar que temos um sistema circulatório fechado; ou seja, ele constitui um circuito de vasos sanguíneos comunicantes, de tal modo que o mesmo volume que é ejetado pelo coração é posteriormente aspirado por ele, após percorrer os vasos sanguíneos.

Bem, agora é chegada a hora de definirmos a principal variável que mede a cinética dos fluidos.

Fluxo

Apesar de o conceito de fluxo ser de extrema importância para o estudo da fluidodinâmica, ele não é nada complicado. Ao contrário, trata-se de um conceito muito familiar. Na verdade, fluxo é sinônimo de vazão ou caudal. O que queremos dizer quando falamos que a vazão de uma torneira é de 1 ℓ/h? Ora, isso significa que a torneira irá gastar o tempo de 1 hora para encher um recipiente de 1 litro, não é mesmo? Pois então, fluxo é exatamente isso, ou seja:

🔹 Fluxo é volume por unidade de tempo.

Apesar de já termos explicado o que são circuitos fechados e abertos, vamos buscar entender melhor o que é um circuito fechado utilizando como exemplo o nosso sistema circulatório. No circuito fechado, os vasos saem de uma bomba e retornam à mesma; logo, não existe nenhuma alteração de volume do fluido – o volume que entra na bomba é o mesmo que sai dela em um determinado intervalo de tempo.

O nosso sistema circulatório é um circuito fechado estruturado na sequência: coração → vasos arteriais → rede capilar → vasos venosos → coração. Observe a Figura 5.3.

Sabe-se que o fluxo do coração (que recebe o nome de débito cardíaco) é de, aproximadamente, 5 ℓ/min. Então, se a cada minuto, o coração ejeta 5 ℓ nos vasos, como o sistema circulatório é um circuito fechado (formado por um conjunto de vasos comunicantes unidos por uma bomba), a cada minuto retornam os mesmos 5 ℓ ao coração.

🔹 Em um circuito fechado, o fluxo é *constante* em qualquer ponto do circuito.

Fluxo e velocidade

Como o fluxo é definido pelo volume que escoa em determinada unidade de tempo, é importante tomar cuidado para não confundirmos fluxo com velocidade de escoamento, uma vez que a velocidade também é medida em função do tempo.

Na verdade, fluxo e velocidade nem sempre se correlacionam como poderíamos imaginar. Perguntamos: seria possível aumentar a velocidade de um fluido sem que o seu fluxo fosse alterado? Para facilitar a compreensão, poderíamos pensar da seguinte maneira: imagine duas torneiras, A e B. Digamos que ambas encham um reservatório de 5 ℓ em 1 minuto (logo, ambas têm o mesmo fluxo, isto é, 5 ℓ/min). Seria possível que, por exemplo, a velocidade de escoamento na torneira A fosse maior que na torneira B? A resposta é sim. Desde que o calibre (diâmetro) da torneira A fosse menor, pois, neste caso, ela teria de escoar com maior velocidade para oferecer o mesmo fluxo da torneira B.

Assim, se o raio dos vasos for o mesmo, quanto maior a velocidade, maior o fluxo; porém, quando os raios são diferentes (como acontece ao longo do sistema circulatório), quanto menor o raio, maior a velocidade de escoamento caso se pretenda manter o mesmo fluxo.

Glossário

Força de resistência
Força que se opõe ao movimento

Força motriz
Força que atua em favor do movimento

Lei de Boyle
Reveja o Capítulo 3

Pressão positiva
Pressão que expulsa o fluido de seu continente

Pressão negativa
Pressão que aspira o fluido para o interior de seu continente

Sistema linfático
Sistema fechado no qual circula a linfa

Linfa
Líquido existente entre as células, composto principalmente por proteínas e células de defesa

Lei de Laplace
Reveja o Capítulo 3

Sístole
Movimento de contração da musculatura do coração

Diástole
Movimento de relaxamento da musculatura do coração

Sistema circulatório fechado
Sistema no qual não ocorre perda de sangue; o volume de sangue em seu interior é sempre constante

Vasos sanguíneos comunicantes
Vasos que se comunicam diretamente; ou seja, cada vaso desemboca no vaso seguinte, não havendo descontinuidade entre os vasos

Fluxo
Grandeza física que exprime o volume de fluido que escoa por unidade de tempo

Vazão e caudal
Sinônimos de fluxo

Coração
Estrutura muscular que atua como bomba propulsora de sangue

Vasos arteriais
Vasos que saem do coração

Rede capilar
Sistemas compostos por vasos muito finos, em que ocorre a troca de nutrientes entre o sangue e os tecidos

Vasos venosos
Vasos que retornam ao coração

Fluxo e velocidade
São grandezas diferentes: fluxo é volume por unidade de tempo, enquanto velocidade é a distância percorrida por unidade de tempo

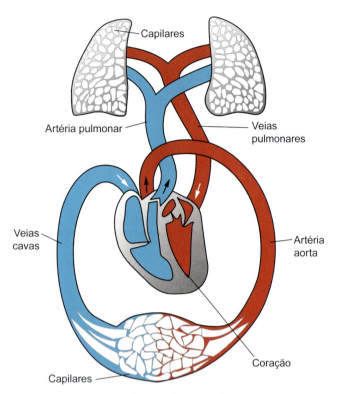

Figura 5.3 Sistema circulatório dos mamíferos. Sangue venoso, representado em azul, e sangue arterial, em vermelho. As artérias que saem do coração estão representadas pelas *setas pretas*, e as veias que chegam ao coração, por *setas brancas*. Nos capilares dos pulmões (*em cima*), o sangue venoso se torna arterial. Nos capilares sistêmicos (*embaixo*), o sangue arterial se torna venoso.

Já vimos que fluxo e velocidade não são a mesma coisa. Veremos, a partir de agora, que o fator determinante para a velocidade de escoamento dos fluidos não é o calibre do vaso, e sim as forças dissipativas que existem no sistema circulatório, uma vez que velocidade nada mais é do que energia cinética.

Energia mecânica nos fluidos

Como você já sabe, a energia mecânica é composta pela energia potencial e pela energia cinética; nos fluidos, este princípio também se aplica. Dizemos que um corpo tem energia potencial quando, em virtude de sua posição, ele tem possibilidade de entrar em movimento, como, por exemplo, uma pedra posicionada a certa altura acima do solo, uma mola esticada, ou ainda um fluido sob pressão dentro de um continente. A energia potencial é um tipo de energia latente, ou seja, uma energia armazenada e pronta para produzir um movimento. No caso dos fluidos, o agente capaz de colocar um fluido em movimento é a pressão, logo:

> Nos fluidos, a energia potencial é representada pela pressão.

Já a energia cinética é a energia que o corpo tem em virtude de seu próprio movimento. Então, quanto maior a velocidade, maior a energia cinética. Este princípio também se aplica aos fluidos; logo:

> Nos fluidos, a energia cinética é representada pela velocidade.

Figura 5.4 Modelo para explicar o efeito do esfíncter pré-capilar no comportamento da pressão. O choque da coluna de sangue com o esfíncter produz grande dissipação de energia, fazendo com que a pressão e a velocidade do sangue após o esfíncter fiquem bastante reduzidas.

Pressão nos capilares

Uma das diferenças fundamentais que existem no sistema arterial em relação a um sistema hidráulico simples é que, na extremidade final da maioria das arteríolas, existem os esfíncteres pré-capilares. Essas estruturas são constituídas por musculatura lisa e produzem um estreitamento importante na extremidade arteriolar, fazendo com que o volume de sangue que chega aos capilares flua de modo lento e contínuo. O choque da coluna de sangue com o esfíncter produz grande dissipação de energia, fazendo com que a pressão e a velocidade do sangue após o esfíncter fiquem bastante reduzidas. Dessa maneira, a pressão e a velocidade do sangue nos capilares tornam-se pequenas. Observe a Figura 5.4 para entender melhor.

No entanto, é bom ressaltar que existem outros motivos, talvez até mais importantes, para a redução de pressão no nível dos capilares. Ao final do capítulo, após termos fortalecido mais alguns conceitos, voltaremos a esse assunto.

Outra observação interessante acerca dos capilares é que eles apresentam uma parede tão fina que mesmo uma pressão de 10 mmHg poderia causar sua ruptura. Isso não acontece graças ao fato de os capilares apresentarem um raio muito pequeno, o que faz com que a tensão na parede capilar seja mínima (mais uma aplicação da lei de Laplace).

Além disso, como a pressão em cada capilar é baixa, somente muito pouco do plasma vaza através dos poros capilares para os tecidos, embora os nutrientes (principalmente oxigênio e glicose) possam se difundir facilmente para as células que circundam os capilares.

De fato, quase não ocorre troca de plasma (parte líquida do sangue) entre capilares e tecidos. O que é trocado entre eles são os nutrientes, e essas trocas se dão por difusão – que será discutida no próximo capítulo. Assim:

> Para que um capilar cumpra bem o seu papel, o importante é que a pressão capilar e a velocidade de escoamento do sangue sejam baixas.

Fluxo laminar

Vamos agora relatar uma experiência simples e interessante que foi desenvolvida em laboratório e que permitiu conclusões importantes sobre a dinâmica dos fluidos.

Observe a Figura 5.5. Foram colocados dois fluidos imiscíveis (que não se misturam) e de coloração diferente, ambos em repouso, em um tubo (situação A). Em seguida, foi aplicada uma pressão para acelerar a mistura e se analisar a trajetória percorrida pelos fluidos. Veja o que ocorreu (situação B).

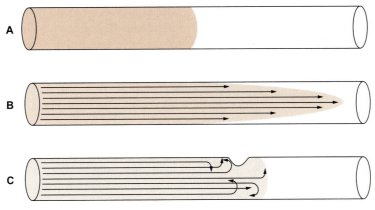

Figura 5.5 Fluxo laminar e turbilhonado.

Como você pode notar na situação B, as regiões centrais do fluido se deslocam com uma velocidade maior, e as linhas de deslocamento representadas pelo vetor velocidade formam linhas paralelas. Assim, é como se o fluido se deslocasse em lâminas, que, na verdade, se comportam como cilindros concêntricos, como demonstrou Isaac Newton. Para entender melhor, veja a Figura 5.6.

Resta a pergunta: por que isso acontece? Bem, esse fenômeno ainda não consegue ser explicado completamente à luz da física e continua a ser um dos muitos mistérios que envolvem a fluidodinâmica (não é à toa que existem muitos laboratórios no mundo que se dedicam unicamente à mecânica dos fluidos). Porém, uma explicação simplificada e satisfatória seria a seguinte: a lâmina (cilindro) mais externa apresenta contato com a parede do vaso que é um sistema sólido, havendo, então, certo grau de atrito. À medida que as lâminas de fluxo se afastam das paredes do vaso, seu contato também diminui; logo, sua aceleração aumenta, e portanto, elas se movem com maior velocidade. Imagine um monte de bolinhas "fluindo" por um tubo. As bolinhas centrais rolam umas sobre as outras, criando menos atrito. As bolinhas localizadas na borda sofrem mais atrito, pois a parede do tubo é uma superfície de contato que não se move com elas.

Caso o vaso apresente algum estreitamento, dilatação ou obstrução, haverá choque entre as lâminas, e então podemos dizer que houve turbilhonamento (**fluxo turbilhonado**) – situação C da Figura 5.5. Nessa circunstância, o choque mecânico entre as lâminas poderá liberar energia sonora, e, então, é possível se escutar com um estetoscópio um som característico, que denominamos **sopro**. Assim, concluímos que o sopro ocorre quando existe turbilhonamento.

Resistência ao fluxo

Mencionamos no início deste capítulo que, para o líquido se manter em fluxo contínuo, a resistência ao fluxo deve ser vencida por uma força motriz. Podemos dizer, então, que:

- O fluxo é dado pela razão entre diferença de pressão e resistência.

- Fluxo é diretamente proporcional à diferença de pressão e inversamente proporcional à resistência ao seu escoamento

Agora, estudaremos melhor algumas variáveis que interferem no fluxo. Observe a Figura 5.7.

Podemos verificar que o fluxo depende diretamente da diferença (gradiente) de pressão entre o início e o fim do trajeto (conforme já sabemos), e, também, é claro, que o fluxo é inversamente proporcional à resistência imposta à sua passagem. A existência da resistência pode ser evidenciada pelo seguinte argumento: conforme já vimos, em um circuito fechado, a velocidade de um fluido varia em função da área de seção transversal de um vaso – quanto maior a área, menor a velocidade. Pois bem, no vaso representado na Figura 5.7, seu calibre não se altera; portanto, podemos concluir que a velocidade do fluido nesse vaso é constante (i. e., o fluido se movimenta por inércia). Ora, se ele se move por inércia (velocidade constante), por que a figura sugere que existe uma diferença de pressão para manter o fluxo? Isso soa estranho, já que, se a velocidade é constante (ou seja, o fluido não acelera), não há lógica em existir

Glossário

Energia mecânica nos fluidos
É a soma das energias potencial e cinética dos fluidos

Energia potencial nos fluidos
Modalidade de energia determinada pela pressão que rompe a inércia do fluido

Energia cinética nos fluidos
Modalidade de energia determinada pela velocidade de escoamento do fluido

Sistema hidráulico simples
Circuito formado por água encanada, como o utilizado na construção civil

Esfíncter
Musculatura que circunda a extremidade de um vaso; ao se contrair, o esfíncter reduz o calibre do vaso

Capilar
Vaso sanguíneo muito fino, da espessura de um fio de cabelo

Tensão
Força que tende a produzir ruptura

Plasma
Parte líquida do sangue

Fluxo laminar
Fluxo no qual o fluido escoa na forma de inúmeras camadas cilíndricas concêntricas

Fluidos imiscíveis
Fluidos que não se misturam

Fluxo turbilhonado
Fluxo no qual o fluido, ao escoar, apresenta muito atrito entre suas camadas

Sopro
Som produzido pelo choque entre as camadas de um fluido que escoa, apresentando um fluxo turbilhonado

Resistência ao fluxo
Dificuldade imposta ao escoamento do fluido

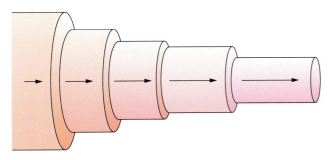

Figura 5.6 Modelo dos cilindros para explicar o fluxo laminar.

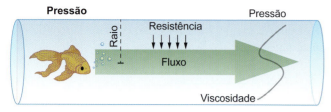

Figura 5.7 Variáveis determinantes do fluxo.

uma pressão resultante. Acontece que, em regiões do vaso em que o calibre é constante, a pressão resultante serve unicamente para anular a força de resistência. Como a resultante das forças será nula, a velocidade será constante. Esse raciocínio demonstra que existe uma resistência ao escoamento do fluido em um continente.

Mas que fatores são responsáveis por tal *resistência*? Um fator que intuitivamente podemos imaginar é o *raio* do vaso. Dá para perceber que, quanto maior o raio do vaso, menor a resistência e maior o fluxo. O esfíncter pré-capilar, que descrevemos anteriormente, altera o raio do vaso, a resistência e, assim, a pressão no sistema.

Entretanto, será que essa é uma **relação linear** (se dobrarmos o raio, dobraremos o fluxo)? Para responder a essa pergunta, foram necessárias medidas obtidas em laboratório. Quem fez isso foi o médico francês Jean-Louis-Marie Poiseuille, no século 19. Poiseuille mostrou que, em vez de linear, essa é uma **relação exponencial**, e que o fluxo é diretamente proporcional à quarta potência do raio. Isso mesmo. Fazendo cálculos simples, podemos ver que, se dobrarmos o raio de um vaso, aumentaremos o fluxo em 16 vezes! Os cálculos mostram também que, se quisermos dobrar o fluxo, basta aumentarmos o raio do vaso em cerca de 19%, e, se aumentarmos o raio em 50%, o fluxo quintuplica.

Essa é a famosa **lei da quarta potência** do raio, ou **lei de Poiseuille**. Vamos repetir seu enunciado:

🔹 **O fluxo em um vaso é diretamente proporcional à quarta potência de seu raio.**

A importância desse princípio é muito grande, pois ele mostra que:

🔹 **Mínimas alterações no calibre de um vaso criam grandes alterações no fluxo de seu conteúdo.**

Se determinado tecido necessita de maior fluxo sanguíneo, basta uma pequena dilatação dos capilares.

Analisemos outro fator que interfere no fluxo. Imagine uma seringa cheia de água e outra, idêntica, com leite condensado. Se quisermos esvaziá-las, em qual das duas terá de se aplicar maior força no êmbolo? É claro que será muito mais difícil esvaziar a seringa cujo conteúdo é leite condensado, uma vez que ele apresenta maior **viscosidade** que a água e, portanto, oferece maior resistência em escoar. Para entender melhor o efeito da viscosidade, veja novamente a Figura 5.6. Pois é, *quanto mais viscoso um fluido, maior o atrito entre as lâminas (cilindros) do fluido* – essa é uma característica intrínseca de cada fluido. Imagine que exista uma grande interdependência entre as moléculas que formam as lâminas cilíndricas da Figura 5.6 e ficará fácil perceber que as lâminas escorregarão umas sobre as outras com maior dificuldade. Foi demonstrado em laboratório que a resistência varia linearmente com a viscosidade (se dobramos uma, dobramos a outra). Assim:

🔹 **O fluxo em um vaso é inversamente proporcional à viscosidade de seu conteúdo.**

Do ponto de vista da física, o fenômeno da viscosidade ocorre também nos gases. Você já reparou que, quando um cigarro aceso repousa sobre a borda de um cinzeiro, a fumaça sobe de modo retilíneo e, após determinada altura (à medida que o atrito com os gases atmosféricos aumenta), a fumaça começa a sofrer um turbilhonamento? Então, fazendo uma analogia entre a fumaça e o líquido escoando em um vaso, podemos ter uma noção visual do que seria um fluxo turbilhonado.

Finalmente, demonstrou-se em laboratório que, se dobrarmos o *comprimento* do vaso, dobraremos sua resistência (ou seja, reduziremos seu fluxo pela metade). A explicação para isso é que, quanto maior a extensão do vaso, maior a superfície de atrito entre a lâmina externa do fluido e a parede do vaso. Logo:

🔹 **O fluxo em um vaso é inversamente proporcional ao seu comprimento.**

No caso da análise da circulação humana, a variável comprimento não é muito importante, pois não há como aumentar ou diminuir significativamente o comprimento dos vasos sanguíneos. A variável viscosidade apresenta importância relativa, pois raramente ocorrem grandes alterações da viscosidade do sangue – pode ocorrer relativo aumento da viscosidade em casos de desidratação ou discreta redução dela no caso das anemias, conforme você irá estudar futuramente em fisiologia.

Assim, como nos mostra a lei de Poiseuille:

🔹 **O principal determinante da resistência ao fluxo no sistema circulatório é o raio do vaso.**

No Capítulo 3, mencionamos que a pressão arterial em nosso sistema circulatório fechado é diferente na sístole e na diástole. Pois bem, sabemos que o coração fica um terço do tempo em sístole e dois terços do tempo em diástole. Aplicando os conceitos que acabamos de discutir, podemos dizer que a **pressão sistólica** tem por finalidade acelerar o sangue (*romper sua inércia*) para o exterior do coração. Já a **pressão diastólica** existe unicamente para *contrabalançar a resistência* e permitir que o sangue flua em velocidade constante, ou seja, por inércia.

Agora, vamos discutir os efeitos da pressão nos gases, analisando rapidamente como funciona o fluxo aéreo nos brônquios e bronquíolos.

Na realidade, basta dizermos que as mesmas leis que se aplicam ao fluxo sanguíneo se aplicam ao fluxo aéreo. Afinal, líquidos e gases são fluidos. Assim, *a lei de Poiseuille se aplica também às vias respiratórias*. Por exemplo, se uma pessoa com asma apresentar uma contração dos bronquíolos, reduzindo seu diâmetro pela metade, o fluxo naquele bronquíolo ficará reduzido em 16 vezes. Por esse motivo, as doenças pulmonares obstrutivas podem levar a sérios problemas na oxigenação do sangue e, consequentemente, dos tecidos.

Visão termodinâmica da circulação

Chegamos ao ponto central de nossa discussão, para compreendermos melhor o comportamento da pressão e da velocidade de escoamento no sistema circulatório.

Como já discutimos no primeiro capítulo deste livro, à luz da física, podemos distinguir os sistemas conservativos e os dissipativos. Em um sistema conservativo, as transformações energéticas são tais que não existe degradação da energia, ou seja, a energia total do sistema se conserva. Esse sistema pode ficar indefinidamente transformando seus diversos tipos de energia em outros. Por exemplo, em um pêndulo perfeito (sem atrito), aconteceria um movimento eterno, e, nesse movimento, existiria sempre uma perfeita transformação entre a energia cinética e a energia potencial gravitacional dentro desse sistema.

Entretanto, como já foi dito, e como podemos observar na prática, o pêndulo perfeito não existe. Na natureza, ou seja, no mundo real, os sistemas conservativos nada mais são do que um modelo teórico, que, efetivamente, não vai além de nossa imaginação. Como sabemos, na realidade da natureza, *todos os sistemas são dissipativos*.

Em um sistema dissipativo, parte da energia "se degrada", se transforma em um tipo de energia que não pode retornar ao tipo original. Se considerarmos um pêndulo real, parte da energia inicial vai sendo transformada em calor, e esse calor não poderá ser completamente transformado em nenhuma outra modalidade de energia. Essa parcela de energia perdida pelo sistema em forma de calor é a entropia. À medida que o tempo passa, aumenta a entropia, ocasionando uma irreversibilidade das transformações. Isto é, a cada transformação de energia, uma parcela de energia se dissipa em calor, e, assim, a energia total útil vai diminuindo ao longo do tempo.

Uma vez que existem forças dissipativas importantes no sistema circulatório, ele se torna um modelo muito interessante para ilustrar os princípios da termodinâmica – a ciência da energia. Que forças dissipativas são essas? Pois bem, vamos debatê-las; porém, antes é importante recordar que fluxo é movimento e, como tal, apresenta energia mecânica. Essa energia é composta por energias potencial (*pressão*) e cinética (*velocidade*).

Desde a saída do sangue do coração até seu retorno, novamente ao coração, a energia mecânica deveria se conservar, caso o sistema circulatório fosse um sistema conservativo. Mas, como sabemos, esse não é o caso – o sistema é dissipativo. Assim, a energia mecânica não se conserva, já que uma parcela, tanto da energia cinética quanto da energia potencial, se transforma em entropia, em função das forças dissipativas, que passamos a descrever agora.

Como as grandes artérias apresentam um considerável grau de elasticidade, logo ao sair do coração a pressão do sangue é amortecida pela dilatação de tais artérias, representadas principalmente pela artéria aorta. Assim, parte da energia potencial do sangue (pressão) é transformada em energia potencial elástica nas artérias. Lembre-se de que, em um sistema dissipativo, *a cada transformação de energia*, produzimos uma quantidade de energia que se perde em calor (entropia). Logo, as perdas já se iniciam no momento em que o sangue deixa o coração.

Outra força dissipativa muito importante é a força de atrito. Apesar de o endotélio que reveste os vasos sanguíneos apresentar um dos coeficientes de atrito mais baixos da natureza, como a extensão total dos vasos é grande, existe dissipação de energia mecânica do sangue em função do atrito com o endotélio.

Além disso, pelo fato de o sangue não ser um fluido homogêneo, já que apresenta células e proteínas em seu conteúdo, o fluxo do sangue não é perfeitamente laminar. Assim, existe também perda de energia por meio do atrito entre as lâminas do próprio sangue (ver Figura 5.6).

Como as artérias se bifurcam, o choque da coluna de sangue com as incontáveis bifurcações também faz com que parte da energia seja dissipada.

Os esfíncteres pré-capilares, estudados anteriormente, também contribuem para a perda de energia, uma vez que o sangue também se choca com eles.

Em função de todas essas variáveis dissipativas, o sangue chega aos capilares com baixa pressão (energia potencial) e baixa velocidade (energia cinética). Após deixar os capilares, o sangue chega ao sistema venoso com baixa pressão e retorna ao coração graças à pressão aspirativa produzida pela diástole dos átrios, entre outros fatores, que estudaremos em detalhes na fisiologia.

- Tanto a pressão quanto a velocidade nos capilares são muito baixas, em virtude das forças dissipativas presentes no sistema.

- Baixa velocidade nos capilares permite que haja tempo para as trocas ocorrerem com os tecidos.

- Baixa pressão nos capilares permite que a tensão nos mesmos não seja excessiva, protegendo-os de uma ruptura.

Para concluirmos nossa discussão sobre a dinâmica dos fluidos, veremos como a troca de fluidos ocorre nos rins.

Dinâmica da filtração renal

A filtração é um processo conhecido por nós. É um método em que se separam substâncias sob pressão, como o que ocorre quando coamos café.

Glossário

Relação linear
Relação na qual duas grandezas aumentam proporcionalmente uma à outra

Relação exponencial
Relação na qual um pequeno aumento de uma grandeza produz um grande aumento da outra

Lei da quarta potência
O fluxo em um vaso é diretamente proporcional à quarta potência de seu raio

Lei de Poiseuille
Sinônimo de lei da quarta potência

Viscosidade
Resistência que um fluido apresenta para escoar; a viscosidade é uma característica intrínseca do fluido

Pressões sistólica e diastólica
Reveja o Capítulo 3

Sistemas conservativo e dissipativo
Reveja o Capítulo 1

Entropia
Reveja o Capítulo 1

Energia potencial elástica
Energia armazenada em uma mola deformada ou em uma estrutura elástica esticada

Força dissipativa
Força que dissipa energia mecânica, transformando parte dela em calor (entropia)

Força de atrito
Força de contato entre corpos que produz calor (entropia) quando estes corpos deslizam um sobre o outro

Endotélio
Tecido que reveste a superfície interna dos vasos sanguíneos

Pressão aspirativa
Sinônimo de pressão negativa

Filtração
Separação de um sistema sólido-líquido ou sólido-gasoso quando este passa através de um filtro que retém a parte sólida

68 Biofísica Conceitual

Formalmente, podemos definir a filtração como um processo de separação de um sistema sólido-líquido ou sólido-gasoso, e que consiste em fazer tal sistema passar através de um material poroso (filtro) que retém o corpo sólido e deixa passar a fase líquida ou gasosa. Quando as substâncias retidas pelo filtro apresentam dimensões muito pequenas (da ordem de micrômetros), o processo é denominado ultrafiltração.

Os rins, que você vai estudar em detalhes na fisiologia, têm como principal função filtrar o plasma para formar a urina. Nesse processo, as hemácias e as proteínas do plasma não são filtradas, já que são substâncias preciosas para o organismo.

Diariamente, passam pelos rins cerca de 900 ℓ de sangue, dos quais 180 ℓ são filtrados. Porém, como só urinamos cerca de 1 ℓ por dia, 179 ℓ serão reabsorvidos ao longo dos néfrons. Essa reabsorção se dá por processos de difusão de solutos, que estudaremos no próximo capítulo. Por ora, nossa ênfase é na filtração do plasma, que, como dissemos, é um processo que ocorre sob pressão.

Para que ocorra filtração, os vasos sanguíneos, ao chegarem aos néfrons, formam uma rede capilar enovelada, que denominamos glomérulo. A pressão existente no glomérulo é a pressão hidrostática do sangue, que tende a acelerar o filtrado para fora (em direção à cápsula de Bowman, que é a porção inicial do néfron). Opondo-se à filtração, existem duas pressões – a pressão oncótica no glomérulo, determinada pelas proteínas ali existentes, e a pressão hidrostática na cápsula de Bowman (pressão capsular), que aumenta à medida que o filtrado se acumula na cápsula.

Assim, a pressão efetiva de filtração (PEF) é determinada pela aritmética entre a pressão hidrostática do glomérulo (PH), a pressão oncótica (PO) e a pressão capsular (PC), da seguinte maneira: PEF é igual a PH, menos a soma entre PO e PC. A pressão oncótica será discutida no próximo capítulo.

Para compreender melhor, vejamos a Figura 5.8.

Quando os rins falham, ou seja, quando há insuficiência renal, é preciso filtrar o sangue artificialmente, por meio de um processo denominado diálise (rim artificial), que consiste em um processo físico-químico pelo qual duas soluções (de concentrações diferentes) são separadas por uma membrana semipermeável; após certo tempo, as substâncias passam pela membrana para igualar as concentrações.

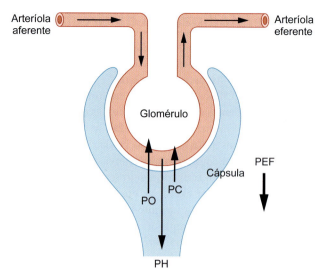

Figura 5.8 Determinantes da pressão efetiva de filtração no glomérulo. PC: pressão capsular; PEF: pressão efetiva de filtração; PH: pressão hidrostática do glomérulo; PO: pressão oncótica.

Bem, concluímos nossa introdução a este tão importante assunto que é a fluidodinâmica. Voltamos a frisar que, uma vez que a física dos fluidos é extremamente complexa e muitos de seus conceitos vão além dos objetivos do nosso curso, tentamos apresentar o tema de maneira propositalmente resumida e sintética, tendo por objetivo uma compreensão adequada dos fenômenos.

Procure fixar e adquirir domínio sobre todos os conceitos aqui apresentados, pois eles são a base para o entendimento de muitos fenômenos biofísicos que ocorrem nos organismos vivos.

Glossário

Ultrafiltração
Filtração de substâncias de dimensões microscópicas

Urina
Produto final da excreção renal

Néfron
Estruturas renais responsáveis pela filtração e pelo processamento do que foi filtrado

Difusão
Passagem de solutos de um meio mais concentrado para um meio menos concentrado

Glomérulo
Rede de capilares localizada nos rins, na qual ocorre a filtração

Pressão hidrostática
Pressão que o sangue exerce na parede dos vasos

Cápsula de Bowman
Região do néfron que recebe o líquido filtrado

Diálise
Processo artificial de filtração e separação de solutos

Gradiente
Diferença que diminui à medida que o tempo passa

⚛ BIOFÍSICA EM FOCO

Neste capítulo, utilizamos algumas vezes o termo gradiente. Em geral, na fisiologia, esse termo é utilizado como sinônimo de diferença; porém, sua real definição é mais complexa.

Na verdade, gradiente significa *diferença gradual*, ou seja, uma diferença que se aplica a situações nas quais existe movimento. Para compreender melhor, imagine que a pressão sobre um fluido em um determinado ponto A é maior que em um ponto B; o que ocorrerá? O fluido irá se deslocar de A para B.

Contudo, a cada instante em que se passa fluido de A para B, a diferença de pressão entre A e B diminui, não é mesmo? Muito bem, agora ficou entendido o real sentido de gradiente, isto é, uma diferença que diminui a cada instante, à medida que ocorre movimento do ponto de maior energia para o de menor energia.

O termo gradiente é genérico e pode ser utilizado em outras situações em que esteja ocorrendo transferência de energia; com certeza, em algum momento você ainda ouvirá falar em gradiente de concentração, gradiente de temperatura etc.

Resumo

- Pressão é um agente físico capaz de romper a inércia (acelerar ou desacelerar) os fluidos
- O estudo dos fluidos (líquidos e gases) em movimento se denomina fluidodinâmica
- Circuito é qualquer estrutura (continente) que contenha fluidos em movimento; os circuitos podem ser abertos ou fechados
- Só ocorrerá aceleração de um fluido se houver diferença de pressão entre dois pontos do circuito; entretanto, após ter sua inércia rompida pela diferença de pressão, o movimento do fluido em velocidade constante é mantido pela própria inércia
- Quando aumentamos a pressão de um continente, dizemos que foi produzida uma pressão positiva, ou seja, uma pressão que "expulsa" o fluido de seu interior
- Quando diminuímos a pressão de um continente, dizemos que foi produzida uma pressão negativa, ou seja, uma pressão de sucção, que "aspira" um fluido para seu interior
- Fluxo é volume por unidade de tempo; velocidade é a distância percorrida por unidade de tempo
- Nos fluidos, a energia potencial é representada pela pressão, e a energia cinética, pela velocidade
- Para que um capilar cumpra bem o seu papel, o importante é que a pressão capilar e a velocidade de escoamento do sangue sejam baixas
- O fluxo é dado pela razão: diferença de pressão/resistência
- O fluxo em um vaso é diretamente proporcional à quarta potência de seu raio; logo, mínimas alterações no calibre de um vaso criam grandes alterações no fluxo de seu conteúdo
- O fluxo em um vaso é inversamente proporcional à viscosidade de seu conteúdo; da mesma maneira, o fluxo em um vaso é inversamente proporcional ao seu comprimento
- Tanto a pressão quanto a velocidade nos capilares é muito baixa, em virtude das forças dissipativas presentes no sistema circulatório
- A baixa velocidade nos capilares permite que haja tempo para as trocas ocorrerem com os tecidos; a baixa pressão nos capilares permite que a tensão nos mesmos não seja excessiva, protegendo-os de uma ruptura
- Filtração é a separação de um sistema sólido-líquido ou sólido-gasoso quando este passa através de um filtro que retém a parte sólida; os rins têm como principal função filtrar o plasma para formar a urina.

Autoavaliação

5.1 Diferencie circuito fechado de circuito aberto.

5.2 Explique o papel que a pressão desempenha na aceleração dos fluidos.

5.3 O que significa o termo "pressão negativa"? Este termo é correto, do ponto de vista da física? Por quê?

5.4 Escreva um pequeno resumo sobre o sistema linfático.

5.5 Defina fluxo. Diferencie fluxo de velocidade de escoamento.

5.6 O que é fluxo laminar?

5.7 Quais fatores determinam a resistência ao fluxo no sistema circulatório?

5.8 Nos capilares do sistema circulatório humano, tanto a pressão quanto a velocidade do sangue são muito baixas. Explique, à luz da termodinâmica, por que isso ocorre.

5.9 Qual é a vantagem fisiológica de o sangue passar lentamente e sob baixa pressão nos capilares?

5.10 Enuncie a lei de Poiseuille.

5.11 O que é um sopro? Por que ele ocorre?

5.12 Explique de maneira sucinta como se dá a dinâmica de filtração glomerular.

5.13 Conceitue gradiente.

5.14 Se um vaso triplicar de raio, em quanto irá aumentar o fluxo neste vaso?

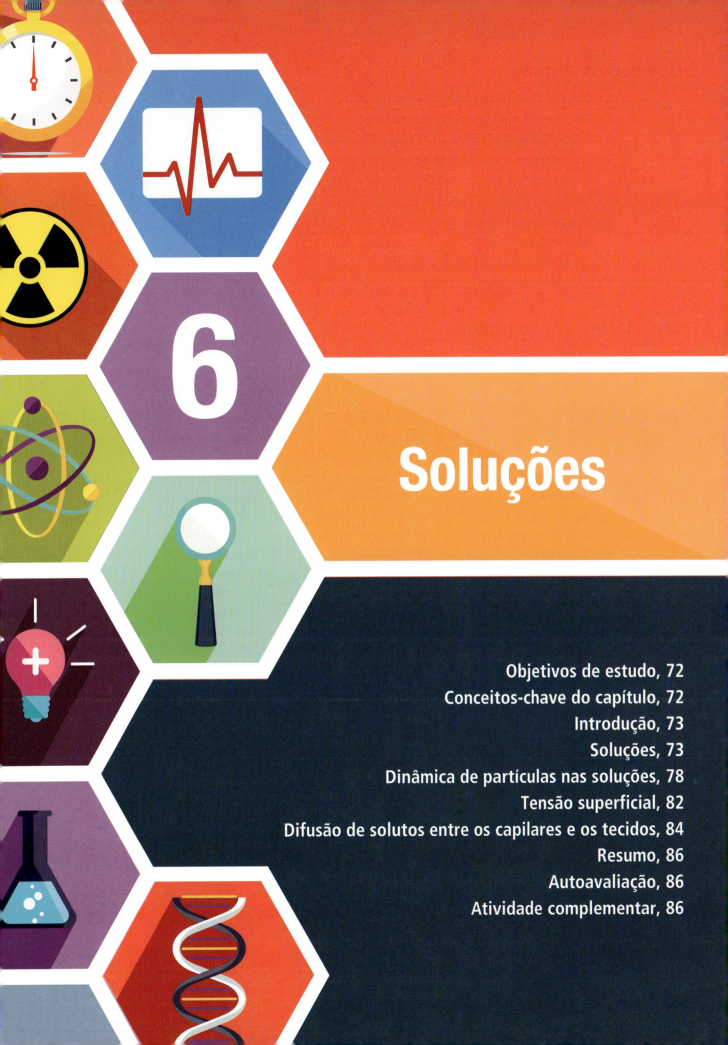

6 Soluções

Objetivos de estudo, 72
Conceitos-chave do capítulo, 72
Introdução, 73
Soluções, 73
Dinâmica de partículas nas soluções, 78
Tensão superficial, 82
Difusão de solutos entre os capilares e os tecidos, 84
Resumo, 86
Autoavaliação, 86
Atividade complementar, 86

Objetivos de estudo

Conceituar solução e suspensão e diferenciar uma da outra
Diferenciar mistura homogênea de mistura heterogênea
Conhecer e diferenciar as propriedades das soluções interativas e difusivas
Compreender a importância da energia para as soluções difusivas
Compreender a importância da afinidade química para as soluções interativas
Definir o que é difusão
Explicar como ocorre a osmose
Definir pressão osmótica
Compreender o que é a pressão parcial de um gás
Entender o conceito de tensão superficial

Conceitos-chave do capítulo

Ácidos	Energia	Propriedades coligativas
Agarose	Força de difusão	Quilomícrons
Água	Gases	Retículo cristalino
Ânion	Gradiente de concentração	Sangue
Bases	Hemoglobina	Síndrome da descompressão
Calor	Membrana semipermeável	Solução
Camada de hidratação	Mistura heterogênea	Solução hipertônica
Campo elétrico	Mistura homogênea	Solução hipotônica
Cátion	Molécula anfifílica (anfipática)	Solução isotônica
Coeficiente de solubilidade	Moléculas apolares	Soluções difusivas
Colabamento	Moléculas polares	Soluções interativas
Concentração	Moléculas tensoativas	Soluto
Detergente	Osmose	Solvente
Difusão	Plasma	Surfactante
Dipolo elétrico	Pontes de hidrogênio	Suspensão
Dissolução	Pressão oncótica	Tensão superficial
Eletroforese	Pressão osmótica	Trajetória
Eletronegatividade	Pressão parcial	

Introdução

Já no Ensino Fundamental, nas aulas de ciências, aprendemos o que é **solução** e **suspensão**. Apesar de existirem soluções sólidas, como as ligas metálicas, nosso objetivo atual é estudarmos somente as soluções líquidas e gasosas.

⚛ **Solução é uma mistura homogênea de substâncias.**

⚛ **Suspensão é uma mistura heterogênea de substâncias.**

Apesar de corretos, será que esses conceitos são completamente satisfatórios? Embora não exista unanimidade na literatura a respeito da classificação das soluções, vamos nos aprofundar um pouco mais nessas definições. Adotaremos uma classificação para as soluções, um modelo que entendemos ser útil para a compreensão dos fenômenos biológicos. Entretanto, como já foi exposto na Introdução deste livro, nenhum modelo é perfeito, uma vez que representa a nossa óptica, nosso ponto de vista, limitado pela imperfeição humana. Ademais, a natureza é repleta de exceções.

Tanto suspensão quanto solução são misturas. **Mistura** é a reunião de duas ou mais substâncias diferentes em um mesmo meio. **Mistura homogênea** é aquela cujos componentes não podem ser fisicamente separados, mantendo a sua integridade original. **Mistura heterogênea** é aquela cujos componentes podem ser separados fisicamente, mantendo a sua integridade original.

Exemplos:

O sangue é uma suspensão (mistura heterogênea) de plasma e células. Essa mistura pode ser decomposta por decantação, a qual pode ser acelerada por meio de uma centrífuga. Ao fim do processo de separação, teremos esses dois componentes fisicamente íntegros, os quais, inclusive, podem ser "remisturados", constituindo o mesmo sangue original.

⚛ **O sangue é uma suspensão.**

O *plasma sanguíneo é uma solução* de substâncias em um meio aquoso. Por mais que centrifuguemos o plasma, não conseguimos separar, por exemplo, a albumina do restante. Para fazê-lo, precisamos utilizar um processo físico que corrompa a integridade original dos componentes da solução, como, por exemplo, a liofilização, que é um processo por meio do qual se coloca a solução congelada em uma câmara de vácuo, cuja água sólida em baixas pressões se transforma em vapor por sublimação. A albumina e as outras substâncias da solução serão preservadas; porém, a água terá mudado de estado físico (líquido para gás): sua configuração original, então, terá sido corrompida.

⚛ **O plasma sanguíneo é uma solução.**

Podemos, então, definir solução da seguinte maneira:

⚛ **Solução é uma mistura cujos componentes estão tão intimamente associados, que somente um processo que altere seu estado original poderá decompor a mistura.**

As misturas gasosas – como o ar, por exemplo – são soluções ou suspensões?

Seguindo nosso raciocínio, podemos dizer que *são soluções*. A única maneira de separarmos os componentes dessa solução é fazendo com que a mistura gasosa seja submetida a um processo inverso ao da liofilização: coloca-se a mistura em uma câmara que produz uma compressão (por meio de um pistão, por exemplo). À medida que a mistura é comprimida a temperaturas muito baixas, os componentes do gás tendem a mudar de fase (liquefação). Como cada tipo de gás se torna líquido sob uma pressão diferente, logo que a pressão chega a determinado valor, certo componente da mistura gasosa se liquefaz. Então, basta "abrir a torneira" e fazer o líquido escoar para outra câmara para separarmos a mistura. Como o gás mudou de fase, concluímos que *essa mistura é uma solução*.

⚛ **Misturas gasosas são soluções.**

Voltando ao plasma sanguíneo puro, ele não é simplesmente uma solução; ele é também uma suspensão – principalmente logo após uma refeição copiosa, rica em gordura. Sabe-se que o sangue transporta os nutrientes e que a gordura também é um nutriente; logo, o plasma transporta gordura. Contudo, já dissemos que o plasma é uma solução aquosa (ou seja, a "base" da solução é a água). Como água e óleo não se misturam, definitivamente, eles não formam solução; porém, constituem uma suspensão muito fina no plasma, com a ajuda de algumas proteínas. Nessa suspensão, chamamos de **quilomícrons** as partículas de gordura suspensas no plasma. Tanto que, após uma refeição, o plasma não é transparente, e sim leitoso. Da mesma maneira, o leite é uma suspensão de gorduras em meio aquoso.

Três conceitos fundamentais de soluções precisam ser relembrados:

▸ **Dissolução**: processo de formação de uma solução, no qual os elementos constituintes da solução se misturam
▸ **Solvente**: substância que promove a dissolução; ou seja, que determina ativamente a existência da solução
▸ **Soluto**: substância que sofre dissolução do solvente.

Que característica uma substância deve ter para ser um solvente? Ela precisa ter afinidade química com o soluto (*igual dissolve igual*). E qual é o solvente universal? A água – por isso ela é tão abundante na natureza e nos organismos vivos.

Soluções

Para entendermos melhor as soluções, vamos utilizar um "laboratório doméstico": a cozinha. Prepare a bancada e separe um pouco de óleo de soja, azeite, óleo de direção hidráulica (que é um óleo de coloração vermelha, semelhante à da groselha, utilizado para lubrificar o sistema de direção hidráulica de

---

Glossário

Solução
Mistura homogênea de substâncias
Suspensão
Mistura heterogênea de substâncias
Mistura
Reunião de duas ou mais substâncias diferentes em um mesmo meio
Mistura homogênea
Mistura cujos componentes não podem ser fisicamente separados, mantendo a sua integridade original
Mistura heterogênea
Mistura cujos componentes podem ser separados fisicamente, mantendo a sua integridade original
Sangue
Líquido vermelho e viscoso que circula nas artérias e veias, transportando gases, nutrientes e elementos necessários à defesa do organismo
Plasma
Parte líquida do sangue
Quilomícrons
Gotículas de gordura suspensas no plasma
Dissolução
Processo de formação de uma solução, no qual os elementos constituintes da solução se misturam
Solvente
Substância na qual ocorre a dissolução; ou seja, é a substância que dissolve o soluto
Soluto
Substância que se dissolve no solvente

automóveis), sal de cozinha (cloreto de sódio), água, álcool etílico, detergente, alguns copos e colheres. Acenda o fogão ou deixe o forno de micro-ondas a postos.

Primeiro experimento

Preencha o primeiro copo até a metade com óleo de soja; acrescente uma colher de chá de sal e misture bastante. Observe.

Preencha o segundo copo com água fria até a metade; acrescente uma colher de sal e misture bastante. Observe.

No terceiro copo, coloque água fervendo até a metade; adicione uma colher de sal e misture rapidamente. Observe.

Observações após a experiência:
- No primeiro copo, por mais que misturemos o sal, ele não se dissolve no óleo de soja
- No segundo copo, após misturarmos o sal, ele se dissolve na água fria após alguns segundos
- No terceiro copo, tão logo misturamos o sal, ele imediatamente se dissolve na água quente.

Concluímos, então, que a água é um solvente para o sal (sólido) e o óleo de soja não forma solução com esse sal. Contudo, a temperatura da água interfere na dissolução do sal. Que propriedades a água tem para ser um solvente em relação ao sal? Provavelmente, são propriedades diferentes das do óleo, tanto que a própria água não forma solução com o óleo.

Segundo experimento

No primeiro copo, coloque óleo de soja até a metade e misture uma colher de azeite. Observe.

No segundo copo, coloque óleo de soja até a metade e misture uma colher de álcool. Observe.

No terceiro copo, coloque óleo de soja até a metade e misture uma colher de água. Observe.

No quarto copo, coloque água até a metade e misture uma colher de álcool. Observe.

Observações após a experiência:
- No primeiro copo, após misturarmos o azeite no óleo de soja, os dois formam uma mistura homogênea, ou seja, uma *solução*
- No segundo copo, após misturarmos o álcool no óleo de soja, ambos formam uma *suspensão*, uma vez que podemos ver claramente pequenas gotículas do álcool imersas no óleo de soja
- No terceiro copo, a água forma uma *suspensão* bem mais grosseira com o óleo do que o álcool com o óleo
- No quarto copo, a água forma uma *solução* com o álcool.

Concluímos que o óleo também forma soluções. Então, podemos dizer que existem tipos de soluções diferentes relacionadas com propriedades da água e do óleo. O álcool é uma substância do "time" da água, assim como o sal. Por outro lado, o óleo é do "time" do azeite.

Terceiro experimento

Preencha o primeiro copo com óleo de soja, frio, até a metade. Despeje nele uma colher de óleo de direção hidráulica (óleo vermelho). Observe.

Preencha o segundo copo com óleo de soja, quente, até a metade. Despeje nele uma colher de óleo de direção hidráulica. Observe.

O que observamos?
- No segundo copo, o óleo de direção hidráulica se mistura muito mais rapidamente ao óleo de soja do que no primeiro copo.

Concluímos que o **calor** é um fator determinante na formação de soluções oleosas.

Quarto experimento

Preencha um terço de um copo com óleo de soja. Complete mais um terço com água fria e o restante, com detergente. Misture bastante e observe.

Observação após a experiência:
- No copo, o óleo de soja forma uma suspensão fina com a água e o detergente, a qual apresenta aspecto semelhante ao de leite.

O que isso significa? Que o detergente, de alguma maneira, "aproximou" a água do óleo. Essa observação é muito importante: será que, no plasma cheio de quilomícrons, existe alguma substância que funcione como um detergente? E, no leite, será que há um verdadeiro detergente imerso nele?

Essas observações e as conclusões que extraímos desses fenômenos já são o substrato para podermos explicar, com bastante solidez, a natureza das soluções, dos seus solventes e solutos e, ainda, dos seus "detergentes".

Tipos de solução

Introduziremos esse assunto, admitindo dois tipos de soluções: as oleosas e as aquosas – por enquanto, vamos preconizar que as gasosas pertencem ao grupo das oleosas. Podemos, a princípio, classificar essas soluções em: **soluções interativas** (p. ex., aquosas) e **soluções difusivas** (p. ex., oleosas e gasosas). Adiante, veremos em mais detalhes as explicações para essa classificação; contudo, desde já enunciaremos o conceito para ambos os tipos de soluções, com base em nossos experimentos:

> Solução difusiva é toda aquela em que os seus componentes interagem uns com os outros, apenas transferindo energia cinética, misturando-se por difusão.

Voltando aos experimentos, observamos que o óleo não conseguiu interagir com o álcool nem com o sal, tampouco com a água. Em contrapartida, o óleo de cozinha quente se misturou mais rapidamente ao óleo de direção. Isso significa que o que determinou a formação dessa solução foi o calor, ou seja, a agitação molecular. Então, vamos presumir que *as soluções difusivas são determinadas pelo calor*, e não apenas pelas interações moleculares.

> Solução interativa é toda aquela cujos componentes interagem quimicamente uns com os outros.

Esse enunciado pode ser justificado, uma vez que o sal, antes sólido, muda sua natureza quando interage com a água para formar uma solução, mesmo sem aquecimento da mistura que justifique a mudança de fase do sal por um processo termodinâmico. Sem mudança de temperatura (sem acréscimo de energia), o retículo cristalino, estável e organizado, é destruído pela água; ou seja, uma importante interação química acontece. Contudo, ainda que o calor não seja um fator determinante para essa solução, ele também a influencia, uma vez que o sal se dissolve de modo mais rápido na água quente.

Conclusão:

> A energia (calor) é determinante para as soluções difusivas, enquanto a afinidade química é determinante para as soluções interativas.

É importante frisar que, em toda solução interativa, também acontecem processos termodinâmicos, e estes são importantes para o comportamento dessas soluções em sistemas biológicos. A maciça maioria das soluções é interativa.

E que interações intrínsecas determinantes das soluções interativas são essas? É fácil visualizá-las em uma cozinha; difícil é, porém, definir sua natureza nesse laboratório improvisado. Portanto, vamos recorrer ao conhecimento prévio para conversar sobre tais propriedades. Para isso, vamos adotar a água, o álcool e o sal como nosso modelo.

O que a água, o álcool e o sal têm em comum?

Pelo menos as soluções salinas são uma constante no organismo vivo: onde há sal sempre há água; onde há água geralmente há sal; e onde há álcool geralmente há água. A água é popularmente conhecida como solvente universal, uma vez que é o melhor e mais abundante solvente que existe no universo para formar soluções interativas.

Natureza química da molécula de água

Não vamos nos prender a preciosismos, gastando vocabulário para definir as características quânticas que transformam a molécula de H₂O no solvente universal das soluções interativas. Obviamente, está na estrutura da molécula a resposta que tanto desejamos. Observe, na Figura 6.1, um modelo para a molécula de água.

Como pode ser observado na Figura 6.1, por motivos da geometria da molécula, ela ganha a configuração de um poderoso dipolo elétrico. Atenção: a molécula de água não tem carga elétrica, não é íon. Simplesmente os prótons e elétrons se distribuem de modo desigual ao longo da molécula, permitindo, assim, que parte dela (na qual se encontram os átomos de hidrogênio) manifeste uma força elétrica positiva e a outra parte (na qual se encontra o *oxigênio*) manifeste uma *força elétrica negativa*.

As moléculas de água interagem umas com as outras, constituindo as famosas pontes de hidrogênio. As moléculas em conjunto formam uma verdadeira "rede de pesca": apesar de ligadas umas às outras, o conjunto tem grande mobilidade, o suficiente para configurar um fluido. Contudo, como qualquer rede, na água existe uma resistência à ruptura das pontes de hidrogênio, a qual pode acontecer quando, por exemplo, colocamos o dedo na água.

Quando colocamos o dedo na água, literalmente separamos as moléculas de água e, assim, rompemos as pontes de hidrogênio. Como essas pontes são forças de interação, para rompê-las devemos exercer uma força que as vença. A força de interação das pontes produz uma gota de água esférica: as moléculas se atraem com tanta força que se aproximam ao máximo (ou seja, formam uma esfera). Essa mesma força das pontes de hidrogênio possibilita que certos insetos caminhem sobre a água (Figura 6.2).

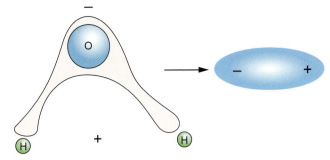

Figura 6.1 Modelo da molécula de água como dipolo. *À esquerda*, modelo molecular da água, em que a nuvem eletrônica descobre os prótons do hidrogênio e se acumula ao redor do núcleo do oxigênio, criando uma célula com forte polaridade. *À direita*, a representação simbólica da molécula da água.

Glossário

Calor
Modalidade de energia determinada pela agitação molecular

Solução interativa
Solução na qual os elementos se misturam em razão da afinidade química entre eles (p. ex., solução água-sal)

Solução difusiva
Solução na qual os elementos se misturam em razão do calor (p. ex., solução óleo-óleo, solução gás-gás)

Energia
Reveja o Capítulo 2

Água
Solvente universal, formado por hidrogênio e oxigênio

Dipolo elétrico
Sistema constituído de duas cargas elétricas de sinais contrários, separadas uma da outra por uma ligação química

Ponte de hidrogênio
No caso da água, é uma forte ligação química entre o hidrogênio e o oxigênio

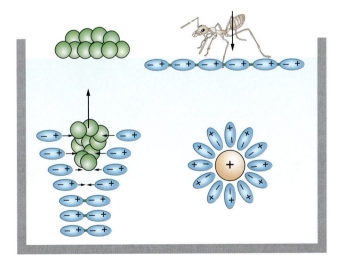

Figura 6.2 *À esquerda*, moléculas de óleo (esferas verdes) imiscíveis na água. *À direita*, pontes de hidrogênio produzindo a tensão na superfície da água (tensão superficial).

As pontes de hidrogênio também estão presentes em outros solventes de soluções interativas, como, por exemplo, a acetona e o álcool. Contudo, essas substâncias formam pontes de hidrogênio com menor frequência. Uma demonstração disso é dada pela comparação de uma gota de álcool e uma de água que observamos quando conversamos sobre a natureza dos fluidos. Outra demonstração foi dada no nosso experimento com a mistura de álcool e óleo: o óleo não tem nenhuma propriedade interativa para romper as pontes de hidrogênio, seja da água ou do álcool. Porém, observamos que a mistura de álcool e óleo é mais fina que a mistura de água e óleo. Uma vez que as pontes de hidrogênio da água são mais frequentes, as moléculas da água tendem a assumir uma coesão maior pela poderosa atração mútua que existe entre as moléculas. Se imaginarmos um contexto contrário, uma gota de óleo misturada em massa de água, essa gota será literalmente expulsa da água, pois não pode interagir com as pontes de hidrogênio. Como a densidade do óleo é menor do que a da água, ele flutua.

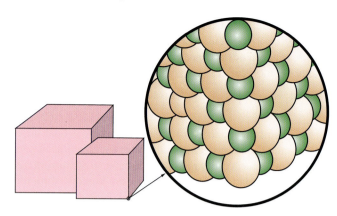

Figura 6.3 Retículo cristalino do cloreto de sódio (sal de cozinha). As bolinhas laranja representam íons cloreto e as bolinhas verdes representam átomos de sódio. Os cristais de sódio (*à esquerda*) se organizam em estruturas cúbicas que são uma mega-ampliação da organização atômica do cristal.

Formação de uma solução interativa

Um bom exemplo para explicarmos como se forma uma solução interativa é estudar a dissolução do sal de cozinha na água. O sal de cozinha é o nome vulgar do cloreto de sódio, que, como sabemos, é um sal cristalino formado por átomos de sódio (Na^+) e cloro (Cl^-). Nesse cristal, esses átomos são dispostos intercaladamente, de modo que cada cátion de sódio é cercado por ânions de cloreto e vice-versa (Figura 6.3).

Obviamente, existe uma força elétrica que mantém a coesão entre os átomos de sódio e os de cloreto, que têm cargas opostas. Tão forte é essa coesão que, para romper tais ligações (ou seja, transformar o cloreto de sódio em um fluido), é necessário injetar calor suficiente no sistema para colocar o cristal a uma temperatura de 800°C.

O que acontece quando colocamos um cristal de cloreto de sódio na água? Sabemos que o sal se dissolve, ou seja, esse retículo é desfeito. Os íons em questão se dissolvem na água. A força da ponte de hidrogênio contida na água é tamanha que destrói um cristal que, termodinamicamente, precisa estar a 800° para ser desfeito. Sabemos que a molécula de água tem uma polaridade, ou seja, uma parte positiva e outra negativa; pois bem, a parte positiva atrai os cloretos para si com mais força que os sódios atraem esses ânions. O mesmo podemos falar dos polos negativos da água, que atraem o sódio com mais força que o próprio cloreto (Figura 6.4).

No caso dos ácidos e das bases, formam-se soluções aquosas, pois as pontes de hidrogênio da água interagem com a molécula, quebrando suas ligações químicas e formando verdadeiros íons. Por exemplo, o ácido sulfúrico na água é ionizado em hidrogênio ($2 H^+$) e sulfato (SO_4^{--}).

Podemos considerar as soluções interativas mais complexas que as difusivas por várias razões: primeiro, porque elas, por regra, envolvem moléculas polares (as quais têm características elétricas), ou íons. Então, várias forças, que não só a difusão, norteiam o comportamento dessas misturas. Por exemplo, se transpassarmos um campo elétrico dentro de uma solução interativa (cheia de íons e moléculas polares), observaremos claramente que as moléculas de carga positiva tenderão a se aproximar do polo negativo desse campo elétrico e vice-versa.

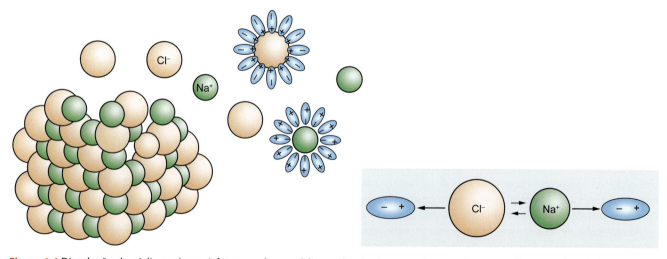

Figura 6.4 Dissolução do sódio na água. A força que liga o sódio ao cloreto é menor do que a força que liga esses íons à água. Logo, a água atrai cada íon para si, e, então, a ligação iônica se quebra.

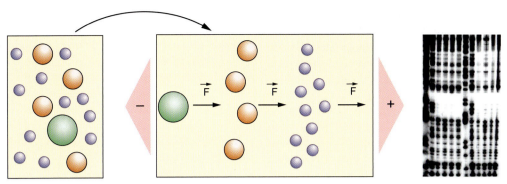

Figura 6.5 Eletroforese. *À esquerda*, uma solução coloidal (gel de agarose) contendo proteínas diferentes com massas moleculares distintas; salientamos que as proteínas são ânions. Sob um campo elétrico (*ao centro*), as proteínas são deslocadas por uma força F em direção ao polo positivo do campo elétrico. Conforme a massa, a aceleração varia. Logo, as mais leves migram mais depressa, e as mais pesadas "ficam para trás". *À direita*, um perfil de eletroforese do citoplasma celular. As bandas pretas são proteínas coradas. A espessura e a intensidade de coloração da banda são diretamente proporcionais à quantidade de proteínas. Conhecendo previamente o peso de cada tipo de proteína, podemos prever o quanto cada uma se desloca em determinado espaço de tempo, em função da intensidade do campo elétrico e da viscosidade do gel de agarose. Assim, é possível que se identifique com precisão a concentração de cada uma das proteínas.

Já ouviram falar em eletroforese? É um método de mobilização das proteínas de uma solução (como o plasma) através de campo elétrico. As proteínas, na água, ionizam-se, formando grandes ânions; elas tendem a se aproximar do polo positivo de um campo elétrico, isto é, a força de campo (elétrica) produz a ruptura da inércia das proteínas no meio – ou seja, uma força que produz aceleração de uma massa. Sabemos que proteínas têm massas moleculares muito diferentes. Logo, essa força produz acelerações diferentes: as proteínas mais leves se aproximam mais rapidamente do polo positivo. Assim, a eletroforese é um método útil para se analisar a composição de uma solução aquosa de proteínas (Figura 6.5).

Outro motivo para considerarmos as soluções interativas mais complexas que as difusivas são as camadas de hidratação. Quando um íon se desloca dentro de uma solução por pura cinética, ele arrasta consigo uma quantidade específica de moléculas de água nele fixadas, formando uma capa ou camada de hidratação. Essas moléculas obviamente se fixam em virtude da força elétrica do íon; quanto maior a força do íon, mais moléculas aderem a ele. Isso é muito importante, porque o verdadeiro raio de um íon não é o do seu átomo, e sim o do seu átomo somado à espessura da sua camada de hidratação. Se um íon tiver de passar por um orifício (como um canal de membrana), ele terá de levar consigo a sua camada de água.

Veja a Figura 6.6 para entender como o sódio, apesar de ter menor raio atômico que o potássio, tem uma camada de hidratação maior que a desse elemento, por manifestar um campo elétrico mais intenso (quanto menor o raio atômico, maior a eletronegatividade – consulte uma tabela periódica). Logo, o "raio efetivo" do sódio é maior que o do potássio. Isso acarretará implicações importantes para a dinâmica desses íons através das membranas celulares.

Gás em água: solução ou suspensão aquosa?

Em qualquer texto de biofísica ou fisiologia, lemos a respeito de soluções formadas por gases na água. Agora já entendemos que *os gases formam soluções difusivas entre si*, já que as moléculas de gás por natureza são apolares e não formam pontes de hidrogênio. A altíssimas temperaturas (nas proximidades do Sol), um gás se ioniza, transformando-se em plasma; contudo, a cinética molecular nessa temperatura muito elevada é tão alta que supera as interações iônicas imagináveis. Em temperaturas nas quais a água é gasosa (vapor), também não há atuação das pontes de hidrogênio, em razão da grande energia cinética das moléculas de vapor de água.

Observando que um gás é apolar, e não iônico, como podemos imaginar a formação de soluções gasosas em água se o seu "primo", o óleo, em condições normais, não compõe soluções interativas com a água?

Bem, então devemos considerar que a mistura de um gás na água não formaria uma solução interativa nem, a princípio, uma solução difusiva. Conceituamos como solução a mistura

> **Glossário**
>
> **Cátion, ânion, retículo cristalino**
> Reveja o Capítulo 2
> **Ácido**
> Substância capaz de liberar íons hidrogênio
> **Base**
> Substância capaz de captar íons hidrogênio
> **Molécula polar**
> Molécula que apresenta polaridade elétrica
> **Campo elétrico**
> Campo de força provocado por cargas elétricas (elétrons, prótons ou íons)
> **Eletroforese**
> Separação de moléculas por migração, quando elas são expostas a um campo elétrico
> **Agarose**
> Polímero composto por subunidades do carboidrato galactose
> **Camada de hidratação**
> Película de água que envolve determinados íons ou solutos
> **Eletronegatividade**
> Capacidade que um átomo tem de atrair elétrons de outro átomo, quando os dois formam uma ligação química
> **Molécula apolar**
> Molécula sem polaridade elétrica

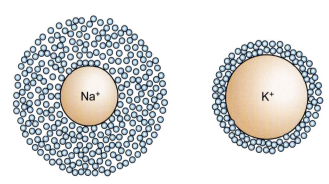

Figura 6.6 Sódio e potássio com suas respectivas camadas de hidratação.

cujos componentes não podem ser separados quando a integridade original dos componentes é mantida. Ora, todo mundo sabe que, quando se abre uma garrafa de refrigerante, o líquido em questão desprende gás! Esse gás estava dissolvido no líquido ou em suspensão nele? As características do gás e do líquido não mudam simplesmente por se abrir uma garrafa. *O que muda é a pressão extrínseca à mistura do refrigerante.* Ou seja, para que um gás se misture a um líquido aquoso, é necessário que haja uma pressão "empurrando-o" para o interior do líquido. *Próximo ao vácuo (pressão zero), não há uma molécula de gás sequer imersa no líquido aquoso.* Alterações nessa pressão extrínseca alteram a quantidade de gás dentro do líquido sem alterar as suas características íntimas. Portanto, os gases não formam solução com a água, e sim uma suspensão com a água.

⚛ **Gases estão em suspensão nos líquidos aquosos.**

Mais adiante, veremos melhor como é importante a consciência de que a pressão extrínseca a uma mistura de um líquido e um gás é fundamental para determinar a quantidade de gás suspensa nesse líquido; porém, desde já, guarde esta explicação:

⚛ **A pressão extrínseca a uma mistura é determinante da quantidade de gás na mistura.**

Soluções sólidas: ligas metálicas

Embora seja mais familiar falar em soluções líquidas ou gasosas, é bom lembrar que também existem soluções sólidas, também conhecidas como ligas metálicas. As ligas, em verdade, nada mais são do que soluções interativas, nas quais os átomos do soluto se ligam quimicamente aos átomos do solvente.

Quimicamente, uma liga é uma solução sólida composta por dois ou mais metais, ou por um ou mais metais ligados a um ou mais não metais (ametais).

No caso das soluções sólidas, a diferença conceitual entre solvente e soluto é muito simples: soluto é o componente menos abundante, enquanto o solvente é o elemento mais abundante. Por exemplo, em uma liga formada por 30% de ouro e 70% de cobre, o ouro é o soluto e o cobre é o solvente.

Vejamos, na Tabela 6.1, alguns exemplos de ligas metálicas e suas aplicações.

Dinâmica de partículas nas soluções

Lidamos, aqui, com fluidos. Por regra, conforme já observamos exaustivamente, os fluidos, sejam líquidos ou gases, mantêm uma independência cinética relativa entre suas partículas. Logo, quando consideramos uma solução de água e sódio, por exemplo, devemos considerar que as partículas de água e de sódio, apesar de interagirem, apresentam relativa independência cinética entre si. Então, a água pode ir para um lado e o sódio para o outro.

Existem fenômenos dinâmicos específicos para as soluções, dada a relativa independência cinética entre os solutos e o solvente.

Difusão

Difusão é a tendência de um soluto se espalhar homogeneamente pelo solvente; assim, em uma solução difusiva, seus componentes se espalham homogeneamente um no outro segundo a regra da difusão.

Mas por que a difusão acontece? Podemos explicá-la por meio de modelos diferentes. Esses modelos, de algum modo, são fundamentados na termodinâmica, uma vez que concordam que a difusão seja um processo que leva o sistema ao equilíbrio. Assim, a difusão é um processo pelo qual o sistema caminha para a estabilidade espontânea. É um processo de desorganização, pois os elementos do sistema em difusão perdem a sua ordem original, apontando para um estado de homogeneidade absoluta e incerteza máxima. O cristal de sódio, antes de se dissolver, apresenta um grau de ordem máximo: é um cubo perfeito, sobre o qual, mesmo no decorrer de milênios, continuaremos sabendo, com considerável certeza, a localização de seus átomos. Com a dissolução, perdemos a ordem e as certezas. Depois que determinado cristal se dissolve na água e se difunde por ela, não podemos mais estimar com precisão microscópica onde está cada um de seus átomos.

Podemos classificar um sistema em que há difusão como um sistema em busca do equilíbrio, no qual, após a difusão, a energia estará homogeneamente distribuída dentro de seus limites.

Vejamos agora dois modelos que tentam explicar a difusão.

Tabela 6.1 Composição, características e exemplos de aplicações das ligas metálicas.

Liga	Componentes	Característica	Utilização
Prata de lei	Prata e cobre	Aumento da dureza	Utensílios domésticos, ornamentos
Ouro 18 quilates	Ouro e cobre	Grandes maleabilidade e durabilidade	Joalheria
Bronze	Cobre e estanho	Resistência à corrosão	Sinos e moedas
Amálgama	Mercúrio, prata e estanho	Resistência à oxidação	Restaurações dentárias
Latão	Cobre e zinco	Resistência à corrosão	Tubos, navios
Aço	Ferro e carbono	Resistência à corrosão	Navios, utensílios domésticos
Aço inoxidável	Aço e cromo	Resistência à corrosão	Utensílios domésticos, talheres
Aço-níquel	Aço e níquel	Resistência mecânica	Material de blindagem, canhões
Aço-tungstênio	Aço e tungstênio	Alta dureza	Pontas de caneta, brocas

Modelo termodinâmico

Nesse caso, a difusão está diretamente relacionada com a taxa de cinética que cada tipo de molécula assume em determinada temperatura, ou seja, em determinada quantidade de energia no sistema. Em outras palavras, há moléculas que exibem quantidade de movimento diferente, ainda que à mesma temperatura. A massa da molécula, por exemplo, é um determinante disso, uma vez que a mesma quantidade de energia rompe a inércia de moléculas de massas diferentes com acelerações distintas. Assim, mesmo a temperaturas iguais, as moléculas exibem cinéticas diferentes. O movimento, em si, leva à liberação da energia, porque energia é transferência de velocidade. Logo, uma partícula de menor massa, movendo-se mais, libera mais energia. Como os sistemas tendem ao equilíbrio, obviamente as partículas que liberam mais energia tendem a se distribuir homogeneamente entre as partículas que liberam menos energia, a fim de que o sistema entre em equilíbrio, respeitando a segunda lei da termodinâmica.

Podemos compreender isso imaginando como seria jogar 1.000 bolinhas de aço em um piso ladrilhado recoberto por 1.000 bolinhas de gude em repouso. O piso precisa ser perfeitamente plano e nivelado, e as bolinhas de gude precisam estar homogeneamente distribuídas (suponha que podemos contar 10 bolinhas de gude em cada ladrilho). Se despejarmos as bolinhas de aço de uma altura de 5 centímetros, elas ganharão *pouca energia cinética*, e a sua difusão será lenta e discreta; provavelmente as bolinhas de aço não irão alcançar grande distância, mas apenas afastar de si as bolinhas de gude mais próximas, mantendo-se reunidas próximo do local onde caíram. Contudo, se despejarmos as mesmas bolinhas de uma altura de 5 metros, elas, com *muita energia cinética*, irão ricochetear pelas paredes, chocar-se umas com as outras, chocar-se com as bolinhas de gude, produzindo centenas de choques, até que, ao se estabilizarem, o sistema entre em repouso (equilíbrio). Quando isso acontecer, ou seja, a cinética de fato chegar a zero, poderemos contar que haverá, *em média*, 10 bolinhas de aço e 10 bolinhas de gude por ladrilho.

Outro princípio físico fundamental, observado e medido em laboratório, é o seguinte: quanto maior a distância, menos eficiente é a difusão. Da mesma maneira que as forças de campo (gravitacional e elétrico) são inversamente proporcionais ao quadrado da distância que separa os corpos ou as cargas, o tempo de difusão é diretamente proporcional ao quadrado da distância de separação entre a origem e o destino onde deve chegar a substância a se difundir. Assim, se a distância duplicar, o tempo de difusão quadruplica.

> Quanto mais energia houver em um sistema, mais rápida será a difusão; o tempo de difusão é diretamente proporcional ao quadrado da distância a ser percorrida.

Esse modelo explica perfeitamente por que o calor é tão importante em uma solução difusiva e também em uma interativa.

> Do ponto de vista termodinâmico, difusão é o deslocamento de uma partícula com grande energia cinética a regiões de menor energia, até que o sistema se estabilize.

A partir desse modelo, concluímos que a dissolução é um processo interativo, porém a *difusão é um processo termodinâmico*, em soluções tanto difusivas quanto interativas.

Modelo mecânico

Apesar de o modelo anterior ser elucidativo, o modelo mecânico é o que será utilizado para responder a questões sobre difusão nos processos biológicos, tais como a circulação.

Esse modelo é simplesmente a consideração da resultante das forças das partículas que se difundem. Se a difusão se relaciona invariavelmente com o aumento ou a diminuição da cinética molecular, relaciona-se então com a ruptura de inércia de partículas. Então, existem forças que definem suas trajetórias. De fato, podemos dizer com rigor determinístico que, em um processo de difusão, a trajetória da partícula é uma trajetória centrífuga em relação ao ponto de máxima concentração de soluto. Logo, uma força norteia cada partícula para longe de sua origem. Essa força é proporcional à energia no sistema, e, quanto maior for a força, maior será a aceleração e mais rápida será a difusão. Se observarmos a resultante dessas forças, ela será igual a zero, uma vez que o ponto de concentração máxima se encontra no centro geométrico da solução. A resultante será diferente de zero caso o ponto de concentração máxima esteja, por exemplo, no fundo do frasco da solução. Contudo, como as partículas não se orientam, de fato, em uma trajetória única (pois partem para todos os lados possíveis, em um movimento centrífugo), o correto seria utilizar o termo pressão de difusão. Em contrapartida, como pressão é força por unidade de área, falaremos em força de difusão ou força de gradiente de concentração (Figura 6.7).

Agora, perguntamos: o aumento da pressão em um sistema acelera a difusão de suas partículas?

A resposta é sim, uma vez que a pressão é a força exercida por ponto da parede do conteúdo. Obviamente, as forças se somam. Logo, a pressão pode se somar à força de difusão. Para visualizarmos um exemplo claro disso, voltemos ao assunto da mistura de gases e líquidos: um gás se difunde em um líquido em virtude da pressão que ele exerce sobre o líquido; tanto que, como já foi dito, a mudança da pressão extrínseca ao líquido ocasiona variação da concentração de gás na mistura.

Osmose

Osmose nada mais é do que "a montanha indo a Maomé quando Maomé não pode ir à montanha". Caso um soluto esteja impossibilitado de se difundir ao longo da solução até que ela se torne homogênea – mas desde que esse soluto se mantenha integrado a ela, como dentro de uma barreira semipermeável (uma verdadeira gaiola química) –, os processos termodinâmicos continuam atuando, levando a água até onde está o soluto, na tentativa de, por revés, chegar ao equilíbrio.

Glossário

Difusão
Passagem de determinada substância de um meio mais concentrado para um menos concentrado

Trajetória centrífuga
Caminho que se afasta de um dado ponto central

Força de difusão
Força com que a difusão ocorre, determinada pelo gradiente de concentração

Gradiente de concentração
Diferença de concentração que diminui à medida que a difusão ocorre

Osmose
Difusão do solvente

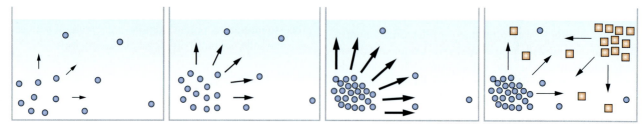

Figura 6.7 Representação da pressão de difusão por meio das forças de difusão. Quanto mais concentrada em soluto for a região da solução, maior será a força de difusão (indicada, na figura, pelo comprimento do vetor) a impulsionar centrifugamente as moléculas, e, assim, maior será a velocidade da difusão. Veja na solução *da direita* que um soluto não interfere na difusão do outro (as forças centrífugas não se alteram).

Um experimento clássico demonstra perfeitamente a osmose a partir de duas câmaras preenchidas por um mesmo volume de soluções com concentrações diferentes de solutos, separadas uma da outra por uma membrana de celulose, que é semipermeável (como uma peneira, essa membrana tem aberturas que deixam a molécula da água passar livremente, porém barram qualquer soluto) – observe a Figura 6.8.

O que se observa ao longo do tempo é a passagem de água (solvente) da câmara com menor concentração para a câmara com maior concentração de soluto; e isso fica visível, pois os volumes das câmaras se alteram.

⚛ Osmose nada mais é do que a difusão do solvente.

A *osmose independe da natureza dos solutos em questão*. O porquê disso está relacionado com o equilíbrio da solução: já que os solutos estão dentro do mesmo solvente, esse solvente irá tratá-los da mesma maneira.

⚛ A osmose é uma propriedade coligativa das soluções.

Propriedades coligativas das soluções são propriedades que surgem pela simples presença de um soluto e dependem única e exclusivamente da quantidade de partículas dispersas (concentração do soluto), não dependendo da natureza do soluto.

Não esqueça que:

⚛ Para haver osmose em uma solução, é necessária uma barreira impermeável a solutos e permeável a solventes; ou seja, uma **membrana semipermeável**.

Pressão osmótica

Agora é hora de utilizarmos o segundo modelo da difusão (modelo mecânico). Já que osmose foi definida como difusão de solvente, é lógico que, segundo o referido modelo, a osmose vai criar uma determinada pressão. Essa pressão, fundamental para o entendimento de inúmeros processos biológicos (como as trocas no nível de capilares), é chamada de **pressão osmótica**.

⚛ A pressão osmótica é resultante da força de deslocamento de solvente por unidade de área da membrana semipermeável.

Como sabemos, pressão é força por unidade de área de continente. Assim, tal como na difusão, as forças produzidas pelos fluidos em um sistema interagem com a osmose. Por exemplo, a osmose pode ser bloqueada se, do outro lado da membrana semipermeável, a solução manifestar uma pressão hidrostática de igual intensidade à pressão osmótica. Nesse caso, a "resultante" é nula. Se, inclusive, a pressão hidrostática sobre a barreira semipermeável for maior que a pressão osmótica, a água deverá passar da câmara mais concentrada para a menos concentrada!

Na Figura 6.9, à esquerda, inicia-se a osmose. À direita, vemos que o sistema entrou em equilíbrio. Assim, definimos a *pressão osmótica como a pressão capaz de equilibrar a pressão hidrostática*.

Duas soluções integradas por uma barreira semipermeável podem ser classificadas segundo as concentrações de solutos de uma solução em relação à outra. Logo, essa classificação é comparativa, e só faz sentido se analisarmos as duas soluções integradas. São elas:

▸ **Solução hipertônica:** solução com maior concentração de solutos em relação a outra
▸ **Solução hipotônica:** solução com menor concentração de solutos em relação a outra
▸ **Solução isotônica:** solução com igual concentração de solutos em relação a outra.

Obviamente, uma solução hipotônica cria uma pressão osmótica sobre uma solução hipertônica até que ambas se tornem isotônicas entre si.

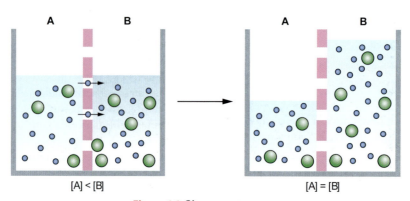

Figura 6.8 Câmaras e osmose.

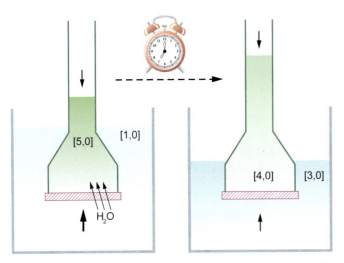

Figura 6.9 Interação da pressão hidrostática (*vetor superior*) da coluna de um fluido com a pressão osmótica (*vetor inferior*) de duas soluções separadas por uma barreira semipermeável (*barra hachurada*).

Pressão parcial de um gás

Um gás exerce pressão em seu continente; essa pressão é produzida pela força que esse gás exerce sobre a parede por unidade de área da parede, e a causa dessa força é o somatório dos choques das moléculas do gás contra a parede: quanto mais choques, mais pressão.

Imagine uma mistura de dois gases dentro de um balão: o gás A, que compõe 60% da mistura, e o gás B, que compõe 40%. Essa mistura exerce uma pressão de 100 mmHg contra a parede do balão. *Podemos afirmar que o gás A exerce uma pressão de 60 mmHg e o gás B, de 40 mmHg sobre a parede.* Ora, se, de cada 10 moléculas de gás, 6 são da espécie A, obviamente, de cada 10 choques contra a parede do balão, 6 são produzidos pelo gás A.

Em uma mistura gasosa, cada componente da mistura exerce determinada pressão parcial sobre as superfícies em contato com a mistura, a qual é proporcional à concentração desse gás na mistura. Isso fica bem entendido na Figura 6.10.

O ar atmosférico, por exemplo, é composto por 78% de nitrogênio e 21% de oxigênio. O 1% restante é uma mistura de vários gases, como hidrogênio e dióxido de carbono.

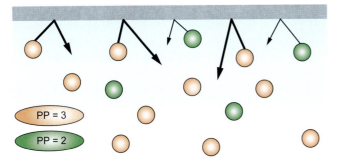

Figura 6.10 Pressão parcial (PP) de cada gás de uma mistura gasosa sobre a parede do continente. A pressão total dos dois gases é 5 mmHg. Observe que a quantidade de moléculas (de cada cor) que se choca contra a parede é proporcional às suas pressões parciais.

Ao nível do mar, a pressão do ar é de aproximadamente 760 mmHg. Logo, os gases nitrogênio e oxigênio respondem, respectivamente, pelas pressões parciais de 592,8 mmHg e 159,8 mmHg.

O entendimento das pressões parciais é fundamental para a compreensão da fisiologia dos gases no organismo.

Pressão parcial de um gás misturado em um líquido

Sabemos que os gases muitas vezes estão em suspensão na água. O motivo de essa mistura ser uma suspensão é a existência da pressão parcial exercida pelo gás, na mistura, contra a superfície do líquido, de dentro para fora. Observe que, quando abrimos uma garrafa de refrigerante, uma determinada quantidade de gás sai da mistura, sem, no entanto, corromper a integridade do gás ou do líquido. Já no caso de misturas de gás com gás, apesar de existir pressão parcial, esta não determina a separação dos componentes da mistura. Imagine uma bola de soprar com ar atmosférico em seu interior; quando furamos a bola, todos os gases escapam, sem, contudo, se separarem. Assim, fica confirmado o conceito de que uma mistura de gás com gás forma uma solução.

Como o líquido e o gás circundante são sistemas que se comunicam, a pressão parcial do gás será proporcional à quantidade de gás que escapa do líquido. Definitivamente, as moléculas de gás projetam-se contra a superfície do líquido, ricocheteando de volta (ver "Tensão superficial", mais adiante).

Assim como acontece nas misturas gasosas:

> A pressão parcial de um gás no líquido é proporcional à concentração do gás no líquido.

Contudo, há um fenômeno curioso que acontece nos líquidos: *gases diferentes*, ainda que em mesma concentração, *exercem pressões parciais diferentes*. Alguns gases, como o CO_2, exercem menos pressão por unidade de concentração do que outros, como o N_2 ou o O_2. Ao se determinar experimentalmente a relação entre a pressão e a concentração de gases, determina-se um coeficiente numérico de "solubilidade" para cada gás. *Quanto menor esse coeficiente, maior a pressão parcial exercida pelo gás na superfície do líquido.*

Observe que, apesar do nome coeficiente de solubilidade, não consideramos as misturas entre gás e líquido como soluções, e sim como suspensões.

O coeficiente de solubilidade determina o grau de afinidade ou repulsão que um gás apresenta em relação ao líquido. Digamos que, se o coeficiente de solubilidade de um gás for muito baixo, os choques que suas moléculas produzem contra a superfície do

Glossário

Propriedades coligativas
Propriedades que não dependem da natureza do soluto, mas unicamente de sua concentração

Membrana semipermeável
Membrana impermeável a solutos e permeável a solventes

Pressão osmótica
Pressão resultante do deslocamento de solvente por unidade de área da membrana semipermeável

Solução hipertônica
Solução com maior concentração de solutos em relação a outra

Solução hipotônica
Solução com menor concentração de solutos em relação a outra

Solução isotônica
Solução com igual concentração de solutos em relação a outra

Pressão parcial
Pressão exercida por cada gás que compõe uma mistura gasosa

Coeficiente de solubilidade
Medida que indica o quanto uma substância é solúvel em outra

líquido são muito mais fortes, uma vez que, nesse caso, o gás apresenta pouca afinidade com o líquido, e, assim, é maior a tendência de o gás escapar para fora desse líquido. Assim:

> A probabilidade de um gás escapar da mistura é diretamente proporcional à sua concentração e inversamente proporcional ao coeficiente de solubilidade.

Em outras palavras:

> A pressão parcial de um gás é diretamente proporcional à sua concentração e inversamente proporcional ao seu coeficiente de solubilidade (Figura 6.11).

Os coeficientes de solubilidade dos principais gases atmosféricos estão representados na Tabela 6.2.

Observando a Tabela 6.2, podemos ordenar os principais gases envolvidos na respiração. O oxigênio é muito pouco "solúvel" dentro dos meios aquosos (coeficiente de solubilidade = 0,024) em comparação com o gás carbônico.

A terceira coluna da Tabela 6.2 apresenta valores referentes ao coeficiente de difusão. Esse coeficiente é derivado do coeficiente de solubilidade e trata da velocidade de difusão de um gás dentro de um líquido. Os gases com maior coeficiente de solubilidade têm mais liberdade para circular dentro do líquido e, assim, difundir-se por sua intimidade, uma vez que gases com coeficiente de solubilidade baixo apresentam baixa afinidade pelo líquido.

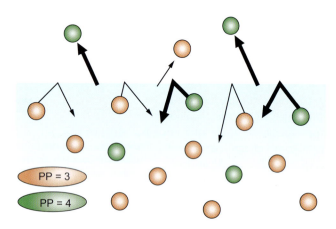

Figura 6.11 O coeficiente de solubilidade também determina a pressão parcial (PP) de um gás dentro de um líquido. No caso, quanto menor o coeficiente de solubilidade, com mais força uma molécula do gás se "choca" contra a superfície do líquido. Quanto mais forte for o choque, maior será a probabilidade de a molécula escapar da mistura. No caso da figura, as bolinhas verdes se chocam com o dobro da força, daí sua pressão parcial ser 4 mmHg.

Tabela 6.2 Coeficiente de solubilidade e de difusão dos gases atmosféricos.

Gás	Coeficiente de solubilidade	Coeficiente de difusão
Oxigênio	0,024	1,00
Nitrogênio	0,012	0,53
Gás carbônico	0,570	20,30
Monóxido de carbono	0,018	0,53
Hélio	0,008	0,09

Sabemos que o sangue é o grande responsável pelo transporte de substâncias pelos tecidos. Os gases atmosféricos, CO_2 e O_2, transitam pelo sangue do pulmão para os tecidos e dos tecidos para o pulmão. No sangue arterial (rico em oxigênio), a pressão parcial do O_2 é de aproximadamente 100 mmHg, e a do CO_2 é de 40 mmHg. Contudo, há muito mais gás carbônico que oxigênio dissolvido livremente no plasma, já que o coeficiente de solubilidade do CO_2 é muito maior. Então, como o oxigênio é transportado no sangue?

Para que o transporte de oxigênio seja efetivo através do sangue, o organismo conta com a **hemoglobina** (Hb), que é uma proteína muito complexa, aceptora de oxigênio. Seria impossível ao organismo transportar oxigênio no sangue, em quantidades efetivas, sem a hemoglobina.

Grande parte do gás carbônico presente no sangue está livremente misturada ao líquido plasmático, já que o gás carbônico é um dos gases mais "solúveis" da natureza.

Assim, podemos dizer que:

> A função da hemoglobina é transportar oxigênio.

O coeficiente de difusão do gás carbônico também é bem maior do que o do oxigênio. Isso significa que, entre soluções aquosas, ele é o gás com maior dinâmica. As células são preenchidas por meios aquosos nos quais esse gás tem maior facilidade de trânsito. Assim, o gás carbônico pode ser retirado do tecido em direção ao sangue com grande facilidade.

Será que a quantidade de gás dissolvida dentro de um líquido tem relação com a pressão do gás circunvizinho à solução? Sim, *a pressão parcial externa de um gás é determinante da concentração desse gás, quando ele está misturado em um líquido*. Por exemplo, a pressão do gás carbônico dentro da garrafa de refrigerante, no espaço entre o líquido e a tampa, é determinante da quantidade de gás misturada no interior do líquido. Isso é facilmente dedutível, uma vez que, se pressão é força sobre unidade de área, imaginamos *uma força para cada tipo de gás apontando do meio circundante para dentro do líquido e outra força apontando do líquido para o meio circundante*. O gás entra ou sai do líquido até as forças se equilibrarem, ou seja, *até as pressões parciais ficarem iguais dentro e fora do líquido*.

> Se a pressão parcial de um gás, externa ao líquido, baixa em relação à pressão interna, o gás é expelido da mistura.

> Se a pressão parcial de um gás, externa ao líquido, aumenta em relação à pressão interna, entra gás na mistura.

Ocorre, de fato, uma verdadeira difusão de gases entre meios fluídicos diferentes, que é ponderada pelo coeficiente de solubilidade de cada gás no meio líquido. Veja a Figura 6.12.

Observe bem:

Se a pressão de um gás A em uma mistura líquida é maior do que a de um gás B, isto não significa, necessariamente, que há mais A e menos B dentro da mistura.

Tensão superficial

Como sabemos, as pontes de hidrogênio formam ligações entre moléculas polares, as quais podem ser mais ou menos frequentes, dependendo do tipo de substância. A exemplo da água, as suas

⚛ BIOFÍSICA EM FOCO

Síndrome da descompressão

Tendo conhecimento sobre pressões parciais de gases em líquidos e sua relação com a pressão externa ao líquido, por que mergulhadores que permanecem muito tempo em grandes profundidades, se subirem muito depressa para a superfície, podem morrer subitamente?

Resposta: porque seu sangue irá borbulhar como um refrigerante borbulha quando a garrafa é aberta!

Em grandes profundidades, a pressão do gás que o mergulhador respira tem de ser praticamente igual à pressão hidrostática da coluna de água sobre ele (pois, se fosse menor, com que força o mergulhador iria conseguir encher seus pulmões? Eles seriam esmagados pela pressão). Essa pressão hidrostática tem um valor muito maior que a pressão atmosférica, fora d'água; assim, o mergulhador *respira sob alta pressão*, por intermédio do aqualung, que contém ar atmosférico comprimido em um cilindro de aço. Como sabemos, 78% do ar atmosférico é formado pelo nitrogênio; logo, sua pressão parcial nas profundezas é muito elevada. Ao respirar sob alta pressão, o nitrogênio, praticamente imiscível no sangue em condições normais, é forçado a se difundir para os tecidos. Se o mergulhador subir muito depressa das profundezas, a pressão do ar inspirado cairá rapidamente. Assim, o nitrogênio que estava nos tecidos se difundirá rapidamente para o sangue, formando bolhas de gás dentro dos vasos, os quais poderão ser ocluídos por essas bolhas.

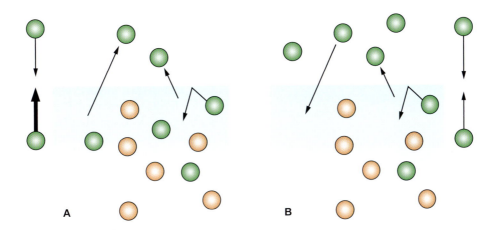

Figura 6.12 A concentração de gás no líquido é determinada pelo balanço das pressões parciais dentro e fora da mistura. Ocorrem trocas de gás entre o meio e a mistura até o equilíbrio das pressões. Em **A**, a pressão parcial do gás está maior no líquido, em relação à sua pressão parcial fora do líquido. Em **B**, após a saída do excesso de gás, as pressões se igualam em ambas as fases.

moléculas formam pontes de hidrogênio em todas as direções; ou seja, uma molécula de água está cercada por pontes de hidrogênio. Como cada ponte é uma interação de forças entre duas moléculas, obviamente a resultante delas é nula se considerarmos uma molécula situada no meio da massa de água. Contudo, na superfície do líquido, que é o limite físico da massa de água, essas forças não se anulam. Observe a Figura 6.13.

Para o rigor da definição, consideramos que a tensão superficial é a propriedade que só existe na *interface de dois meios diferentes*, por exemplo, líquido e gás.

Podemos demonstrar a tensão superficial em um simples experimento. Já sabemos que tanto a água quanto o álcool formam pontes de hidrogênio; porém, na água, elas ocorrem em maior frequência; assim, o efeito delas na água é mais evidente do que no álcool. Faça o seguinte experimento: pegue um copo de água e um de álcool, bem como uma lâmina de barbear de aço. Coloque tanto o álcool quanto a água em dois copos de mesmo tamanho. Coloque cuidadosamente a lâmina na superfície da água. Observe. Agora, coloque a lâmina na superfície do álcool. Observe.

A lâmina afunda no álcool, mas se mantém suspensa na água. A razão é óbvia: as pontes de hidrogênio na água conseguem sustentar a lâmina.

Tensão superficial na solução com detergente

Vamos voltar à cozinha. Agora, misture em um copo (com cuidado para não produzir espuma) uma boa quantidade de detergente à água (p. ex., 1/4 de detergente para 3/4 de água). Coloque a lâmina sobre a superfície dessa solução. Observe.

Você verá que a lâmina afunda, assim como havia afundado no álcool. O que o detergente contém para enfraquecer as pontes de hidrogênio da água? Na verdade,

Glossário

Concentração
Razão entre a quantidade ou a massa de uma substância e o volume da solução na qual essa substância está dissolvida

Hemoglobina
Proteína do sangue responsável por transportar oxigênio

Síndrome da descompressão
Sintomas experimentados por uma pessoa exposta a uma redução da pressão que rodeia o seu corpo

Aqualung
Equipamento de mergulho que viabiliza a respiração do mergulhador

Tensão superficial
Força que existe na superfície de líquidos em repouso, determinada pela coesão entre as moléculas do líquido

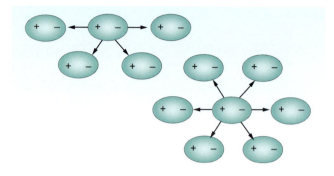

Figura 6.13 Explicação mecânica da tensão superficial da água, fenômeno derivado das pontes de hidrogênio da superfície da água. No meio da massa de água, as forças produzidas pelas pontes de hidrogênio se anulam.

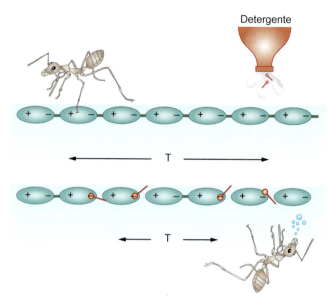

Figura 6.15 Sistema aquoso sob ação de moléculas tensoativas.

O **detergente** age como um competidor pelas regiões polares das moléculas de água. Ele é um sal de molécula longa, composto por uma cadeia apolar de dezenas de carbonos (cauda) e uma extremidade polar que se liga à água. A outra ponta, por definição, não contém nenhum comportamento elétrico. Logo, o detergente é uma molécula mista, híbrida, parte polar e parte apolar; moléculas com essas características são chamadas de anfifílicas. A parte iônica é hidrofílica, que se liga a moléculas de água. A parte apolar é hidrofóbica, ou seja, não interage com a água (Figura 6.14).

Logo, a **molécula anfifílica (anfipática)**, ao se ligar a uma molécula de água por meio da parte iônica, literalmente desliga essa molécula da rede de pontes de hidrogênio, pois a parte apolar do detergente não tem a que se ligar. Assim, com a adição de uma substância anfifílica à água, o número de pontes de hidrogênio no sistema cai vertiginosamente; com isso, a tensão superficial da água é reduzida.

As moléculas anfifílicas são, por isso, consideradas **tensoativas** (Figura 6.15).

Alvéolos pulmonares e moléculas tensoativas

Os alvéolos pulmonares, como qualquer outro tecido do organismo, são ricos em água; tanto que, continuamente, existe uma fina camada de água na sua superfície interna. Como sabemos, na água existe uma tensão superficial, a qual é forte o suficiente para fazer com que o alvéolo se feche e fique todo "amassadinho" (a isso chamamos **colabamento**); além disso, é forte o suficiente para impedir a inspiração. Tentar espalhar a água sobre a superfície interna do alvéolo é como tentar espalhar uma gota d'água: impossível. Logo, a água, aderida às células do alvéolo, provoca o colabamento do alvéolo.

Para compreender como a tensão superficial da água produz o colabamento do alvéolo, basta pegar um saco plástico e colocar uma pequena quantidade de água no seu interior. Nota-se como as paredes do saco grudam uma na outra; tanto que, às vezes, é até difícil abri-lo.

Contudo, estamos respirando aqui, agora, não é mesmo? Simplesmente porque a água alveolar está repleta de **surfactante** (uma substância tensoativa, como um detergente). Esse surfactante reduz a tensão superficial da água, permitindo que ela se "espalhe" pela superfície do alvéolo e este seja insuflado tranquilamente durante a inspiração (Figura 6.16).

Um dos maiores dramas no parto de crianças prematuras é que o pulmão de fetos com menos de 30 semanas (aproximadamente) ainda não produz surfactante. Logo, se o problema não for imediatamente tratado com a aplicação de surfactante sintético pelas vias respiratórias, o bebê provavelmente morrerá por incapacidade de respirar.

Difusão de solutos entre os capilares e os tecidos

Para manter seu metabolismo de maneira adequada, as células necessitam de oxigênio e glicose, que são solutos que chegam pelos capilares arteriais. Do mesmo modo, os capilares venosos têm de remover o excesso de dióxido de carbono produzido pelas células no processo metabólico.

Antes de falarmos mais sobre a difusão desses solutos, discutiremos as pressões que existem no nível capilar. Vamos observar a Figura 6.17.

Observe que a pressão hidrostática (PH) é maior que a **pressão oncótica** (PO) na extremidade arterial do capilar, criando uma pressão efetiva que tende a levar água do plasma em

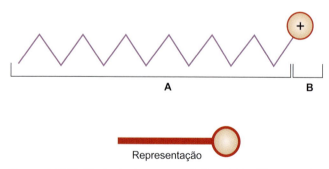

Figura 6.14 Molécula do detergente. **A.** Parte hidrofóbica, apolar. **B.** Parte hidrofílica, iônica.

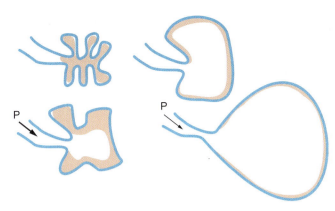

Figura 6.16 Os alvéolos e sua relação com o surfactante. *À esquerda*, o alvéolo sem surfactante está colabado e, para ser inflado, necessita de uma pressão positiva (P) muito grande. *À direita*, o alvéolo com surfactante que, além de não estar colabado, pode ser inflado com pressões fisiológicas de ar.

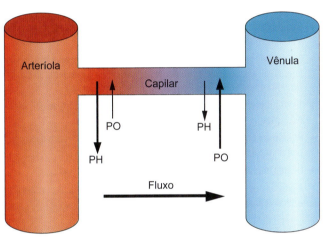

Figura 6.17 Dinâmica das pressões que atuam nas trocas capilares. PH: pressão hidrostática; PO: pressão oncótica.

direção aos tecidos; por outro lado, na extremidade venosa do capilar, a PO supera a PH, tendendo a reabsorver os líquidos dos tecidos em direção ao capilar. Isso ocorre porque a PH diminui ao longo do trajeto do fluxo capilar, enquanto a PO aumenta. Mas por que isso ocorre?

Bem, ao longo do trajeto do fluxo do capilar, a PH diminui uma vez que há saída de água do capilar em direção ao tecido. Por esse mesmo motivo, o plasma no interior do capilar fica mais concentrado, e a PO aumenta.

Por outro lado, é muito importante ressaltar que, apesar de essas pressões poderem determinar movimento de água entre os capilares e os tecidos, elas não são importantes para a troca de solutos (O_2, CO_2 e glicose), uma vez que essa troca se dá por difusão, obedecendo, portanto, a um gradiente de concentração.

O fenômeno que ocorre nos capilares e que é decisivo para a difusão dos solutos é o fato de que, nos capilares, a *velocidade* do fluxo é muito baixa (conforme já foi discutido). Assim, como o fluxo é lento, existe tempo disponível para que a difusão ocorra. Concluímos que:

- Quanto mais lento é o fluxo, mais eficiente é o processo de difusão.

- A pressão é decisiva para o deslocamento de solventes, enquanto a velocidade é decisiva para a difusão de solutos.

Glossário

Detergente
Substância que apresenta em sua estrutura molecular uma parte polar e outra apolar; os detergentes são formados por moléculas anfipáticas

Moléculas anfifílicas
Moléculas que têm uma região hidrofílica (solúvel em água) e uma região hidrofóbica (insolúvel em água, porém solúvel em lipídios e solventes orgânicos)

Molécula anfipática
Sinônimo de molécula anfifílica

Moléculas tensoativas
Substâncias capazes de reduzir a tensão superficial

Colabamento
Fechamento (oclusão) de uma cavidade

Surfactante
Substância tensoativa presente nos alvéolos, que tem por função reduzir a tensão superficial na sua superfície interna

Pressão oncótica
Nome que se dá à pressão osmótica determinada pelas proteínas plasmáticas

QUEBRA-CABEÇAS

Exercícios opcionais para quem quiser ir mais longe

6.1 Misturou-se 1 ℓ de uma solução aquosa de cloreto de sódio (NaCl) 0,1 mol/ℓ a 1 ℓ de uma solução aquosa de cloreto de sódio (NaCl) 0,2 mol/ℓ, obtendo-se uma nova solução aquosa com volume igual a 2 ℓ. A partir desses dados, determine qual é a concentração (em mol/ℓ) da nova solução obtida.

6.2 Duas soluções de volumes iguais a 200 mℓ e de concentrações 0,5 M e 0,1 M foram misturadas. Determine a concentração molar da solução resultante (obs.: 1 M = 1 mol/ℓ).

6.3 Misturam-se 100 mℓ de uma solução de $CaCl_2$ de 0,03 g/mℓ de concentração com 200 mℓ de outra solução de $CaCl_2$, resultando em uma solução de 0,04 g/mℓ. Calcule a concentração da solução de 200 mℓ.

6.4 Para originar uma solução de concentração igual a 120 g/ℓ, qual é o volume em litros de uma solução de $CaCl_2$ de concentração igual a 200 g/ℓ que deve ser misturado a 200 mℓ de outra solução aquosa de $CaCl_2$ de concentração igual a 100 g/ℓ?

6.5 Qual é o volume de solução aquosa de sulfato de sódio (Na_2SO_4) a 60 g/ℓ, que deve ser diluído por adição de água para se obter um volume de 750 mℓ de solução a 40 g/ℓ?

6.6 Misturam-se 200 mℓ de solução a 24 g/ℓ de hidróxido de sódio (NaOH) a 1,3 ℓ de solução a 2 g/ℓ de mesmo soluto. A solução obtida é então diluída até um volume final de 2,5 ℓ. Calcule a concentração em g/ℓ da solução, após a diluição.

6.7 Em um vaso há 12 ℓ de vinho e 18 ℓ de água. Em outro vaso há 9 ℓ de vinho e 3 ℓ de água. Quantos litros devem ser tirados de cada vaso para que se obtenham 14 ℓ com partes iguais de água e vinho?

6.8 Uma liga de ouro e cobre contém 9 partes de ouro para 12 de cobre. Outra liga, também de ouro e cobre, tem 60% de ouro. Para se obter uma liga com 36 gramas e partes iguais de ouro e cobre, quanto devemos tomar das ligas iniciais?

6.9 Certa liga contém 20% de cobre e 5% de estanho. Quantos gramas de cobre e quantos gramas de estanho devem ser adicionados a 100 gramas dessa liga para a obtenção de outra com 30% de cobre e 10% de estanho?

Respostas: (6.1) 0,15 mol/ℓ; (6.2) 0,3 M (0,3 mol/ℓ); (6.3) 0,045 g/mℓ; (6.4) 0,05 ℓ; (6.5) 500 mℓ; (6.6) 3 g/ℓ; (6.7) 10 ℓ do primeiro vaso e 4 ℓ do segundo vaso; (6.8) 21 g da primeira liga e 15 g da segunda liga; (6.9) 17,5 g de cobre e 7,5 g de estanho.

Obs.: *as soluções desses probleminhas você encontra facilmente na Internet.*

Resumo

- Suspensão é uma mistura heterogênea de substâncias; solução é uma mistura homogênea de substâncias
- Mistura é a reunião de duas ou mais substâncias diferentes em um mesmo meio
- Homogênea é a mistura cujos componentes não podem ser fisicamente separados, mantendo a sua integridade original; heterogênea é a mistura cujos componentes podem ser separados fisicamente, mantendo a sua integridade original
- O sangue é uma suspensão (mistura heterogênea) de plasma e células; o plasma do sangue é uma solução de substâncias em um meio aquoso
- As misturas gasosas são soluções
- Dissolução é o processo de formação de uma solução
- Solvente é a substância que promove a dissolução; ou seja, que determina ativamente a existência da solução
- Soluto é a substância que sofre dissolução do solvente
- Na solução difusiva, os componentes interagem uns com os outros, apenas transferindo energia cinética, e misturando-se por difusão; na solução interativa, os componentes interagem quimicamente uns com os outros
- A energia (calor) é determinante para as soluções difusivas, enquanto a afinidade química é determinante para as soluções interativas
- As moléculas de água são polares e interagem formando pontes de hidrogênio
- Os gases formam soluções difusivas entre si, pois as moléculas de gás por natureza são apolares e não formam pontes de hidrogênio
- Gases estão em suspensão (e não em solução) dentro de líquidos aquosos
- A pressão extrínseca a uma mistura é determinante da quantidade de gás na mistura
- Difusão é a passagem de determinada substância de um meio mais concentrado para um menos concentrado
- Quanto mais energia houver em um sistema, mais rápida será a difusão, e o tempo de difusão é diretamente proporcional ao quadrado da distância a ser percorrida
- Do ponto de vista termodinâmico, difusão é o deslocamento de uma partícula com grande energia cinética a regiões de menor energia até que o sistema se estabilize
- O aumento da pressão hidrostática ou hidrodinâmica em um sistema acelera a difusão de suas partículas
- Osmose é a difusão do solvente
- Para haver osmose em uma solução, é necessária uma barreira impermeável a solutos e permeável ao solvente; ou seja, uma membrana semipermeável
- A pressão osmótica é resultante da força de deslocamento de solvente por unidade de área da membrana semipermeável; podemos dizer também que a pressão osmótica é a pressão capaz de equilibrar a pressão hidrostática
- Pressão parcial, em uma mistura gasosa, é aquela exercida por cada gás que compõe a mistura
- A pressão parcial de um gás no líquido é proporcional à concentração do gás no líquido
- O coeficiente de solubilidade determina o grau de afinidade ou repulsão que um gás apresenta em relação ao líquido
- A probabilidade de um gás escapar de um meio líquido é diretamente proporcional à sua concentração e inversamente proporcional ao coeficiente de solubilidade
- Se a pressão parcial de um gás, externa ao líquido, baixa em relação à pressão interna, sai gás da mistura; se a pressão parcial de um gás, externa ao líquido, aumenta em relação à pressão interna, entra gás na mistura
- Tensão superficial é a propriedade que só existe na interface de dois meios diferentes
- Pressão oncótica é o nome que se dá à pressão osmótica determinada pelas proteínas plasmáticas
- Quanto mais lento é o fluxo, mais eficiente é o processo de difusão
- A pressão é decisiva para o deslocamento de solventes, enquanto a velocidade é decisiva para a difusão de solutos.

Autoavaliação

6.1 Diferencie solução de suspensão.

6.2 O sangue é uma solução ou uma suspensão? E o plasma? Justifique sua resposta.

6.3 As misturas gasosas são soluções ou suspensões? Justifique sua resposta.

6.4 Diferencie soluções interativas de soluções difusivas.

6.5 Dê exemplos de soluções interativas e de soluções difusivas.

6.6 Conceitue: a) ponte de hidrogênio; b) molécula polar; c) molécula apolar; d) molécula anfifílica.

6.7 O que é eletroforese? Para que a eletroforese serve?

6.8 Conceitue: a) camada de hidratação; b) eletronegatividade.

6.9 Um gás misturado em meio líquido forma uma solução ou uma suspensão? Justifique sua resposta.

6.10 Explique o que é a pressão parcial de um gás. Relacione a pressão parcial de um gás com seu coeficiente de solubilidade.

6.11 Conceitue difusão e explique, à luz da termodinâmica, como e por que ela ocorre.

6.12 Diferencie os conceitos de difusão e de osmose. Explique o que são pressão osmótica e pressão oncótica.

6.13 Explique o que é tensão superficial.

6.14 O que é um surfactante e qual a sua função?

6.15 Em uma liga metálica, qual é o conceito de solvente e de soluto?

6.16 Faça um pequeno resumo sobre a difusão de solutos entre capilares e tecidos.

Atividade complementar

Repita, na cozinha de sua casa, os experimentos descritos no início deste capítulo. Elabore um relatório que descreva os resultados encontrados e os explique com base nos conhecimentos adquiridos.

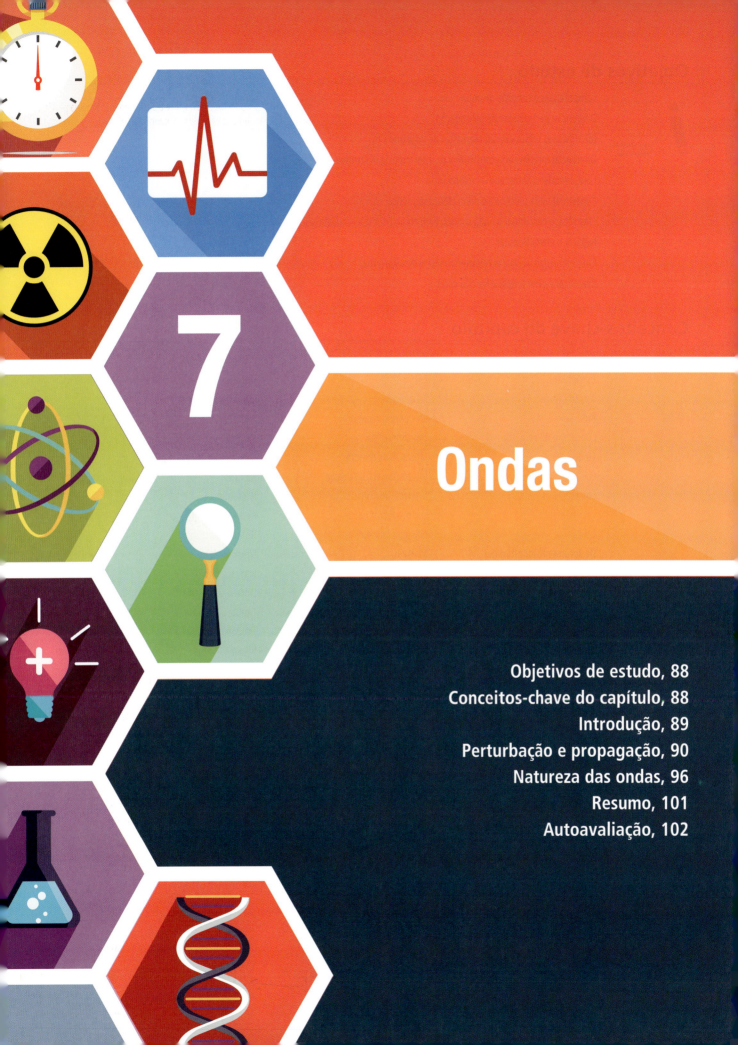

7

Ondas

Objetivos de estudo, 88
Conceitos-chave do capítulo, 88
Introdução, 89
Perturbação e propagação, 90
Natureza das ondas, 96
Resumo, 101
Autoavaliação, 102

Objetivos de estudo

Compreender o conceito de onda
Diferenciar perturbação de propagação
Identificar as principais características de uma onda
Diferenciar interferência construtiva de interferência destrutiva
Compreender o fenômeno da ressonância
Conceituar onda mecânica e onda eletromagnética
Classificar e conceituar a onda sonora, bem como citar suas características
Explicar o efeito Doppler
Entender o que é espectro eletromagnético de uma onda
Classificar e caracterizar a luz e as cores

Conceitos-chave do capítulo

Altura do som
Amplitude
Astigmatismo
Bigorna
Comprimento de onda
Cones
Cor
Cor-luz
Cor-pigmento
Crista
Deslocamento longitudinal
Deslocamento transversal
Efeito Doppler
Eletroencefalograma
Espectro
Espectro eletromagnético
Estapédio
Estribo

Física ondulatória
Fóton
Frequência
Frequência aparente
Hipermetropia
Intensidade do som
Interferência construtiva
Interferência destrutiva
Luz monocromática
Luz policromática
Martelo
Miopia
Momentum
Onda
Onda eletromagnética
Onda gravitacional
Onda mecânica
Onda unidimensional

Ondas bidimensionais
Ondas sonoras
Oposição de fase
Padrão RGB
Perturbação
Propagação
Refração
Ressonância
Retina
Ritmo assincrônico
Sincronização
Síntese aditiva
Síntese subtrativa
Timbre
Transformada de Fourier
Vácuo
Vale
Velocidade de propagação

Introdução

No Ensino Médio, aprendemos noções de física ondulatória; porém, julgamos pertinente revisitar e aprimorar alguns conceitos sobre as ondas para compreendermos melhor as radiações (que serão abordadas no próximo capítulo) e, também, os princípios físicos do som e da luz, que serão de grande importância no estudo dos sistemas visual e auditivo, os quais serão estudados, mais tarde, em fisiologia.

Comumente, as ondas se dividem em dois grandes grupos: ondas mecânicas e ondas eletromagnéticas. De fato, tal classificação é muito útil; entretanto, vamos desconsiderá-la, por enquanto, e apresentar o conceito de ondas unicamente a partir da intuição e do entendimento geral do fenômeno. Mais adiante, neste capítulo, trataremos especificamente da classificação e da natureza das ondas. Por ora, apenas leia com atenção e comece a assimilar as ideias, a fim de que possamos, por meio de um processo gradual de construção do conhecimento, entender o fenômeno ondulatório, para depois, mais adiante, definirmos de modo mais formal os conceitos.

Optamos por iniciar com uma abordagem mais geral e intuitiva, uma vez que o conceito de ondas é um pouco mais abstrato que os da mecânica dos corpos. Então, que tal viajarmos pelas ondas do conhecimento? Mas será possível viajar pelas ondas? Comecemos o assunto tentando responder a essa questão.

Não é possível surfar em uma onda. Então o que é aquilo que vemos na praia, onde o mar se encontra com a areia? Inicialmente, é importante entender que as ondas do mar são originadas por vários fenômenos físicos, muitos deles causados pela atração gravitacional que a Lua exerce na enorme massa de água dos oceanos. Em contrapartida, parece que o principal fator na formação das ondas marítimas é a velocidade do vento, que incide sobre as águas. Quando empurramos um tapete com o pé, por exemplo, ele se torna pregueado (cheio de ondinhas). Pois é, isso é mais ou menos o que a velocidade do vento faz quando transfere energia para a superfície lisa da água. Mas voltemos ao surfista.

Os surfistas literalmente surfam no local onde as ondas do mar acabam transferindo sua energia para o leito da praia, produzindo, assim, movimento na água da chamada zona de arrebentação. Essa massa de água, atirada em direção à praia, transfere movimento para a prancha. Logicamente, a praia, apesar de receber a energia da onda, não sai do lugar, uma vez que sua massa é continental.

O surfista observa, de longe, a linha do horizonte, subindo e descendo, até que percebe a aproximação de uma onda adequada. Quando essa onda chega até ele, o surfista precisa remar até a linha da arrebentação, onde, então, a água se desloca para a frente, e ele pode surfar. E o mais bonito é testemunhar como o surfista tem sensibilidade para perceber que sua prancha começa a ganhar movimento quando entra na zona de arrebentação, e ele pode subir nela.

O que acontece, à luz da física, nessa zona de arrebentação? Ao se aproximar de águas progressivamente mais rasas, as ondas incidentes, em razão do atrito com a areia mais rasa, que causa dissipação de energia, desacelerando-as, tendem a diminuir sua velocidade e ganhar altura; ou seja, como a energia cinética diminui, a energia potencial (altura) aumenta. Em ondas mais altas, a massa de água na crista é bem menor que na base da onda. Logo, para conservar o *momentum*, a velocidade na crista fica muito maior que a velocidade na base. Essa diferença de velocidade faz a onda "se quebrar". Isso é a arrebentação.

É importante ter em conta que, apesar de a onda não transmitir movimento no sentido de sua propagação, existe quantidade de movimento na onda, na direção horizontal. Essa quantidade de movimento (*momentum*) é a energia da onda, que determina seu sobe e desce, como pode ser visto na Figura 7.1.

Assim, quando a onda do mar se desloca, ela *não está produzindo movimento de massa de água no sentido do seu deslocamento*, como se acredita. A onda não produz deslocamento de massa ao longo de sua trajetória. Ela produz deslocamento de massa no sentido de seu sobe e desce. Mas, afinal, o que é uma onda?

> Onda é um modo de transferência de energia sem transferência de matéria.

Ou, em outras palavras:

> Onda é o fenômeno que consiste em uma perturbação periódica, que se propaga em um meio material ou no espaço.

Até agora, neste livro, considerou-se a transferência de energia de um corpo para outro por meio da transferência de movimento. Lembrando que massa não se transfere, o que determina a quantidade de energia transferida entre dois corpos é a *velocidade*.

Glossário

Física ondulatória
Parte da física que estuda as ondas e os fenômenos por elas produzidos

Momentum
Reveja o Capítulo 2

Onda
Perturbação periódica no tempo e oscilante no espaço

Figura 7.1 Surfista. A onda se propaga ao longo do mar por meio de movimentos transversais da água (perturbações), transportando, assim, energia, a qual coloca em deslocamento a água da linha da arrebentação.

Perturbação e propagação

Toda vez que determinado corpo (p. ex., uma pedra que cai) transfere energia para um meio (p. ex., água de um lago), esse corpo produz uma perturbação local que se propaga para todas as direções nesse meio. A perturbação causada pela transferência de energia cinética da pedra para a água configura-se como um deslocamento de água que produz uma ondulação em sua superfície, da mesma maneira que a energia cinética do vento transfere energia para a água do mar. *Essa perturbação recebe o nome de onda.* No caso exemplificado, contudo, a perturbação não produz nenhum movimento de moléculas de água no sentido da propagação da onda. Ou seja, o deslocamento de massa que observamos não é um deslocamento longitudinal (ao longo da superfície da água), e sim transversal ao plano da superfície. O que se propaga, de fato, é apenas a energia transferida da pedra para a massa de água. Essa energia, obviamente, se dispersa na própria água à medida que a onda se propaga. Tanto que, se o lago for muito grande, a uma determinada distância, a onda desaparecerá.

Apesar de, no exemplo da pedra no lago, o movimento da água ser a propagação em si da onda, tal movimento transmite a energia, por meio do sobe e desce das moléculas. À medida que a onda se propaga de um ponto para o seu vizinho imediato, o que acontece microscopicamente é que essa oscilação das moléculas do ponto arrasta as moléculas do ponto vizinho. Se as moléculas de água estão ligadas umas às outras pelas pontes de hidrogênio, então essas pontes são o vínculo do arrasto. Com o passar do tempo, a energia da onda vai sendo consumida nesse processo, uma vez que produz movimento transversal da água.

Vamos para outro "laboratório": uma piscina. Nela, tentaremos estudar algumas das propriedades das ondas relacionadas com a sua fonte geradora. A água da piscina precisa estar em perfeito repouso. Pegue dois corpos de massa considerável, porém discrepantes (o ideal seria um corpo de 1 quilograma e outro de 100 gramas). De uma altura de 1 metro, solte o corpo de 100 gramas em um dos cantos da piscina. No meio da piscina, coloque um barquinho de papel que esteja em completo repouso. Será observada a propagação de diversas ondas ao longo da superfície da piscina; essas ondas chegarão ao barco. Observe atentamente o número de perturbações por unidade de tempo (p. ex., 5 segundos) que se formam e a amplitude (altura) delas. Observe também o comportamento do barquinho (ou seja, o quanto ele sobe e desce, e quantas vezes isso acontece por unidade de tempo). Será fácil notar que o barquinho não saiu surfando pelas ondas na água, o que demonstra que não houve deslocamento longitudinal de água.

Depois desse experimento, aguarde o barco voltar ao repouso absoluto. Agora, também da altura de 1 metro, deixe cair, no mesmo lugar da piscina, a massa de 1 kg. Observe novamente o comportamento do barquinho, atentando para os mesmos parâmetros.

O que você observou? A massa de 100 gramas produziu menos oscilações por unidade de tempo que a massa de 1 kg, e, também, essas oscilações tiveram menor amplitude (altura) – veja a Figura 7.2.

Logo:

> ⚛ A quantidade de movimento (energia) de um corpo que se choca com um meio elástico determina, nesse meio, tanto o número de ondas por unidade de tempo como a amplitude dessas ondas.

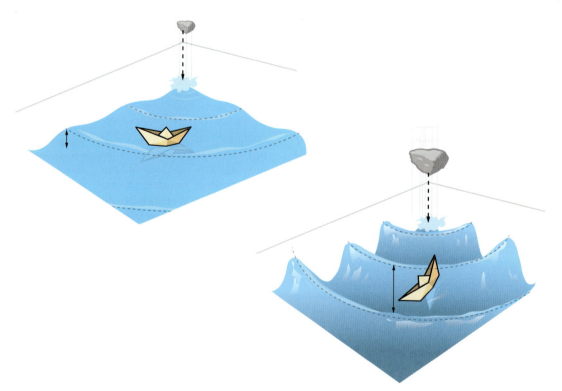

Figura 7.2 Experimento da pedra na água. Formação de ondas na água, secundária à perturbação original causada por uma pedra de 100 gramas (*em cima*). A pedra, ao entrar em contato com a água, transfere energia para ela. Esta energia se propaga em forma de ondas. A massa maior (*embaixo*) produz ondas na água de frequência e amplitude maiores.

Você também observou que o intervalo de tempo entre a queda da massa e o início das oscilações do barquinho não variou em nenhum dos casos. Então:

⚛ A quantidade de movimento de um corpo que se choca com um meio elástico não determina a velocidade de propagação da onda.

⚛ O que determina a velocidade de propagação de uma onda são as características intrínsecas do meio.

Quando falamos em quantidade de movimento podemos pensar, simplesmente, em energia. Quanto mais movimento, mais energia. Com exceção da **velocidade da onda** (que depende do meio de propagação), a energia transferida para a água determina a amplitude e a frequência da onda. A velocidade não varia, pois o meio é o mesmo – a água.

Definiremos formalmente agora as principais características de uma onda, as quais determinam seu comportamento:
- **Frequência**: número de perturbações por unidade de tempo
- **Amplitude**: intensidade de cada perturbação (altura da onda). Como ficou claro nos exemplos anteriores, quanto mais energia tem a onda, maior sua amplitude
- **Comprimento de onda**: distância entre duas perturbações (medida pela distância entre duas cristas)
- **Velocidade de propagação**: distância percorrida pela perturbação (no sentido da propagação) por unidade de tempo.

Observando nosso experimento, podemos afirmar que:

⚛ Uma onda é definida pela quantidade de energia que transmite.

Neste momento, podemos dizer que há duas maneiras de a energia ser transferida de um ponto a outro do universo:
- Por meio do deslocamento de um corpo entre dois pontos: quantidade de movimento
- Por meio da propagação de uma onda entre dois pontos: "quantidade" de perturbação.

Como você percebeu, a frequência é o número de perturbações por unidade de tempo; porém, apesar de ser medida em unidade de tempo, a frequência e a velocidade são grandezas diferentes. Essa diferença fica clara no exemplo da pedra caindo na água. Na verdade:

⚛ A velocidade de propagação da onda depende simultaneamente da frequência e do comprimento de onda.

Isto é, se variarmos a frequência, mantendo o comprimento de onda constante, a velocidade irá variar. Do mesmo modo, se fizermos variar o comprimento de onda, mantendo a frequência constante, a velocidade também irá variar. Para entendermos melhor, vejamos a Figura 7.3.

Observe que, na situação A da Figura 7.3, a onda em vermelho percorreu a distância λ_1 no mesmo tempo (1 segundo) em que a onda em azul percorreu a distância λ_2. Como λ_1 é maior que λ_2, concluímos que a velocidade da onda em vermelho é maior que a velocidade da onda em azul, apesar de elas apresentarem a mesma frequência (3 ciclos/s ou 3 Hz).

Já na situação B, a distância percorrida pela onda (λ) é a mesma, mas as frequências são diferentes (3 Hz para a onda em vermelho e 1 Hz para a onda em azul). Ora, como a onda em vermelho percorreu a mesma distância que a onda em azul em um tempo menor, logo, a velocidade da onda em vermelho é maior.

Dessa maneira, percebemos claramente que a velocidade é diretamente proporcional à frequência e também ao comprimento de onda. Daí, podemos deduzir a famosa equação fundamental das ondas:

⚛ A velocidade de propagação de uma onda é determinada pelo produto da frequência da onda por seu comprimento de onda.

É importante frisar, mais uma vez, que, apesar de as ondas não transferirem movimento no sentido de sua propagação, elas transmitem movimento de outro modo. As ondas na água transferem movimento vertical aos corpos que estão sobre a água; as ondas luminosas transferem movimento aos elétrons presentes nos elementos químicos que existem nos receptores da retina; as ondas

Glossário

Perturbação
Alteração das características de determinado meio físico

Propagação
Ato ou efeito de se mover e se espalhar no espaço

Deslocamento longitudinal
Deslocamento cujo sentido é paralelo em relação a determinado referencial

Deslocamento transversal
Deslocamento cujo sentido é perpendicular em relação a determinado referencial

Velocidade da onda
Distância percorrida pela onda por unidade de tempo

Frequência
Número de perturbações por unidade de tempo

Amplitude
Intensidade de cada perturbação (altura da onda)

Comprimento de onda
Distância entre duas perturbações (medida pela distância entre duas cristas)

Velocidade de propagação
Distância percorrida pela perturbação (no sentido da propagação) por unidade de tempo

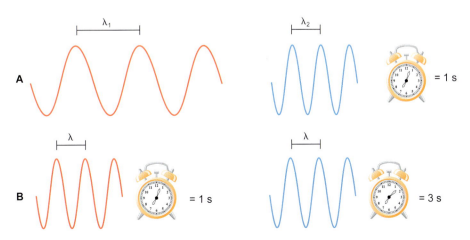

Figura 7.3 Relação entre velocidade de propagação, frequência e comprimento de onda (λ).

sonoras transmitem movimento às membranas da orelha interna; as ondas radioativas transmitem movimento aos elétrons, arrancando-os de sua eletrosfera, e assim por diante. Agora, não restam mais dúvidas: as ondas transportam energia.

Como as ondas se propagam

Ondas que se propagam no ar (p. ex., as ondas sonoras), o fazem tridimensionalmente, ou seja, para todas as direções do espaço, a partir da fonte. Ondas que se comportam assim são chamadas de tridimensionais. As eletromagnéticas, que veremos em mais detalhes adiante, também se propagam de modo tridimensional no espaço.

Uma onda que se propaga por uma corda esticada o faz dentro de uma única dimensão (onda unidimensional). Já as ondas que se propagam através de uma superfície (p. ex., as ondas na água) são chamadas de ondas bidimensionais. Observe a Figura 7.4.

A propagação tridimensional de uma onda no ar, por exemplo, se dá com oscilações longitudinais ao sentido da onda, criando momentos de rarefação e compressão do gás. Analogamente, uma onda também pode se propagar longitudinalmente ao longo de uma comprida mola esticada. Uma batida na mola, que provoque uma força de mesma direção que a do eixo da mola, produzirá uma oscilação compressivo-distensiva, que se propaga ao longo dela. Observe a Figura 7.5.

Uma fonte sonora, como um alto-falante, irá produzir pequenos "tapinhas" no ar contíguo a ele. Esses "tapinhas" (forças), em frequência variável, se propagam pelo ar como ondas de compressão-rarefação.

Podemos, para fins de simplificação e visualização, representar uma onda sonora (rarefação-compressão) como uma oscilação bidimensional em um gráfico, em que a rarefação representa os "vales" do gráfico da onda e a compressão, as "cristas" do gráfico. Veja a Figura 7.6.

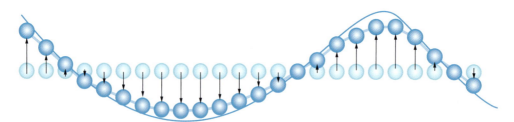

Figura 7.4 Ondas uni ou bidimensionais: seja na superfície da água ou ao longo de uma corda, ocorre uma oscilação transversal ao sentido de propagação da onda, ao longo do meio de propagação. Essa oscilação se propaga pela interação íntima que existe nas partículas que compõem o meio (a água tem suas pontes de hidrogênio, e a corda tem sua fibra maleável de celulose, que preenche sua intimidade). Na figura, os círculos *em azul-claro* são as posições originais das partículas no repouso. As *setas* denotam a amplitude da perturbação dessas partículas para que a onda possa se propagar. As emendas *em azul* podem ser interpretadas como as interações das partículas umas com as outras (p. ex., as pontes de hidrogênio, no caso das moléculas de água).

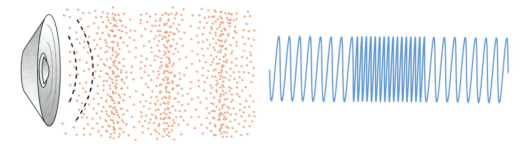

Figura 7.5 Ondas longitudinais de compressão-rarefação (tridimensionais). Para a propagação tridimensional de uma onda em um meio material, o melhor modelo é a mola em oscilação longitudinal. Em qualquer outro material, o meio de propagação se comporta como uma mola cujas partículas oscilam em vaivém na direção de propagação da onda, formando regiões de compressão e regiões de distensão ou rarefação. Essa onda, para se propagar, aproveita-se das propriedades elásticas do material. Tanto que, caso a fonte produza uma perturbação intensa demais ou uma ressonância (ver mais adiante no texto), o meio pode se corromper por não ter tanta elasticidade. Um exemplo é o concreto, que pode rachar sob o "impacto" de uma onda sonora.

⚛ BIOFÍSICA EM FOCO

Para modular a amplitude das ondas sonoras que chegam ao tímpano e são transmitidas até a orelha interna pelos ossículos da orelha média (martelo, bigorna e estribo), o ouvido conta com um músculo chamado estapédio, o qual, ao se contrair, aumenta a tensão sobre os ossículos, limitando a amplitude da onda em propagação.

O estapédio é ativado quando o sistema auditivo é submetido a sons muito intensos e duradouros, como os ouvidos em uma boate.

Capítulo 7 Ondas 93

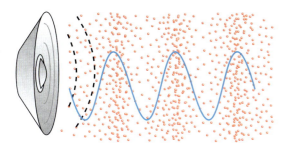

Figura 7.6 Onda sonora e sua representação gráfica.

Como as ondas interagem

Como acabamos de mencionar, os "tapinhas" produzidos pelo alto-falante podem ter frequência e amplitude variáveis. Então, nem sempre ondas que se propagam precisam ser monótonas e idênticas. Uma grande variabilidade de padrões de frequência e amplitude pode se somar, fazendo surgir um composto complexo de oscilações que, a princípio, parecem caóticas. Esse complexo é chamado de "onda complexa" (Figura 7.7).

Na natureza, várias fontes emitem ondas de mesmo tipo (p. ex., sonoras) simultaneamente. Obviamente, essas ondas se cruzam. Por exemplo, ao falar no celular, caminhando pela Avenida Paulista, às 17 h, diversas ondas sonoras se encontram no seu ouvido: a voz ao telefone, as buzinas, os gritos dos ambulantes, o som dos motores dos carros etc. Provavelmente, essas ondas estão interagindo continuamente.

A agitação desordenada, porém homogênea, que observamos na superfície do oceano até o fim do horizonte nada mais é do que a interação de inúmeras ondas sobre a superfície da água: é o vento, são gases de baleia, movimentos de cardumes, silvos de golfinhos, tremores na zona abissal do fundo do mar... Diversas fontes que se equilibram formando o aspecto homogêneo das marolas oceânicas. Esse mesmo fenômeno, que ocorre no cérebro, onde ondas elétricas cheias de informações se difundem umas nas outras, é revelado como um "serrilhado" assincrônico observado no eletroencefalograma (EEG): milhares de coletividades de neurônios gerando seus ritmos ondulatórios que se somam em uma resultante sem aparente significado. Não é de se estranhar que sejamos induzidos a uma tranquilidade profunda sob o mesmo fenômeno caótico e monótono dos bilhões de gotinhas de chuva produzindo seus sons discretos que, somados, resultam do chiado tênue e relaxante que nos induz ao equilíbrio. Observe a Figura 7.8.

Glossário

Ondas sonoras
Ondas mecânicas produzidas pelo som
Onda unidimensional
Onda que se propaga em uma única dimensão do espaço
Onda bidimensional
Onda que se propaga em duas dimensões do espaço
Propagação tridimensional
Propagação que se dá nas três dimensões do espaço
Vales
Pontos mais baixos da trajetória de uma onda
Cristas
Pontos mais altos da trajetória de uma onda
Martelo, bigorna e estribo
Ossículos localizados na orelha média
Estapédio
Músculo que traciona os ossículos da orelha média
Eletroencefalograma
Exame que registra as ondas cerebrais

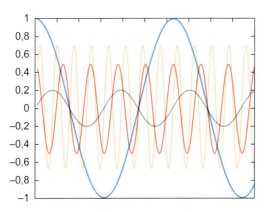
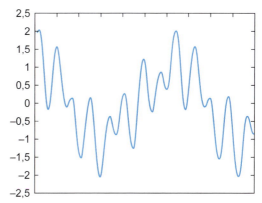

Figura 7.7 Representação gráfica de um composto de quatro ondas com frequências e amplitudes diferentes, reconhecidamente comuns na composição dos sons. À *esquerda*, os componentes. À *direita*, a onda resultante.

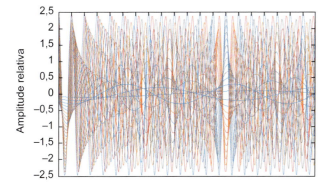
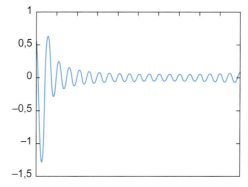

Figura 7.8 O emaranhado *à esquerda* representa 25 padrões de ondas com frequência, amplitude e fases aleatórias (padrão caótico) que, somadas, dão origem a uma resultante monótona (*à direita*).

Mas, afinal, como as ondas interagem umas com as outras? Bem, elas se somam e se subtraem, dando origem a uma onda resultante, como a da Figura 7.8, ou então formando padrões complexos de ondas. Chamamos a interação de ondas de interferência.

Interferência construtiva

Quando pulsos de rarefação ou de compressão de duas ondas coincidem, é produzido um pulso de amplitude aumentada ou amplificada, definindo o pulso resultante, que é a soma aritmética dos pulsos originais. Observe a Figura 7.9.

Existe um fenômeno chamado de sincronização. Como o próprio nome diz, quando as fontes de ondas começam a trabalhar juntas, as ondas produzidas por elas, mesmo que com frequências diferentes, somam-se, em algum momento, dando origem a resultantes de larga amplitude. Como podemos entender a sincronização utilizando ondas sonoras? Imagine uma plateia em um teatro. Quando a peça termina, todos aplaudem vigorosamente o espetáculo, cada um no seu próprio ritmo. O resultado desse aplauso é aquele mesmo contexto caótico e monótono dos sons da chuva, das marolas e das ondas cerebrais. Contudo, se a plateia pede bis, ela sincroniza suas palmas, produzindo retumbantes salvas que fazem as vidraças tremerem. Do mesmo modo, o cérebro humano pode, tanto fisiológica quanto patologicamente, apresentar padrões de sincronização em seus neurônios. Esse fenômeno ocorre no sono (fisiologicamente), bem como na epilepsia (patologicamente), conforme você estudará no futuro.

O ritmo cerebral normal, quando estamos acordados, é considerado um ritmo assincrônico, pois cada grupo de neurônios está desempenhando suas funções específicas, no seu próprio ritmo (como o bater de palmas desordenado da plateia no teatro). Quando dormimos, muitos grupamentos neurais ficam silentes, daí ocorre uma sincronização do ritmo, já que os poucos grupos de neurônios que se mantêm em atividade disparam de maneira ordenada (como a plateia pedindo bis). O mesmo acontece na epilepsia, em que determinado grupo de neurônios do cérebro começa a disparar ao mesmo tempo. Esses fenômenos podem ser observados ao EEG, que evidencia o registro elétrico das ondas cerebrais, como mostra a Figura 7.10.

Interferência destrutiva

Quando o pulso de rarefação de uma onda coincide com o pulso de compressão de outra, e vice-versa, a amplitude do pulso resultante é reduzida ou anulada, definindo uma subtração dos pulsos originais.

Imagine duas ondas de amplitude e frequência iguais. Se elas estiverem em oposição de fase (quando a crista de uma coincide com o vale da outra), sua interação resultará na destruição de ambas (como ocorreu na parte superior da Figura 7.11). Ora, se a onda é propagação de energia, para onde foi essa energia? Obviamente, observando a primeira lei da termodinâmica, a energia não foi destruída. Ela é provavelmente dispersa em forma de calor (entropia).

Análise de uma onda complexa

O matemático francês do século 18, Joseph Fourier, desenvolveu uma ferramenta de cálculo denominada transformada de Fourier. Essa ferramenta viabiliza a decomposição de uma onda complexa em suas componentes, ou seja, nas ondas que foram somadas. Essa decomposição é expressa em um gráfico que mostra o peso relativo de cada componente da onda complexa em função das frequências. Esse conjunto de componentes é chamado de espectro (Figura 7.12).

Ressonância

De maneira didática, podemos exemplificar esse fenômeno descrevendo o momento em que uma cantora lírica esvazia os pulmões, e, em decorrência disso, as janelas trincam, assim como as taças de vinho quebram. Realmente, uma fonte de ondas sonoras pode fazer com que determinado corpo vibre até romper-se em uma fratura. Isso é simples transferência de energia? Ora, a metros de distância, a energia intrínseca da onda não é suficiente para corromper a matéria dessa maneira. O que acontece é que, sob a voz da cantora, os cristais começam a "dançar conforme a música"!

Na verdade, todo corpo apresenta uma frequência intrínseca própria, determinada pela frequência de vibração das moléculas que compõem o corpo. Se a frequência de uma onda coincidir

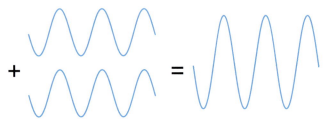

Figura 7.9 Representação gráfica de uma interferência construtiva.

Figura 7.10 O padrão caótico de ondas de alta frequência e baixa amplitude no eletroencefalograma, de repente, sofre uma ordenação de tal sorte que o traçado se organiza em padrões de amplitude maior e frequência menor (seta). Este é um fenômeno de sincronização. No caso, vemos um fenômeno fisiológico das regiões do cérebro que processam a visão, em resposta ao fechamento dos olhos. As estruturas "visuais" do cérebro, sem receber a riqueza de informações do mundo através dos olhos, não se desligam, mas entram literalmente em *stand-by* (estado de espera), sincronizando-se e esperando a chegada de novas informações.

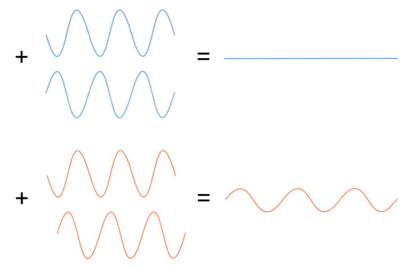

Figura 7.11 Representação gráfica de uma interferência destrutiva. *Em cima*, duas ondas inversas que, ao se somarem, anulam-se mutuamente. *Embaixo*, quando estas duas ondas contrárias saem de fase (ou seja, suas cristas não mais coincidem), a interação delas dá origem a uma onda de menor amplitude que as originais.

com a de vibração intrínseca das moléculas de um corpo, ocorrerá um verdadeiro efeito de interferência construtiva no processo de vibração molecular, que, ampliado, perturbará o corpo (o qual começará a vibrar), até que ele eventualmente se parta.

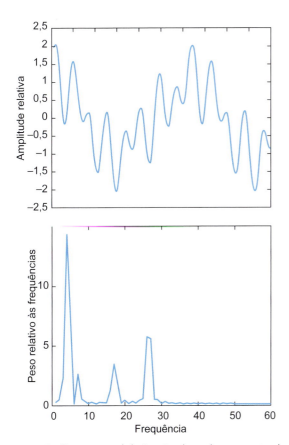

Figura 7.12 Análise espectral de Fourier da onda composta observada na Figura 7.7. Observe que a análise evidenciou as quatro componentes da onda resultante, especificando as frequências resultantes e seu respectivo peso. A onda resultante mostrada *em cima* nesta figura é originada da soma das ondas *à esquerda* da Figura 7.7.

A observação do fenômeno de ressonância permite a conclusão de que todo corpo material, seja ele um átomo, uma molécula ou um elétron, mantém um ritmo periódico de vibração, com frequência particular às características materiais de tal corpo. Normalmente, não percebemos essa vibração intrínseca da matéria; porém, ela salta aos olhos se determinada onda entra em ressonância com essa matéria.

Observamos a ressonância no dia a dia quando a vibração de uma corda de violão faz outra corda de mesma nota vibrar.

Você sabia que um batalhão militar jamais passa marchando por uma ponte? Qualquer comandante de tropa sabe disso. Há a possibilidade de a frequência produzida pela marcha entrar em ressonância com a vibração intrínseca do concreto da ponte; se isso acontece, a intensidade da onda produzida pela marcha se soma à vibração da ponte, e esta começa a balançar como uma corda com amplitude proporcional à intensidade da "onda" do batalhão. Assim, a marcha do batalhão pode derrubar a ponte.

A sincronização de ondas cerebrais, que citamos, pode ser o resultado de um fenômeno de ressonância que começa em alguns poucos neurônios e cujo comportamento elétrico oscila em uma mesma frequência. Esses neurônios têm seu padrão

Glossário

Interferência
Fenômeno no qual duas ou mais ondas se sobrepõem, produzindo uma onda resultante

Interferência construtiva
Fenômeno no qual ocorre sincronização de ondas

Sincronização
Fenômeno no qual os vales (ou os picos) de várias ondas se sobrepõem, produzindo uma onda resultante de grande amplitude

Ritmo assincrônico
Ritmo no qual não ocorre superposição entre os picos (ou os vales) das ondas, uma vez que cada uma apresenta suas características próprias

Oposição de fase
Fenômeno que ocorre quando a crista de uma onda coincide com o vale de outra

Interferência destrutiva
Fenômeno no qual ondas em oposição de fase se anulam

Transformada de Fourier
Ferramenta matemática que decompõe uma onda complexa, exibindo as ondas simples que a produziram

Espectro
Conjunto de ondas simples que compõem uma onda complexa

Ressonância
Situação na qual um corpo vibra em uma frequência própria, com amplitude acentuadamente maior, como resultado de estímulos externos que apresentam a mesma frequência de vibração do corpo

de oscilação amplificado e, com isso, induzem a sincronização dos demais ao seu redor. O processo pode se alastrar até tomar conta de todo o cérebro.

> Ressonância é um processo de amplificação de ondas com mesma frequência, produzidas em fontes diferentes, por meio de uma interferência construtiva.

Natureza das ondas

Até este momento, todas as ondas que foram mencionadas eram produzidas pela perturbação de meios materiais como o ar, a água, uma corda. Sabemos que as ondas são propagação de energia e que a luz solar atravessa milhões de quilômetros de vácuo para chegar até nós. Vácuo não é meio material. Vácuo nada mais é do que o próprio espaço. Pelo menos intuitivamente, você sabe que o transporte de energia do Sol para a Terra não se dá por deslocamento de massa; ou seja, a energia que chega aqui só pode vir através de uma onda. Ora, e que onda é essa sem meio de propagação?

Concluímos que existem ondas com naturezas diferentes. Vamos falar dos dois tipos de ondas segundo sua natureza: ondas mecânicas e ondas eletromagnéticas.

Da mesma maneira que podemos classificar as forças como de contato (interação material direta) e de campo (interação a distância), podemos classificar ondas mecânicas como aquelas que interagem com a matéria para sua propagação, e ondas eletromagnéticas como aquelas que são produzidas por campos de forças elétrica e magnética para sua propagação.

Ondas mecânicas

Cremos que a definição de onda mecânica está pronta:

> Onda mecânica é aquela que se propaga através de um meio material, por meio do deslocamento de uma perturbação local, e que interfere no estado de movimento das partículas desse meio.

Essa definição está extensa e talvez mereça uma recapitulação do que já foi estudado sobre ondas até aqui: a perturbação produz uma alteração local no movimento das moléculas. Tal perturbação não configura deslocamento de massa no sentido da propagação da onda, mas cria a amplitude da onda. Por exemplo, a onda do mar produz um movimento oscilatório da massa de água transversal à propagação da onda. É assim que a onda transfere sua energia: através de sua amplitude.

Já sabemos que a velocidade de uma onda mecânica depende do meio em que ela se propaga. De modo geral, quanto mais denso o meio, maior a velocidade de propagação. Assim:

> A velocidade de propagação das ondas mecânicas é maior nos sólidos do que nos líquidos, e maior nos líquidos do que nos gases. As ondas mecânicas não se propagam no vácuo.

Você já percebeu que adotamos as ondas mecânicas como modelo para explicar os fenômenos da física ondulatória até então, pois é mais fácil visualizar a dinâmica da matéria para observar como as ondas funcionam. Entretanto, os fenômenos descritos se aplicam também às ondas eletromagnéticas, que serão discutidas mais adiante.

Agora que já fomos apresentados às ondas e conhecemos suas características e propriedades, vamos discutir um tipo de onda mecânica que é de grande interesse para a fisiologia da audição: o som.

Som

Dentre as ondas mecânicas até agora usadas como exemplo, mencionamos muitas vezes as ondas sonoras, uma vez que são tão comuns no nosso dia a dia quanto as imagens. Os fenômenos sonoros têm características específicas, como volume, frequência e timbre. Essas características dos sons têm sua origem nas propriedades físicas das ondas sonoras.

O volume (ou intensidade) do som nada mais é do que a intensidade da onda sonora; ou seja, a *amplitude das oscilações*. O volume do som é medido em decibéis. Importante: volume não significa "altura" do som! Ao gritar, você não está falando *alto*, está falando com maior intensidade.

> Intensidade é a amplitude da onda sonora e permite diferenciar um som forte de um som fraco.

A altura do som está relacionada com outra característica intrínseca da onda sonora: sua *frequência*. É a frequência que determina se um som é mais alto ou mais baixo que outro; ou seja, se um som é mais *agudo* (alto) ou mais *grave* (baixo) que outro. Quanto maior a frequência da onda sonora, mais agudo será o som percebido. As notas musicais puras são ondas sonoras com frequências diferentes. Uma nota dó tem frequência sempre menor que uma nota ré, na mesma escala. A frequência determina a identidade de uma nota musical.

> A altura de um som é a qualidade que permite diferenciar um som grave de um som agudo e é determinada pela frequência da onda sonora.

Você já percebeu que é capaz de diferenciar uma nota dó, de mesma intensidade, produzida por uma flauta ou por um clarinete? Você percebe que são sons diferentes, apesar de apresentarem a mesma altura. Ou seja, a diferença desses sons se deve à terceira característica do som: timbre. Para entender timbre, devemos compreender que praticamente todos os sons são ondas compostas (soma de várias ondas diferentes), que contêm uma *onda dominante*. Essa onda dominante se destaca em amplitude das demais que compõem o som, definindo, assim, o perfil resultante da soma de ondas; ou seja, o perfil da onda composta (Figura 7.13).

Então, no exemplo dado, a nota dó é a onda dominante, e as demais ondas que compõem esse som são produzidas pelas características intrínsecas dos materiais da fonte sonora (instrumento musical), já que cada material apresenta sua própria vibração intrínseca.

> Timbre é a qualidade que permite diferenciar dois sons de mesma altura e mesma intensidade, emitidos por fontes distintas.

Em relação à velocidade do som, já sabemos que as ondas mecânicas se propagam com maior velocidade nos sólidos e não se propagam no vácuo. O som, por ser uma onda mecânica, obedece a essas leis. A velocidade do som no ar é de aproximadamente 340 m/s. É por isso que, quando passa um avião supersônico (com velocidade superior à do som), só escutamos o som algum tempo depois que o avião já se foi.

Capítulo 7 Ondas 97

Efeito Doppler

O **efeito Doppler**, descrito pelo físico austríaco Christian Doppler no século 19, refere-se ao fato de que, se uma fonte emissora de som se aproxima de um observador parado, a frequência do som percebida por esse observador é maior do que se a fonte estivesse em repouso, e, quando a fonte se afasta do observador parado, a frequência é menor do que se ela estivesse em repouso.

Podemos facilmente verificar esse fato na prática ao nos posicionarmos parados em uma avenida. Basta prestar atenção ao barulho do motor dos veículos, às buzinas ou à sirene de uma ambulância que trafega. É fácil notar que, na aproximação, o som é mais agudo (alto) e, no afastamento, mais grave (baixo). A explicação é simples: na aproximação, a velocidade da onda se soma à velocidade da ambulância (velocidade relativa de aproximação), daí percebemos uma **frequência aparente** maior que a frequência verdadeira da onda sonora. A Figura 7.14 ilustra muito bem essa ideia.

> **Glossário**
>
> **Vácuo**
> Ausência de matéria
>
> **Onda mecânica**
> Onda que necessita de um meio material para se propagar
>
> **Som**
> Modalidade de onda mecânica que é percebida pelo sistema auditivo
>
> **Intensidade do som**
> Qualidade do som determinada pela amplitude das ondas sonoras
>
> **Volume do som**
> O mesmo que intensidade do som
>
> **Altura do som**
> Qualidade do som determinada pela frequência das ondas sonoras
>
> **Timbre**
> Qualidade que permite diferenciar dois sons de mesma altura e mesma intensidade, emitidos por fontes distintas
>
> **Efeito Doppler**
> Fenômeno no qual ocorre alteração na percepção do som quando este é emitido por uma fonte em movimento
>
> **Frequência aparente**
> Frequência percebida pelo observador

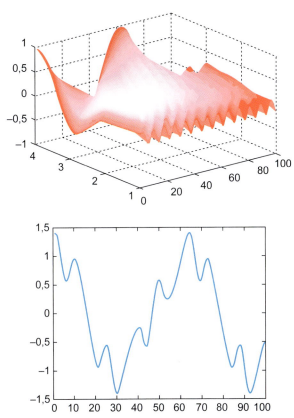

Figura 7.13 Intensidade (eixo y), frequência (eixo x) e timbre (eixo z) como os três eixos representando os sons. O eixo z apresenta os diferentes componentes (ondas) de determinado som. *Embaixo*, os quatro componentes do timbre estão somados para mostrar uma representação bidimensional da onda sonora.

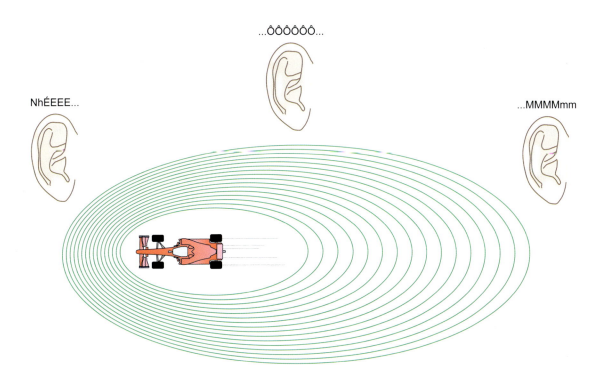

Figura 7.14 Efeito Doppler. Observe como os três ouvidos representados na figura percebem o som emitido pelo carro de corrida de maneira diferente. Essa diferença se deve à frequência aparente do som.

Ondas eletromagnéticas

A onda eletromagnética é uma perturbação que se origina da vibração de um campo elétrico e magnético, simultaneamente.

- Os campos de força magnética e elétrica são inseparáveis.

- Onda eletromagnética é a onda que se origina pela variação de um campo eletromagnético e que se propaga no vácuo à velocidade da luz (3×10^8 m/s).

Ao contrário das ondas mecânicas, quanto maior a densidade de um meio, menor a velocidade de propagação das ondas eletromagnéticas. A velocidade desse tipo de onda é máxima e constante no vácuo – no vácuo, as ondas eletromagnéticas sempre se deslocam à velocidade da luz. *Essa é a principal diferença física entre as ondas mecânicas e as ondas eletromagnéticas.*

- No vácuo, as ondas eletromagnéticas sempre se deslocam à velocidade da luz.

Uma das grandes preocupações de Einstein foi tentar desvendar a natureza das ondas eletromagnéticas (em particular, da luz), mas, até hoje, a natureza das ondas eletromagnéticas permanece um mistério para a física. As ondas eletromagnéticas são abstratas; não conhecemos um modo de materializar as ondas eletromagnéticas dentro de um campo magnético perpendicular a um campo elétrico, como fizemos com as ondas mecânicas na água. Essa impossibilidade de demonstração da onda em si se dá porque não há matéria envolvida nesse processo. Toda definição a respeito de onda eletromagnética é formulada por meio dos efeitos que ela produz na matéria, ou seja, eu vejo o emissor da onda, eu vejo o receptor da onda, eu vejo os efeitos de transferência de energia entre emissor e receptor, mas eu não vejo a onda! Ora, e o facho de raio *laser* e a luz do sol? Não estou vendo luz? Sim, nesses casos, vemos as ondas luminosas que fazem parte do espectro visível da luz, porque a retina dos nossos olhos apresenta receptores para esse tipo de onda, como analisaremos adiante. Porém, qualquer onda eletromagnética acima ou abaixo da faixa de frequência da luz visível não pode ser percebida pelo nosso sistema nervoso.

Então, literalmente, acreditamos na existência de uma entidade oscilatória imaterial a partir da observação de efeitos secundários, uma vez que não temos receptores sensoriais para perceber as ondas eletromagnéticas. Contudo, podemos imaginar um modelo de onda eletromagnética a partir da Figura 7.15.

Entretanto, apesar de as ondas eletromagnéticas serem um ente mais abstrato, é importante lembrar que todas as leis do eletromagnetismo foram muito bem formalizadas e validadas por um gigante da ciência, o qual é, injustamente, pouco lembrado: o matemático e físico escocês James Clerk Maxwell, que produziu seus trabalhos no século 19. Os estudiosos da física costumam dizer que Maxwell está para o eletromagnetismo assim como Newton está para a mecânica e Einstein para a física moderna. Coube às equações de Maxwell o mérito de unificar o eletromagnetismo e a óptica em um só ramo da física. Essa é mais uma prova de que a luz é uma onda eletromagnética.

Como nas ondas mecânicas, *a quantidade de energia transferida para o receptor de ondas eletromagnéticas é proporcional à frequência dessas ondas*. Além disso, segundo o modelo adotado atualmente, essa transferência de energia se dá através dos **fótons**, que se comportam como "pacotes de energia".

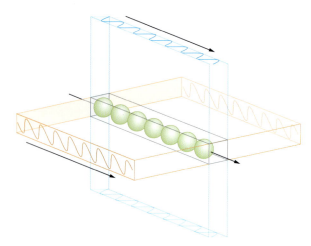

Figura 7.15 Campos elétrico e magnético, e a onda eletromagnética. Construindo um cenário imaginário para esta realidade abstrata, podemos imaginar dois campos perpendiculares oscilando transversalmente, em igual frequência. Cada encontro de duas cristas é uma perturbação eletromagnética que configura um "pacote" de energia (esferas) a se propagar pelo espaço.

- Fóton é a partícula elementar mediadora da força eletromagnética. O fóton também é a quantidade da radiação eletromagnética (incluindo a luz), comportando-se ora como onda, ora como partícula.

Como já sabemos, as forças elétrica e magnética são forças de campo. Acabamos de ver, então, que as forças de campo atuam através de ondas. Mas e a força de campo gravitacional, ela também atua através de uma onda? Bem, não sabemos. Einstein propôs o conceito de **ondas gravitacionais**, mas, até o fim de sua vida, não conseguiu provar sua existência. De qualquer maneira, os físicos da atualidade continuam investigando essa questão, que é uma tentativa de unificação das forças de campo – um sonho que Einstein não realizou.

Não obstante, em 2015 foi noticiado que o observatório LIGO detectou diretamente ondas gravitacionais pela primeira vez. Em verdade, os pesquisadores não detectaram "diretamente". Eles detectaram, repetidas vezes, fenômenos que, dentro do modelo teórico preconcebido, consideram ser ondas gravitacionais, embora seja impossível provar que existam, verdadeiramente, ondas de gravidade fora dos modelos matemáticos que nós mesmos criamos. É o mesmo que dizer que cientistas "fotografaram" um buraco negro em 2019, embora não seja possível fotografar diretamente um buraco negro: neste caso, o que se fez foi criar um algoritmo de computador, baseado, novamente, em nossos modelos teóricos prévios, e "montar" uma imagem – mas a imprensa logo propagou mundo afora que um buraco negro havia sido fotografado. Mais uma vez, precisamos entender que muito do que se fala atualmente na física moderna não se origina em fenômenos observados em laboratório, e sim na tentativa de forçar a realidade (que não conhecemos) em nossos modelos teóricos. Por isso, Stephen Hawking não cansava de dizer que a física moderna é modelo-dependente. Em verdade, como dissemos no fim do Capítulo 2, nossos modelos e equações só dão conta de explicar 4% do Universo. Com efeito, vivemos no desconhecido e convivemos diuturnamente com a incerteza.

Espectro eletromagnético

Por definição, a onda eletromagnética também tem frequência, amplitude e comprimento de onda. Admitimos que no universo existam infinitos grupos de ondas eletromagnéticas cujas frequências partem do zero ao infinito, considerando-se intervalos infinitamente pequenos. Todo o conjunto de ondas eletromagnéticas possíveis é denominado espectro eletromagnético (Figura 7.16). Ele, por si, é teoricamente infinito. Em contrapartida, existem faixas desse espectro que são conhecidas e estudadas. Os raios gama, os raios X, as micro-ondas e as ondas de AM/FM são exemplos de faixas do espectro conhecido, que são estudadas pelo homem e aplicadas na tecnologia.

As ondas eletromagnéticas de alta frequência (raios X e raios gama) apresentam propriedades especiais no que tange à sua interação com a matéria. Estudaremos esse assunto no próximo capítulo.

Uma pequena faixa do espectro eletromagnético conhecido corresponde às ondas eletromagnéticas que, por nós, são conhecidas como luz. Como a luz é tão importante para compreender a fisiologia do sistema visual, vamos falar um pouco sobre ela.

Luz

Como já dissemos, a natureza física da luz permanece um mistério a ser desvendado (se é que um dia nossa ciência será capaz de desvendá-lo). A luz, enquanto fenômeno, tem intrigado os cientistas desde tempos remotos. Isaac Newton foi um dos pioneiros na pesquisa das propriedades da luz a partir do estudo das cores. Ele construiu um círculo com faixas coloridas radiais e o colocou para girar rapidamente. Observou, então, que, visualmente, o disco ficara praticamente branco (Figura 7.17). Sabendo que cada onda luminosa tem uma cor específica (determinada pela sua *frequência*), Newton concluiu que o branco perfeito era a mistura de todas as cores do espectro visível.

Do mesmo modo que Newton demonstrou que a luz branca é composta por todas as cores de luz, podemos utilizar um prisma de vidro para também fazer essa demonstração.

Quando a luz branca (luz policromática) passa através de um prisma de vidro, essa luz é decomposta em sete componentes originais de luz monocromática, isto é, a luz branca se decompõe nas luzes coloridas que a formam, ou seja, no espectro luminoso, como ilustra a Figura 7.18.

Esse fenômeno de decomposição é secundário a uma propriedade das ondas em geral chamada de refração:

> Refração é a alteração da velocidade de propagação de uma onda, sendo geralmente acompanhada de uma alteração na direção de propagação, que ocorre quando a onda muda de meio.

A refração é um fenômeno muito importante, pois explica a mudança de direção dos raios luminosos quando eles atravessam uma lente. Por isso, os óculos ou as lentes de contato são utilizados para corrigir os defeitos de refração (miopia, hipermetropia e astigmatismo) no olho humano.

Observe a refração da luz branca quando ela atravessa o vidro (Figura 7.18, *à esquerda*). Sabemos que cada uma das sete cores monocromáticas apresenta sua frequência própria. No ar (vácuo), todas viajam à mesma velocidade, apresentando, portanto, uma única direção, e se somam, formando a luz branca. Ao passar pelo vidro, cada onda sofre desvio (refração) de acordo com sua frequência. A luz vermelha é a que menos se afasta da trajetória original da luz branca, e a luz violeta é a que mais se afasta.

Se uma onda incidir perpendicularmente sobre um lago, sua trajetória não irá se alterar; entretanto, ocorrerá mudança em sua velocidade e, portanto, refração. Neste caso, a refração não é acompanhada de mudança na trajetória.

Esse exemplo mostra claramente que, no vácuo, as ondas eletromagnéticas apresentam a mesma velocidade (velocidade da luz); porém, em meios materiais, a velocidade diminui, e cada onda apresenta uma velocidade própria, que varia em função de sua frequência.

> A cor de uma onda luminosa é determinada pela sua frequência.

Glossário

Onda eletromagnética
Onda que se propaga no vácuo, sempre à velocidade da luz

Fóton
Partícula de massa nula, composta por determinada quantidade de energia eletromagnética

Onda gravitacional
Teoricamente, uma onda que transmite energia por meio de deformações no espaço-tempo

Espectro eletromagnético
Intervalo que compreende todas as frequências de ondas eletromagnéticas conhecidas

Luz
Conjunto de ondas eletromagnéticas que podem ser percebidas por meio do sentido da visão

Cor
Qualidade da luz determinada pela frequência das ondas luminosas

Luz policromática
Luz composta por ondas luminosas de várias frequências

Luz monocromática
Luz determinada por uma única frequência de onda

Refração
Mudança na velocidade de propagação de uma onda eletromagnética, quando esta muda de meio

Miopia
Dificuldade para enxergar objetos a distância

Hipermetropia
Dificuldade para enxergar objetos próximos

Astigmatismo
Borramento visual em virtude de alterações na curvatura da córnea

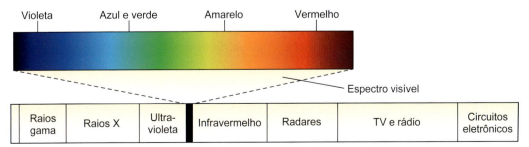

Figura 7.16 Espectro eletromagnético conhecido, que vai da frequência eletromagnética dos circuitos eletrônicos (10^3 Hz) até a frequência eletromagnética dos raios gama (10^{24} Hz), destacando a faixa da luz visível.

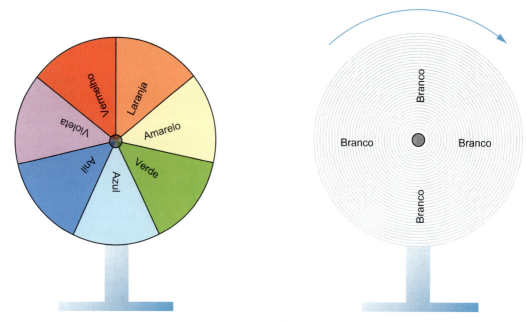

Figura 7.17 Disco de Newton.

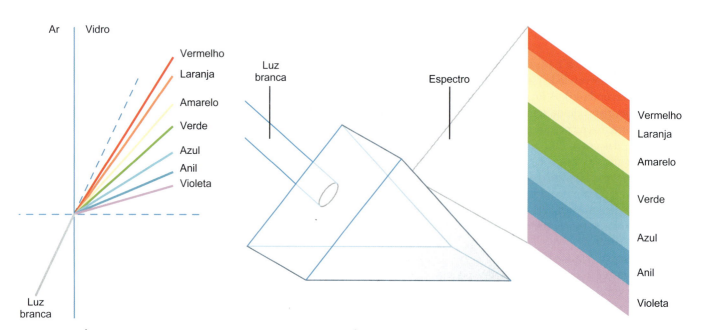

Figura 7.18 *À esquerda*, a refração da luz branca ao mudar de meio. *À direita*, a luz colorida branca sendo decomposta pelo prisma nas sete cores monocromáticas que formam o espectro visível.

Isso explica por que, quando a luz passa pelo prisma (ou seja, muda de meio), suas cores componentes são organizadas em sequência de acordo com suas frequências (Figura 7.18, *à direita*).

O arco-íris é a decomposição da luz do sol quando esta sofre refração nas gotas de água em suspensão na atmosfera.

Agora, vamos falar sobre as cores.

Do ponto de vista da física, existe uma diferença entre luz colorida e matéria colorida. Assim, a cor pode ter duas classificações diferentes: a cor-luz e a cor-pigmento. A cor-luz é a cor da onda luminosa monocromática, que podemos observar quando a luz branca é decomposta através do prisma óptico. Já a cor-pigmento é a cor da matéria. Vamos explicar melhor.

Sabemos que um giz de cera vermelho não emite luz, muito menos luz vermelha. Tanto que, se apagarmos a luz, tudo fica "preto", inclusive o giz. Então, de que se origina a cor vermelha do giz? Se iluminarmos com uma cor verde pura o ambiente onde o giz se encontra, vamos observar que o giz está preto. Ora, o que significa isso? Que as cores observadas de objetos que não emitem luz nada mais são do que luz refletida pelo objeto que chega aos nossos olhos. A matéria que compõe o giz vermelho, ao receber luz branca sobre ela, *absorve todas as luzes componentes da luz branca, exceto a vermelha, que é refletida pelo giz*. Por isso, quando iluminamos com uma luz verde pura a sala onde o giz está, o giz fica preto; ele absorve a luz verde e não reflete coisa alguma.

Assim, se misturarmos as *luzes* das sete cores do arco-íris, teremos como resultante a luz branca, ou seja, cada *cor-luz* se soma à outra. Chamamos esse fenômeno de síntese aditiva. Na síntese aditiva, ocorre a soma de *ondas* de diversas frequências.

Agora, se pegarmos sete *tintas*, cada uma de uma cor do arco-íris (cor-pigmento), e misturarmos todas elas com um pincel, que cor veremos? Preta! Damos a esse fenômeno o nome síntese subtrativa. Na síntese subtrativa, misturamos pigmentos coloridos que atuam como seletores ou filtros de luz; quando a luz branca do ambiente incide, por exemplo, sobre um pigmento amarelo, somente o amarelo é refletido, e o resto é absorvido. Ao misturarmos o pigmento amarelo ao verde, o verde absorve o amarelo, que estaria sendo refletido, e assim por diante; ou seja, cada tipo de pigmento tem seu próprio poder seletor, isto é, absorve (subtrai) a frequência das outras cores. A cada sobreposição de um pigmento, diminui o número de frequências refletidas, até ocorrer a ausência absoluta de reflexão de todas as frequências, isto é, a sensação de preto.

⚛ **O preto é a ausência de luz. O branco é o reflexo de todas as luzes.**

Todas as cores que enxergamos podem ser resultado da reflexão da luz composta por três luzes coloridas fundamentais – o verde, o azul e o vermelho –, as quais variam em intensidade e se misturam para produzir os padrões coloridos. Para provar isso, ligue sua televisão (tem de ser televisor com tubo de imagem), pegue uma lupa e observe: você verá que toda a gama de imagens criadas pela tevê é produzida pela variação da intensidade de luminosidade nos inúmeros pontinhos verdes, azuis e vermelhos que compõem a tela luminosa.

A padronização da composição de cores luminosas utilizando essas três cores fundamentais é chamada de padrão RGB (*red-green-blue*). Os cones – células da retina responsáveis pela percepção das cores – também utilizam o padrão RGB. Assim, nosso olho apresenta cones sensíveis ao azul, ao verde e ao vermelho. A composição da percepção dessas três cores, em intensidades diferentes, oferece ao cérebro a condição de enxergar todos os matizes possíveis de serem enxergados.

Glossário

Cor-luz
Cor visível da onda luminosa monocromática

Cor-pigmento
Cor do objeto que reflete a onda luminosa

Síntese aditiva
Fenômeno que produz uma cor branca, resultante da soma das frequências das ondas monocromáticas correspondentes a cada cor do espectro

Síntese subtrativa
Fenômeno que produz uma cor negra quando os pigmentos de todas as cores do espectro são misturados

Preto
Cor resultante da ausência de luz

Branco
Cor resultante da soma de todas as frequências de luz monocromática

Padrão RGB
Sistema composto pelas cores vermelha, verde e azul, que, ao se combinarem, produzem todas as outras cores

Cones
Células da retina responsáveis pela visão das cores

Retina
Tecido nervoso localizado no fundo do olho, onde as ondas luminosas são transformadas em sinais que dão ao cérebro a sensação da visão

Resumo

- Física ondulatória é o ramo que estuda as ondas e os fenômenos por elas produzidos
- A onda não produz deslocamento de massa ao longo de sua trajetória; produz deslocamento de massa no sentido de seu sobe e desce – isto é, onda é um tipo de transferência de energia sem transferência de matéria
- A onda se propaga em um meio material ou no espaço
- Perturbação é a alteração das características de determinado meio físico; propagação é o ato ou efeito de se mover e se espalhar no espaço
- A quantidade de movimento (energia) de um corpo que se choca com um meio elástico determina, nesse meio, tanto o número de ondas por unidade de tempo como a amplitude dessas ondas
- O que determina a velocidade de propagação de uma onda são as características intrínsecas do meio
- As principais características de uma onda são frequência, amplitude, comprimento e velocidade
- Frequência é o número de perturbações por unidade de tempo
- Amplitude é a intensidade de cada perturbação
- Comprimento de onda é a distância entre duas perturbações (medida pela distância entre duas cristas)
- Velocidade de propagação é a distância percorrida pela perturbação (no sentido da propagação) por unidade de tempo
- A velocidade de propagação de uma onda é determinada pelo produto da frequência da onda por seu comprimento de onda
- Ondas sonoras são ondas mecânicas produzidas pelo som
- Cristas são os pontos mais altos da trajetória de uma onda, e vales são os pontos mais baixos
- Interferência é o fenômeno no qual duas ou mais ondas se sobrepõem, produzindo uma onda resultante
- Interferência construtiva é o fenômeno no qual ocorre sincronização de ondas
- Interferência destrutiva é o fenômeno no qual ondas em oposição de fase se anulam
- Transformada de Fourier é a ferramenta matemática que decompõe uma onda complexa, exibindo as ondas simples que a produziram
- Ressonância é um processo de amplificação de ondas com mesma frequência, produzidas em fontes diferentes, por meio de uma interferência construtiva
- Onda mecânica é aquela que se propaga através de um meio material, mediante o deslocamento de uma perturbação local, e que interfere no estado de movimento das partículas desse meio
- A velocidade de propagação das ondas mecânicas é maior nos sólidos do que nos líquidos, e maior nos líquidos do que nos gases; as ondas mecânicas não se propagam no vácuo
- O som é a modalidade de onda mecânica que é percebida pelo sistema auditivo
- Intensidade (ou volume) é a amplitude da onda sonora e permite diferenciar um som forte de um fraco
- A altura de um som é a qualidade que permite diferenciar um som grave de um agudo e é determinada pela frequência da onda sonora
- Timbre é a qualidade que permite diferenciar dois sons de mesma altura e mesma intensidade, emitidos por fontes distintas
- Efeito Doppler é o fenômeno no qual ocorre alteração na percepção do som quando este é emitido por uma fonte em movimento

(continua)

- Onda eletromagnética é aquela que se origina pela variação de um campo eletromagnético e que se propaga no vácuo à velocidade da luz (3×10^8 m/s)
- Fóton é a partícula elementar mediadora da força eletromagnética; o fóton também é a quantidade da radiação eletromagnética (incluindo a luz), comportando-se ora como onda, ora como partícula
- Espectro eletromagnético é o intervalo que compreende todas as frequências de ondas eletromagnéticas conhecidas
- Luz é o conjunto de ondas eletromagnéticas que podem ser percebidas por meio do sentido da visão
- Refração é a alteração da velocidade de propagação de uma onda, sendo geralmente acompanhada de uma alteração na direção de propagação, que ocorre quando a onda muda de meio
- A cor de uma onda luminosa é determinada pela sua frequência; o preto é a ausência de luz, e o branco é o reflexo de todas as luzes.

Autoavaliação

7.1 Conceitue onda.

7.2 Explique, à luz da física, como se formam as ondas no mar.

7.3 O que determina a velocidade de propagação de uma onda mecânica?

7.4 Conceitue: a) frequência; b) amplitude; c) velocidade de propagação; d) comprimento de onda.

7.5 Explique a diferença entre frequência e velocidade de propagação de uma onda.

7.6 Explique como se dá a propagação do som e de que maneira o ouvido humano percebe as ondas sonoras.

7.7 Diferencie interferência construtiva de interferência destrutiva.

7.8 Diferencie ritmo sincrônico de ritmo assincrônico.

7.9 O que é ressonância?

7.10 Considerando as ondas sonoras, conceitue: a) intensidade; b) altura; c) timbre.

7.11 Explique o efeito Doppler.

7.12 Caracterize, sob a ótica da física, as ondas eletromagnéticas.

7.13 Explique o que é espectro eletromagnético.

7.14 Diferencie luz de cor.

7.15 O que é refração da luz?

7.16 Diferencie cor-luz de cor-pigmento.

7.17 Diferencie síntese aditiva de síntese subtrativa.

7.18 Explique, sucintamente, como a retina percebe a luz e por que a retina não é capaz de perceber outras ondas do espectro eletromagnético.

7.19 Faça uma pesquisa e, em seguida, escreva um pequeno resumo, explicando, com base na física, como funciona a transmissão de informações por fibra óptica.

7.20 Faça uma pesquisa sobre as ondas cerebrais que são registradas no eletroencefalograma. Escreva um pequeno resumo sobre o assunto.

7.21 Pesquise livros de fisiologia humana e faça um pequeno resumo discorrendo sobre como se dão os processos da visão e da audição.

7.22 Pesquise e escreva um resumo sobre como se dá a formação da voz humana, ou seja, como, fisicamente, o corpo humano é capaz de emitir som.

7.23 Pesquise e escreva um resumo sobre o funcionamento de um estetoscópio, explicando como ele é capaz de permitir auscultar sons cardíacos e respiratórios, que não conseguiríamos auscultar apenas encostando nosso ouvido ao tórax de um paciente.

7.24 Pesquise e escreva um resumo sobre como as lentes são utilizadas para corrigir defeitos de refração visual, tais como miopia, hipermetropia e astigmatismo.

7.25 Talvez as ondas tenham uma importância em nossa vida e na evolução de nossa espécie muito maior do que possamos imaginar. É isto que sugere o biólogo inglês Rupert Sheldrake em sua teoria chamada teoria da ressonância mórfica (ou teoria dos campos mórficos ou, ainda, teoria da morfogênese). Faça uma pequena pesquisa sobre esta teoria e redija um breve resumo sobre sua ideia central.

8 Radiações

Objetivos de estudo, 104
Conceitos-chave do capítulo, 104
Introdução, 105
Ionização, 105
Radiações, 107
Resumo, 121
Autoavaliação, 122
Atividades complementares, 122

Objetivos de estudo

Compreender a definição de radiação
Explicar como ocorre a ionização
Diferenciar radiações ionizantes de não ionizantes
Classificar os diferentes tipos de radiação
Ser capaz de diferenciar ionização direta de indireta
Explicar o que é penetrância
Conhecer e entender a radioproteção, a radiossensibilidade e a dosimetria
Conceituar o que é radiação alfa, radiação beta, radiação gama e radiação X
Ser capaz de descrever e explicar a utilização das radiações não ionizantes
Compreender claramente os usos diagnósticos e terapêuticos das radiações

Conceitos-chave do capítulo

Ânodo
Antielétrons
Atividade radioativa
Becquerel (Bq)
Braquiterapia
Camada semirredutora
Câncer
Carbono-14
Catodo
Cintilografia
Crioterapia
Curie (Ci)
Datação radioativa
Dose absorvida
Dose equivalente
Dosimetria
Elétrons livres
Farmacocinética
Farmacodinâmica
Forças nucleares fortes
Forças nucleares fracas
Fotoenvelhecimento
Fóton
Gadolínio
Gray (Gy)
Hiperemia reativa
Ionização

Ionização direta
Ionização indireta
Isótopos
Luz coerente
Luz colimada
Luz monocromática
Meia-vida
Micro-ondas
Négatron
Núcleo de hélio
Número atômico
Número de massa
Ondas curtas
Ondas eletromagnéticas
Partícula beta negativa
Penetrância
PET-scan
Pósitron
Princípio ALARA
Rad
Radiação
Radiação alfa
Radiação beta positiva
Radiação de fuga
Radiação de fundo
Radiação gama
Radiação infravermelha

Radiação ultravioleta
Radiações excitantes
Radiações ionizantes
Radiações não ionizantes
Radicais livres
Radioatividade
Radioativo
Radiofrequência
Radiografia
Radioimunoensaio
Radionuclídeo
Radiossensibilidade
Radioterapia
Radiotraçador
Raio *laser*
Raios X
Rem
Ressonância magnética
Ressonância magnética funcional
Sievert (Sv)
SPECT
Termocoagulação
Termoterapia
Tomografia computadorizada
Ultrassom
Ultrassonografia

Introdução

Este capítulo introduz o estudo das radiações. A importância do assunto reside no fato de que 24 horas por dia, 365 dias por ano, estamos expostos a radiações das mais diversas; muitas delas transitam pelo universo e atingem nosso planeta, outras são produzidas artificialmente pelo ser humano, para os mais diversos fins, como o tratamento do câncer, o desenvolvimento de aparatos para exames de imagem, o cozimento de alimentos em fornos de micro-ondas e até mesmo o desenvolvimento de artefatos de guerra nuclear capazes de extinguir a espécie humana da superfície terrestre.

As possíveis aplicações das radiações são potencialmente infinitas. Intrinsecamente, elas não são boas nem ruins, não são anjos nem demônios; elas são entidades da natureza que, para nós, são ferramentas que podem salvar ou matar, dependendo do uso que a estranha natureza humana deseje fazer delas. Mas, afinal, o que são radiações?

De maneira geral, radiação é tudo aquilo que irradia; ou seja, tudo o que sai "em raios" de algum lugar. Formalmente, podemos defini-la assim:

> Radiação é todo processo de emissão de energia, seja por meio de ondas ou de partículas.

As radiações podem surgir tanto no núcleo quanto na eletrosfera de átomos, dependendo de onde ocorra excesso de matéria ou energia.

As aplicações das radiações são as mais diversas. Podem ser utilizadas em métodos de diagnóstico e terapêutica, assim como em estudos metabólicos. Quando desejamos conhecer o caminho que determinada substância percorre no organismo, podemos marcá-la com radiação e, por meio de aparelhos que medem as radiações, identificar seu metabolismo, observando, inclusive, se essa substância é estocada em algum tecido e como ela é eliminada do organismo. Muito do que se sabe atualmente sobre as rotas bioquímicas envolvidas no metabolismo celular se deve à contribuição das radiações. Do mesmo modo, podemos ligar medicamentos a substâncias radioativas, e, pela medida da radioatividade, estudar sua farmacocinética e sua farmacodinâmica.

Outra aplicação muito interessante das radiações é a datação radioativa, que permite, por exemplo, medir a idade de fósseis a partir do carbono-14 (radioativo), uma vez que o carbono participa do ciclo da matéria nos seres vivos: todo ser vivo assimila uma quantidade média de C^{14} todos os dias, mantendo uma concentração conhecida desse átomo no organismo; quando o ser vivo morre, ele para de assimilar, e, assim, há uma perda progressiva de C^{14} nos seus tecidos. Dessa maneira, somos capazes de determinar há quanto tempo o ser morreu. Outras substâncias radioativas são ainda utilizadas para a datação de meteoros, rochas e até de material lunar; ou seja, *podemos medir, por meio das radiações, a idade da matéria.*

Com o objetivo de entendermos melhor as aplicações do assunto tratado neste capítulo, antes de descrevermos os diversos tipos de radiações, vamos analisar seus efeitos sobre a matéria.

Ionização

Existem várias maneiras de classificar as radiações; porém, a que nos parece mais útil é classificá-las de acordo com o efeito que causam no sistema para o qual a energia é transferida. Uma vez que um átomo libera radiação, essa energia se transfere para um corpo qualquer. Dependendo da intensidade da radiação emitida, o corpo que a recebe pode ou não sofrer ionização. Desse modo, uma boa maneira de classificar as radiações de acordo com seu efeito é dividi-las em radiações ionizantes e radiações não ionizantes.

Glossário

Câncer
Reprodução celular anormal, desordenada e desenfreada

Radiação
Todo processo de emissão de energia, seja por meio de ondas ou de partículas

Farmacocinética
Estudo quantitativo dos fenômenos de absorção, distribuição, biotransformação e excreção dos fármacos

Farmacodinâmica
Estudo dos efeitos fisiológicos e bioquímicos dos fármacos

Datação radioativa
Processo que faz a estimativa da idade de fósseis e outras substâncias com grande precisão

Carbono-14
Carbono radioativo utilizado no processo de datação radioativa

Ionização
Processo pelo qual os átomos de determinada matéria perdem ou ganham elétrons, formando íons

Radiação ionizante
Tipo de radiação capaz de produzir ionização da matéria

Radiação não ionizante
Tipo de radiação que não produz ionização da matéria

BIOFÍSICA EM FOCO

Câncer

Vejamos a definição de câncer segundo o *site* do Instituto Nacional de Câncer (INCA):

"Câncer é o nome dado a um conjunto de mais de 100 doenças que têm em comum o crescimento desordenado (*maligno*) de células que invadem tecidos e órgãos, podendo espalhar-se (*metástase*) para outras regiões do corpo.

Dividindo-se rapidamente, estas células tendem a ser muito agressivas e incontroláveis, determinando a formação de tumores (acúmulo de células cancerosas) ou *neoplasias malignas*. Por outro lado, um *tumor benigno* significa simplesmente uma massa localizada de células que se multiplicam vagarosamente e se assemelham ao seu tecido original, raramente constituindo um risco de morte.

Os diferentes tipos de câncer correspondem aos vários tipos de células do corpo. Por exemplo, existem diversos tipos de câncer de pele porque a pele é formada por mais de um tipo de célula. Se o câncer tem origem em tecidos epiteliais, como pele ou mucosas, é denominado *carcinoma*; se começa em tecidos conjuntivos, como osso, músculo ou cartilagem, é chamado de *sarcoma*. Outras características que diferenciam os diversos tipos de câncer são: a velocidade de multiplicação das células e a capacidade de invadir tecidos e órgãos vizinhos ou distantes (*metástases*)."

Vamos rever o que é ionização:

> **Ionização é o processo pelo qual os átomos de determinada matéria perdem ou ganham elétrons, formando íons.**

Logo, os átomos de um corpo que sofreu efeito de uma radiação ionizante ficarão ionizados. Qual a consequência da ionização para quem recebeu uma radiação ionizante?

Bem, como as radiações ionizantes transportam grandes quantidades de energia, quando a radiação atinge um corpo, essa energia se transfere à eletrosfera do corpo atingido e extrai elétrons da matéria que constitui o corpo em questão, dando origem a **elétrons livres** (Figura 8.1).

Mas qual é a consequência da liberação desses elétrons livres?

Os elétrons livres são espécies químicas altamente reativas e, assim, reagem com qualquer matéria que esteja ao seu alcance, alterando a sua estrutura química e podendo, muitas vezes, alterar sua função.

Para compreendermos melhor, analisaremos os efeitos da radiação e da criação de elétrons livres em tecidos biológicos. No corpo humano, por exemplo, as estruturas são determinadas por proteínas. Se uma radiação ionizante atinge um tecido humano, os elétrons livres formados poderão fundamentalmente atuar de duas maneiras: uma direta e outra indireta.

Via direta da ionização

Na **ionização direta**, os elétrons livres reagem diretamente com as proteínas do organismo, alterando totalmente sua configuração e pervertendo sua função. Esse tipo de atuação ocorre com aproximadamente 20% dos elétrons livres liberados (Figura 8.2).

É importante ressaltar que, pela atuação direta, muitas vezes os elétrons livres reagem diretamente com o DNA das células, atacando principalmente suas muitas pontes de

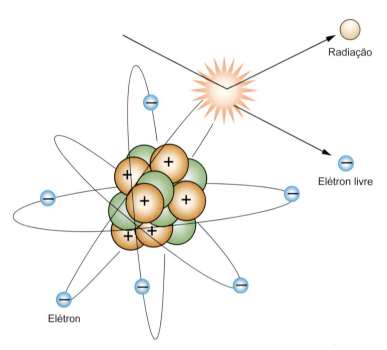

Figura 8.1 Ionização de um átomo a partir de radiação. Uma partícula ionizante se choca com o elétron, arrancando-o de sua órbita ao redor do átomo. Este, no caso, torna-se um cátion.

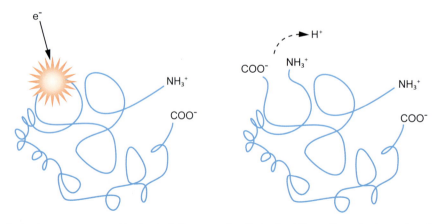

Figura 8.2 Ionização direta de uma macromolécula orgânica por ação direta de elétrons livres (e⁻), resultando em quebra de ligações químicas e alteração de sua estrutura.

hidrogênio. Nesse caso, se uma grande quantidade de radiação for absorvida pelas células, o DNA pode sofrer alterações estruturais que irão interferir diretamente nos processos de reprodução celular e síntese proteica, podendo ocasionar diversos tipos de câncer.

Por outro lado, se porventura as mesmas radiações forem dirigidas de modo controlado para o DNA de células cancerosas, estas poderão ser destruídas. Esse é o fundamento da radioterapia. Veja na Figura 8.3 o DNA sendo "atacado" por radiações alfa e beta, as quais serão estudadas mais adiante.

Via indireta da ionização

Na ionização indireta, os elétrons livres não reagem diretamente com proteínas ou DNA, e sim com as moléculas de água (presentes em todo o organismo), e, assim, produzem os famosos radicais livres de oxigênio (peróxidos, superóxidos etc.), que são altamente reativos e poderão, posteriormente, reagir com as estruturas celulares, de modo a alterar sua função. *Oitenta por cento dos efeitos das radiações ocorrem por via indireta*, como mostra a Figura 8.4. O fato de a maior parte das radiações ionizantes atuar por meio de radicais livres de oxigênio explica por que os tecidos em hipóxia (mal oxigenados) são cerca de 3 vezes mais resistentes aos efeitos das radiações.

Resumindo, podemos afirmar que as radiações, sejam elas ondas ou partículas, podem ser ionizantes ou não ionizantes. A ionização ocorre quando a energia da radiação incidente sobre um material é suficiente para extrair elétrons dos seus átomos. Dizemos que a radiação é não ionizante quando sua energia não é suficientemente grande para extrair elétrons dos átomos; nesse caso, pode ocorrer a excitação do átomo, em que os elétrons são levados a camadas mais externas do átomo sem, contudo, serem ejetados.

Agora que já entendemos do que se trata o fenômeno de ionização, vamos iniciar o estudo das radiações ionizantes. Mais adiante, trataremos das radiações não ionizantes.

Radiações

Antes de analisarmos as radiações, vamos nos recordar, rapidamente, de alguns conceitos básicos da atomística.

O átomo é composto pelo núcleo e pela eletrosfera. No núcleo, há, fundamentalmente, os prótons (com carga positiva e massa) e os nêutrons (sem carga e com massa). *O que determina a identidade de um átomo é o número de prótons que existe em seu núcleo, que denominamos número atômico*. A soma do número de prótons e nêutrons determina o número de massa. Observe a representação da Figura 8.5, que mostra um átomo de sódio com 11 prótons e 12 (= 23 − 11) nêutrons.

Agora, vamos nos recordar de outro conceito importante: isótopos. Eles são átomos de um mesmo elemento químico (portanto, mesmo número atômico), porém com número de nêutrons diferentes (Figura 8.6).

Glossário

Elétrons livres
Elétrons que não estão presos na vizinhança do núcleo atômico, podendo se mover aleatoriamente entre os átomos, com alta velocidade; são encontrados com frequência nos metais e são responsáveis pelo fenômeno da corrente elétrica

Ionização direta
Situação na qual os elétrons livres reagem diretamente com as proteínas do organismo

Radioterapia
Uso terapêutico de radionuclídeos

Ionização indireta
Situação na qual os elétrons livres reagem com a água, formando radicais livres de oxigênio

Radicais livres
Espécies químicas que apresentam elétrons desemparelhados, sendo, portanto, altamente reativas

Hipóxia
Nome que se dá à má oxigenação tecidual

Número atômico
Número de prótons no núcleo do átomo; é o número atômico que determina a identidade do átomo

Número de massa
Soma do número atômico com o número de nêutrons; a soma de prótons com nêutrons define a massa do átomo, já que os elétrons têm massa desprezível

Isótopos
Átomos de um mesmo elemento químico (mesmo número atômico) e número de massa diferente

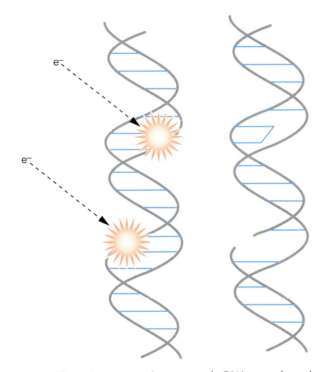

Figura 8.3 Alterações comuns à estrutura do DNA causadas pela reação com elétrons livres (e⁻).

🔬 BIOFÍSICA EM FOCO

Por que as gestantes não podem se submeter a radiografias?

As radiografias fazem uso de um tipo de radiação ionizante, os raios X (que estudaremos melhor adiante), que é muito penetrante e atravessa a massa corporal. Ao atingirem o DNA, que é a estrutura responsável pelo controle das funções celulares, os raios X produzem alterações na célula. *As gestantes não devem, de modo geral, ser submetidas a nenhum tipo de radiação ionizante*, quer seja para fins diagnósticos ou terapêuticos, já que, em razão da alta atividade mitótica do embrião, qualquer alteração do DNA pode causar mutações e malformações no feto, ou, até mesmo, morte fetal.

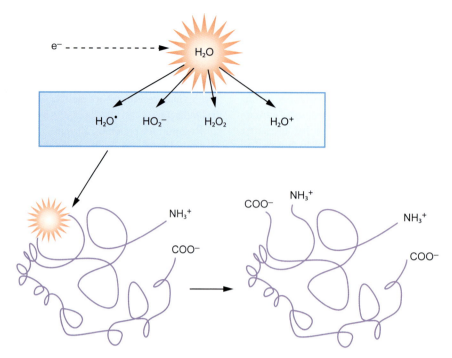

Figura 8.4 Efeitos indiretos das radiações ionizantes mediados pela produção de radicais livres, que são altamente reativos. Assim, estes radicais reagem com moléculas orgânicas, de modo a corrompê-las.

Figura 8.5 Notação de um elemento, incluindo o seu número de massa e seu número atômico.

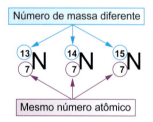

Figura 8.6 Isótopos.

Alguns isótopos existem espontaneamente na natureza; porém, boa parte deles é produzida artificialmente, a fim de criar núcleos radioativos. Falaremos disso mais adiante.

Normalmente, as radiações que transportam mais energia se originam em núcleos atômicos, já que levam consigo a energia das forças nucleares. Como se sabe, as **forças nucleares** são extremamente poderosas. As **forças nucleares fracas** são capazes de transformar prótons em nêutrons (e vice-versa), como ocorre nos casos de emissão beta (assunto que discutiremos mais adiante). Já as **forças nucleares fortes** mantêm os prótons unidos e restritos ao núcleo; além disso, parece que os nêutrons atuam como uma "cola" que mantém os prótons juntos dentro do núcleo. Assim, foi verificado experimentalmente que, quando existe uma *diferença significativa entre o número de prótons e o número de nêutrons*, o núcleo se torna *instável*, emitindo radiação.

Descreveremos, primeiro, as radiações ionizantes, e, posteriormente, os outros tipos de radiações.

Radiações ionizantes

A existência das radiações nucleares pode ser facilmente compreendida se nos recordarmos de alguns princípios estudados na teoria geral dos sistemas, respaldados pelas leis gerais da termodinâmica, já estudadas no primeiro capítulo deste livro.

Conforme já foi visto, uma vez que o núcleo de um átomo é constituído de partículas, podemos considerá-lo um sistema. Se um núcleo apresenta excesso de energia, a termodinâmica garante que ele apresenta baixa estabilidade; logo, maior será a probabilidade de ele transferir essa energia para um sistema com menos energia, como assegura a segunda lei da termodinâmica. Assim, *um núcleo atômico com excesso de energia caracteriza um sistema instável*.

Uma vez que, segundo os postulados da física moderna, matéria é energia condensada, podemos concluir que um núcleo instável é aquele que apresenta excesso de matéria ou energia.

Várias situações podem alterar a estabilidade de um núcleo, e tais situações se relacionam com as já mencionadas (e ainda pouco conhecidas) forças nucleares. Desse modo, tudo o que discutiremos em relação à instabilidade do núcleo daqui em diante terá como base modelos e hipóteses. A física é assim: quando a natureza impõe suas leis e fenômenos, os físicos criam modelos para tentar compreendê-los, ainda que tais modelos sejam um tanto abstratos e de difícil compreensão sob a ótica da percepção comum.

De todo modo, sempre que um núcleo de um átomo é instável, esse átomo é chamado de radionuclídeo, e, como ele deve transferir essa energia em busca de estabilidade, essa energia é transferida como radiação (radioatividade); ou seja, o átomo é, então, radioativo. Assim:

Radionuclídeo é o átomo cujo núcleo emite radiação.

É importante ressaltar que, na natureza, existem muitos radionuclídeos; entretanto, outros são produzidos pelo ser humano, por meio de aceleradores de partículas ou bombardeio ao núcleo do átomo por reatores em usinas nucleares. Assim, *existem radionuclídeos naturais e artificiais.*

Observe um modelo de radionuclídeo na Figura 8.7.

A radiação emitida por um radionuclídeo pode ser de natureza particulada (de partículas) ou ondulatória (de ondas).

Prótons e nêutrons ejetados de átomos ou núcleos atômicos são exemplos de radiação particulada. As radiações de natureza particulada são caracterizadas por sua *carga, massa* e *velocidade*: pode ser carregada ou neutra, leve ou pesada, lenta ou rápida.

As radiações eletromagnéticas (ondulatórias) são constituídas por campos elétricos e magnéticos, variando no espaço e no tempo. Como já estudamos no capítulo anterior, as ondas eletromagnéticas são caracterizadas pela amplitude e pela frequência da oscilação.

Já que um radionuclídeo emite partículas, ele irá, um dia, acabar por se desintegrar? A resposta é sim.

Para medir o tempo durante o qual um radionuclídeo emite radiações, foi criado o conceito de meia-vida. A meia-vida representa o tempo transcorrido até que a atividade de determinado radionuclídeo caia pela metade. Quando plotamos a meia-vida em um gráfico, podemos observar claramente que *o decaimento radioativo é exponencial.* Vamos examinar a Figura 8.8 para visualizarmos isso melhor.

Examinando o gráfico da Figura 8.8, podemos observar que a desintegração total dos átomos irá demorar muitos bilhões de anos; entretanto, a *meia-vida pode ser extremamente variável.* Existem radionuclídeos que apresentam meia-vida de segundos, enquanto, em outros, a meia-vida pode ser de quase uma eternidade. Isso explica por que acidentes e ataques nucleares ocorridos no passado podem causar estragos até hoje, e as consequências ainda poderão ser sentidas por muitos e muitos anos. Por esse motivo, os acidentes nucleares são tão sérios e perigosos, pois, além da enorme quantidade de energia liberada, os efeitos podem durar centenas ou milhares de gerações.

Vamos descrever os tipos mais comuns de radiação ionizante, bem como sua aplicação.

Radiação alfa

A radiação alfa é, na verdade, um *feixe de partículas*. O decaimento alfa acontece quando um núcleo (natural ou produzido artificialmente), em geral pesado, emite uma partícula composta por dois prótons e dois nêutrons, ou seja, por um núcleo de hélio. Alguns exemplos de emissores alfa são o urânio-238, o urânio-235, o plutônio-239 e o paládio-231 (Figura 8.9).

A partir da Figura 8.9 e da definição de emissão alfa, observamos que, caso o núcleo tenha uma desproporção entre prótons e nêutrons, a emissão alfa não será capaz de igualar o número de prótons e o de nêutrons, uma vez que, a cada radiação alfa, o átomo perde 2 prótons e 2 nêutrons. Para exemplificar, imagine um átomo hipotético Y que apresente 100 prótons (número atômico) e 115 nêutrons (número de massa = 100 + 115 = 215). A representação desse átomo será $_{100}Y^{215}$. Vejamos o que ocorre em uma emissão alfa: $_{100}Y^{215} - _{2}\alpha^{4} \rightarrow _{98}X^{211}$. Podemos observar que *o átomo Y se transformou em outro átomo X*, uma vez que houve mudança no número atômico (identidade do átomo).

Porém, no átomo X, há 98 prótons e 113 nêutrons; logo, a diferença de 15 entre o número de prótons e o de nêutrons se manteve constante, ou seja, a mesma diferença que existia no átomo Y. Assim, *o átomo X continua instável*. Portanto, chegamos a uma conclusão importante: somente a emissão alfa não é suficiente para estabilizar um núcleo que apresenta diferença entre número de prótons e de nêutrons, logo, em busca de estabilidade, o átomo Y deverá, além da emissão alfa, emitir outras partículas radioativas, como veremos adiante.

Glossário

Forças nucleares
Forças que atuam no núcleo do átomo

Força nuclear fraca
Força que possibilita a transformação de prótons em nêutrons, e vice-versa

Força nuclear forte
Força que mantém prótons e nêutrons unidos no núcleo atômico

Radionuclídeo
Núcleo atômico instável, o qual, consequentemente, emite radiação

Radioatividade
Desintegração espontânea do núcleo atômico de determinados elementos com emissão de partículas ou radiação eletromagnética

Radioativo
Nome dado ao átomo capaz de emitir radiação

Meia-vida
Tempo transcorrido até que a atividade de determinado radionuclídeo caia pela metade

Radiação alfa
Partícula altamente ionizante, equivalente ao núcleo do hélio; não é utilizada em humanos

Núcleo de hélio
Núcleo do elemento químico hélio, o qual apresenta 2 prótons e 2 nêutrons; portanto, seu número de massa é igual a 4

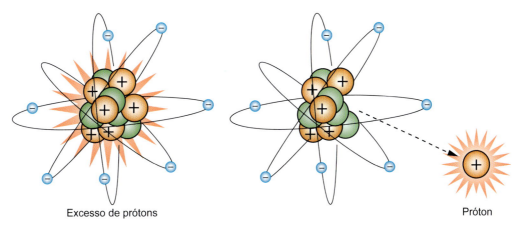

Figura 8.7 Modelo de radionuclídeo.

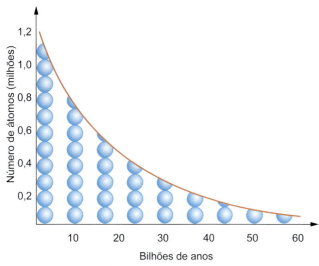

Figura 8.8 Gráfico da meia-vida de um elemento radioativo hipotético.

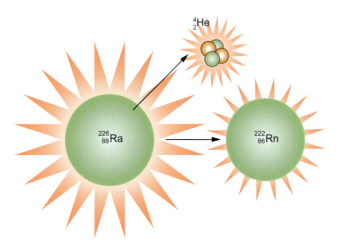

Figura 8.9 A radiação alfa tem a configuração do núcleo do gás nobre hélio (2 prótons e 2 nêutrons).

Contudo, já que a emissão alfa, por si só, não estabiliza o núcleo, por que ela acontece? Bem, como a emissão alfa ocorre em átomos com número de massa muito elevado, e, a cada emissão, o número de massa diminui, parece que *o objetivo da emissão alfa é justamente diminuir a massa do núcleo;* afinal, excesso de massa não deixa de ser excesso de energia, se considerarmos a massa como energia condensada. Por outro lado, é claro que, para igualar o número de prótons e nêutrons, isto é, equilibrar o núcleo, outros tipos de emissão são necessários.

Agora, vamos discutir algumas características da radiação alfa. Se levarmos em consideração que ela apresenta massa (2 prótons e 2 nêutrons), poderemos concluir que essa radiação é um corpo de tamanho considerável (levando em conta a escala dos tamanhos atômicos). Assim, *a radiação alfa tem alta probabilidade de colidir com outros átomos e produzir ionização.* Como uma pedra arremessada contra uma tela: quanto maior a pedra, maior a possibilidade de colidir contra a malha da tela e ter sua trajetória interrompida ou desviada.

Imagine uma bola que é arremessada horizontalmente e atinge apenas uma curta distância porque, em razão do atrito com o ar, perdeu aceleração ao longo de sua trajetória. Do mesmo modo, a penetrância (capacidade de atravessar obstáculos) da radiação alfa é muito baixa; ela não consegue ir muito longe. Para se ter uma ideia, uma simples folha de papel colocada à frente da fonte emissora pode deter as partículas alfa emitidas por um radionuclídeo.

Em função de seu alto poder de ionização, as radiações alfa não são utilizadas em humanos, já que poderiam causar enormes estragos no DNA das células. Elas são comuns em raios cósmicos, e seu uso é mais frequente em usinas nucleares, uma vez que a energia liberada nessas emissões é muito alta.

Em suma, vejamos as suas características:

> As radiações alfa: são partículas; são altamente ionizantes; são pouco penetrantes; não são utilizadas em humanos.

Então, qual tipo de radiação é capaz de tornar o núcleo estável, igualando o número de prótons com o de nêutrons? Trataremos essa questão a partir de agora.

Radiação beta negativa

A partícula beta negativa ou négatron se assemelha a um elétron, ou seja, é uma partícula com massa muito pequena; porém, ao contrário dos elétrons que habitam a eletrosfera, as partículas beta se encontram no núcleo, isto é, *a partícula beta é o elétron do núcleo.* Estranho, não? Pois é, como dissemos, a física teve de criar vários modelos de partículas fundamentais, além dos conhecidos prótons, nêutrons e elétrons, para explicar os fenômenos que ocorrem nos núcleos atômicos.

Para entender a emissão da partícula β^-, imagine o seguinte: como ela se encontra no núcleo, tem massa muito pequena e carga negativa, cada vez que emite tal partícula o núcleo fica menos negativo (ou mais positivo), ou seja, o efeito observado é de *como se um nêutron se transformasse em um próton.*

Imagine um átomo de carbono com 6 prótons e 8 nêutrons ($_6C^{14}$). Como a diferença entre o número de prótons e nêutrons é diferente de zero, o núcleo desse átomo está instável, não é mesmo? Imagine, então, que ocorra uma emissão de radiação β^-. O que acontecerá? Neste caso, perde-se um nêutron e ganha-se um próton; assim, o número de massa não será alterado, mas o número atômico aumentará em 1 unidade. Como o número atômico terá mudado, o átomo deixará de ser carbono e passará a ser nitrogênio – no caso $_6C^{14}$ passa a ser $_7N^{14}$, que, agora, sim, é estável, já que tem igual número de prótons e de nêutrons. Concluímos que:

> A cada emissão β^-, o número atômico aumenta em 1 unidade e o número de massa se mantém constante.

> A cada emissão β^-, um nêutron se transforma em um próton.

Veja a ilustração desse fenômeno na Figura 8.10.

Como as partículas beta têm muito menos massa que as alfa, seu poder de colisão (ionização) é menor; porém, elas apresentam maior poder de penetração; para detê-las, é necessária uma folha de alumínio.

Resumindo as principais características das radiações beta:

> As radiações beta: são partículas; são bastante ionizantes, porém menos ionizantes que as partículas alfa; são mais penetrantes que as partículas alfa; são eventualmente utilizadas em humanos.

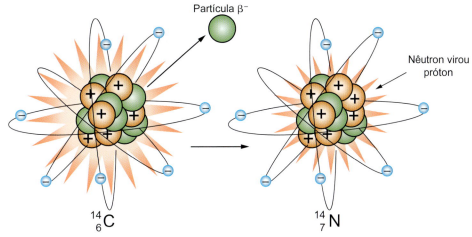

Figura 8.10 Emissão de partículas beta e transformação de nêutrons em prótons. Observe que o carbono se transformou em nitrogênio.

BIOFÍSICA EM FOCO

Radioterapia

Em humanos, as partículas β⁻ são utilizadas para fins terapêuticos; é a chamada radioterapia. Nesse caso, a fonte emissora é colocada a certa distância do paciente e bombardeia um feixe de partículas exatamente sobre a área da pele adjacente ao local em que existe um processo cancerígeno. No caso de as substâncias radioativas que emitem partículas β⁻ serem injetadas com agulhas diretamente sobre o câncer, o processo recebe o nome de braquiterapia.

Pelo que vimos até agora:

> Se um núcleo tiver excesso de nêutrons, ele irá emitir radiação β⁻.

Mas, e no caso de um núcleo apresentar excesso de prótons? Como ele poderá tentar buscar o equilíbrio? Veremos agora.

Radiação beta positiva

Os físicos nucleares identificaram outra partícula no núcleo, a qual denominaram pósitron, que, na realidade, é um elétron de carga positiva (isso mesmo!), que se situa no núcleo – em razão das suas características, os pósitrons são também conhecidos como antielétrons. A emissão de radiação beta positiva (pósitron) causa um efeito no núcleo que faz com que um próton se transforme em um nêutron. Logo:

> A cada emissão β⁺, o número atômico diminui em 1 unidade e o número de massa se mantém constante.

Ou seja:

> A cada emissão β⁺, um próton se transforma em um nêutron.

Vejamos um exemplo de emissão β⁺ na Figura 8.11.

Agora que já estudamos as emissões beta, vamos entender como os físicos nucleares criam radionuclídeos emissores desse tipo de radiação. Basta pegar um átomo estável (com mesmo número de prótons e nêutrons), bombardear seu núcleo e criar isótopos desse átomo com números de massa diferentes (excesso ou falta de nêutrons). Vejamos um exemplo hipotético: imagine um átomo estável $_ZX^A$. Se, por meio de reações nucleares, criarmos o isótopo $_ZX^{A+1}$ (excesso de nêutron), ele irá emitir radiação β⁻ para se estabilizar.

Agora, se criamos o isótopo $_ZX^{A-1}$ (déficit de nêutron), ele irá emitir radiação β⁺ para buscar a estabilidade.

Vamos agora estudar o terceiro tipo de radiação nuclear.

Radiação gama

Apesar de se originarem do núcleo atômico, as radiações gama são diferentes das radiações alfa e beta, uma vez que estas são partículas, enquanto a radiação gama é uma onda.

Existem vários modelos e teorias para tentarmos explicar como o núcleo emite as radiações gama; entretanto, basta sabermos que estas normalmente acompanham a emissão de partículas alfa ou beta.

Estudamos no capítulo anterior a natureza das radiações gama. Na verdade, elas nada mais são do que ondas eletromagnéticas de altíssima frequência (acima de 10^{20} Hz). Vamos recordar o espectro eletromagnético, já estudado anteriormente, analisando a Figura 8.12, que destaca o poder de transferência de energia das ondas desse espectro (muitas das quais de natureza ionizante).

Glossário

Penetrância
Capacidade que determinada radiação tem de atravessar obstáculos físicos

Partícula beta negativa
Partícula radioativa com a configuração semelhante a um elétron (massa desprezível e carga negativa)

Négatron
Sinônimo de partícula beta negativa

Radioterapia
Processo terapêutico com base no uso de radiações

Braquiterapia
Radioterapia aplicada diretamente no tecido afetado

Pósitron
Sinônimo de partícula beta positiva; também conhecido como antielétron

Antielétron
Sinônimo de pósitron

Radiação beta positiva
Partícula radioativa com a configuração semelhante a um elétron (massa desprezível), porém com carga positiva

Radiação gama
Radiação ionizante que ocorre na forma de onda eletromagnética

Onda eletromagnética
Reveja o Capítulo 7

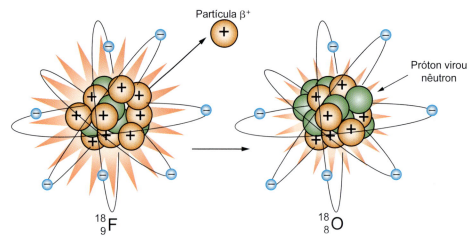

Figura 8.11 Emissão β⁺ com a transformação de um próton em um nêutron. Repare que, neste caso, o flúor (que era estável) se transformou em oxigênio (instável). Por motivos pouco conhecidos, isto eventualmente pode acontecer, apesar de normalmente ocorrer o contrário (núcleo instável se transformar em núcleo estável).

BIOFÍSICA EM FOCO

PET-scan

As emissões β⁺ são utilizadas em um exame diagnóstico de altíssima precisão denominado *PET-scan*. O termo PET significa tomografia com emissão de pósitrons. O princípio desse exame se baseia no fato de que tecidos com maior atividade metabólica consomem mais glicose – é o que ocorre em células tumorais, células inflamatórias ou áreas cerebrais que estejam mais ativas em determinados momentos. Logo, se conseguirmos visualizar esses tecidos, poderemos diagnosticar precocemente vários tipos de câncer ou, então, estudar as funções do cérebro com o paciente acordado, solicitando a ele que execute tarefas diferentes e observando que área cerebral fica mais ativa.

Para isso, injetamos no paciente um composto denominado fluordesoxiglicose (FDG), que é formado por moléculas de glicose marcadas com o radioisótopo flúor-18, o qual emite pósitrons. A FDG se fixa nos tecidos metabolicamente mais ativos. Em seguida, o paciente é colocado em um aparelho de tomografia computadorizada (que estudaremos mais adiante), no qual as imagens são formadas e as áreas que estiverem emitindo pósitrons se mostrarão coloridas. Esse exame, a despeito de seu alto custo, é uma das ferramentas mais modernas e poderosas para o diagnóstico do câncer disponíveis na atualidade.

Quando a emissão não é de pósitron, mas de fóton (pacote de energia), o método se chama SPECT (tomografia por emissão de fóton único).

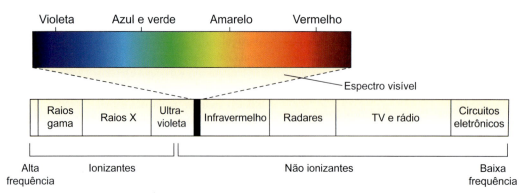

Figura 8.12 Radiações ionizantes e não ionizantes no espectro eletromagnético.

As ondas com frequência muito elevada (acima de 10^{16} Hz), por transportarem muita quantidade de energia, têm capacidade de extrair elétrons, sendo, portanto, ionizantes, apesar de sua natureza ondulatória. As ondas ionizantes são os raios X (que discutiremos mais adiante) e os raios gama.

Observe, na Figura 8.13, que, após uma emissão gama, não ocorre alteração no número atômico nem no número de massa do átomo emissor.

Em razão da sua natureza ondulatória e da ausência de massa, a radiação gama apresenta duas importantes diferenças em relação às emissões alfa e beta. Em primeiro lugar, seu potencial de ionização é menor, mas isso não significa que seja desprezível; ao contrário, a exposição a radiações gama pode provocar grandes danos aos tecidos. Em segundo lugar, seu potencial de penetração é muito maior, tanto é que, para deter uma radiação gama, é necessária uma parede de chumbo.

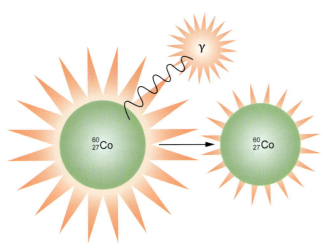

Figura 8.13 Radiação gama, uma emissão eletromagnética de altíssima frequência do núcleo do cobalto. Com essa emissão, o núcleo mantém sua configuração, mas perde energia.

Por esse motivo, os centros de medicina nuclear precisam ser construídos com paredes que possuam camadas de chumbo, e os funcionários devem utilizar aventais de chumbo.

Chamamos de camada semirredutora (CSR) a medida da espessura de qualquer material necessária para reduzir a intensidade do feixe radioativo à metade. A CSR apresenta um comportamento exponencial, assim como a meia-vida de decaimento. O conceito de camada semirredutora é muito importante em proteção radiológica.

Veja, na Figura 8.14, a diferença de penetrância das radiações nucleares.

Logo, as principais características das radiações gama são as seguintes:

Glossário

PET-scan
Exame de imagem de alta precisão, com base na emissão de pósitrons
SPECT
Exame semelhante ao *PET-scan*, que utiliza, porém, a emissão de fótons
Camada semirredutora
Espessura de um material necessária para reduzir à metade a intensidade de um feixe incidente de radiação
Cintilografia
Exame de imagem com base na emissão de radiação gama
Radiotraçador
Substância ligada a um radionuclídeo que emite radiação gama

> As radiações gama: são ondas eletromagnéticas; normalmente acompanham a emissão alfa e/ou beta; são ionizantes, porém menos ionizantes que as partículas alfa e beta; são bem mais penetrantes que as partículas alfa e beta; são utilizadas em humanos.

Vejamos outra aplicação das radiações gama.

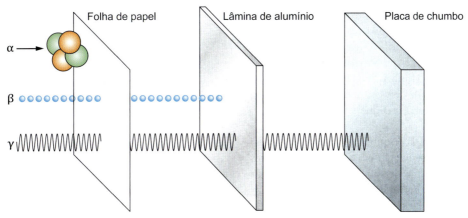

Figura 8.14 Penetrância das radiações ionizantes.

BIOFÍSICA EM FOCO

Cintilografia

Uma das aplicações das radiações gama é o exame de cintilografia.

Esse exame permite obter imagens de processos fisiológicos que ocorrem em nosso organismo. Na cintilografia, são utilizados isótopos radioativos, os quais substituem isótopos estáveis, formando uma estrutura molecular denominada radiotraçador ou radiofármaco. Esse radiotraçador é captado e concentra-se seletivamente em determinado órgão; por exemplo, se o paciente ingerir iodo traçado (radioativo), este vai se fixar na glândula tireoide, já que quase todo o iodo do organismo fica nessa glândula. Em seguida, com a ajuda de detectores, podemos rastrear os radioisótopos e, assim, determinar o mapeamento funcional de um órgão específico como a tireoide, o coração, o cérebro ou os rins. As imagens, captadas por um aparato denominado *gama câmara* e mostradas na tela de um computador, representam a distribuição do radiotraçador no órgão estudado. Qualquer distribuição que diferir da distribuição padrão e homogênea irá indicar a presença de alguma anormalidade funcional.

Quando ministrados em doses maiores, os radiotraçadores são também utilizados na medicina nuclear para eliminar células cancerosas. Nesse caso, a radiação entra no organismo do paciente, vai até o tecido-alvo e destrói as células por meio do processo de ionização. Alguns exemplos de radiotraçadores são o iodo-131, o iodo-123, o tecnécio-99 e o tálio-201.

🞉 BIOFÍSICA EM FOCO

Radioimunoensaio

Outra aplicação muito interessante das radiações gama nas dosagens bioquímicas de inúmeras substâncias (hormônios, fármacos etc.) é um método denominado radioimunoensaio (RIE).

Em linhas gerais, o RIE consiste no seguinte: uma quantidade fixa de anticorpo é imobilizada em um suporte. Adiciona-se a solução teste, com quantidade desconhecida de antígeno que queremos medir. Após a incubação, remove-se o antígeno não ligado e adicionam-se anticorpos marcados (traçadores) específicos para o antígeno, com local de ligação diferente do local do anticorpo de fase sólida. O anticorpo marcado não ligado é removido por lavagem e faz-se a medida da radioatividade da fase sólida. Quanto maior a concentração do antígeno, maior a concentração do complexo [anticorpo-antígeno-anticorpo marcado]. Quanto maior a radiação emitida, maior a concentração desse complexo e, portanto, maior a concentração do antígeno medido.

Apresentadas as radiações de origem nuclear, vamos examinar outro tipo de radiação ionizante.

Radiação X

Já temos certa familiaridade com as radiações X (também conhecidas como raios X); afinal, quem nunca viu ou se submeteu a uma radiografia? De fato, a radiografia representa a principal aplicação dos raios X, pois, como bem sabemos, a radiografia se trata de um exame em que os tecidos são atravessados por raios (radiações X), que sensibilizam um filme de acordo com a densidade de cada tecido. Na realidade, os raios X queimam o filme (chapa), fazendo-o ficar preto; porém, de acordo com a densidade de determinado tecido, os raios X não o atravessam tão bem, e daí o filme fica menos preto. Os ossos, por exemplo, por serem mais densos, não permitem que os raios X cheguem completamente ao filme e, portanto, aparecem quase brancos nas chapas.

Dessa maneira, a radiografia discrimina tecidos com quatro densidades diferentes: densidade óssea, densidade de partes moles, densidade de gordura e densidade aérea. Basta olhar uma radiografia para perceber que não é possível verificar muitos detalhes através dela; porém, por ser um exame de baixo custo, ainda tem grande utilidade.

Observe a Figura 8.15 para entender melhor o que foi dito. Uma vez que, geralmente, uma incógnita é representada pela letra x, os raios X receberam esse nome porque, quando foram descobertos, não se sabia nada acerca de sua natureza.

Aliás, a história da descoberta dos raios X é muito interessante e ilustra como se chega às descobertas científicas. Em 8 de novembro de 1895, um professor alemão chamado Wilhelm Conrad Röntgen (1845-1923), enquanto trabalhava em seu laboratório em Wurzburgo, observou irradiações luminosas que partiam de uma tela de platinocianeto de bário sempre que ligava um dos seus "tubos de Crookes", um dispositivo de raios catódicos inventado por William Crookes (1832-1919). A tela ficava localizada longe do tubo e sempre reluzia, ainda que qualquer outro objeto fosse colocado na linha que a ligava ao tubo. Röntgen foi capaz de mostrar a propriedade de penetração desses raios, fornecendo ao mundo a primeira "radiografia".

Como normalmente ocorre na ciência, a descoberta de Röntgen foi totalmente acidental, já que os raios emitidos pelo tubo de Crookes são completamente invisíveis. Hoje é sabido que se devem às colisões de minúsculas partículas (elétrons) na parede do tubo que os origina. Na época de Röntgen, a natureza dessas partículas (igualmente invisíveis) era completamente desconhecida.

Também acidentalmente, Röntgen descobriu que esses raios não eram barrados por obstruções materiais. Então, trocando a placa por uma chapa fotográfica e o objeto por um membro do corpo humano, a radiografia médica foi inventada! Röntgen fez a primeira radiografia a partir da mão de sua esposa.

Atualmente, sabemos que os raios X podem acompanhar emissões nucleares; porém, a maneira mais comum de obter raios X é por meio do choque de elétrons submetidos a um campo elétrico de altíssima voltagem, no interior de uma ampola. Sabemos que os raios X podem ser produzidos quando elétrons são acelerados em direção a um alvo metálico (p. ex., o tungstênio). O choque do feixe de elétrons (que saem do catodo) com

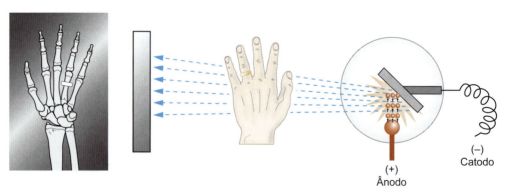

Figura 8.15 Raios X. Experiência original que demonstrou os efeitos de penetrância de uma radiação à qual deram o nome de X.

o **ânodo** (alvo) produz os raios X. Chamamos esse processo de raios X de frenagem. Com a frenagem dos elétrons, sua energia cinética é transferida ao espaço na forma de uma perturbação eletromagnética que se propaga na forma de ondas (como a energia cinética da pedra que cai na piscina e transfere energia para a água, produzindo ondas sobre a lâmina de água). Veja a Figura 8.16.

Como os raios X são formados a partir do choque de um feixe de elétrons, fica claro que *os raios X são uma radiação que se origina na eletrosfera*, e não no núcleo atômico, diferindo, portanto, das radiações alfa, beta e gama, que são emitidas pelo núcleo do átomo.

Por se tratar de uma radiação eletromagnética, assim como a radiação gama, os raios X apresentam *alta penetrância*. Barreiras de chumbo são necessárias para uma adequada *radioproteção* em ambientes nos quais existam aparelhos de radiografia.

Quanto ao poder de ionização dos raios X, precisamos tecer alguns comentários importantes. O que determina o poder de ionização dos raios X não são suas características intrínsecas, e sim a **voltagem** que colocamos no aparelho. Em uma radiografia convencional, ficamos expostos aos raios X por apenas uma fração de segundos, e o aparelho é calibrado com uma voltagem que faz com que o grau de ionização seja desprezível. Mesmo assim, *gestantes devem evitar ao máximo a exposição aos raios X*.

Entretanto, se a voltagem for muito aumentada e o tempo de exposição for alargado, os raios X *podem apresentar um grau de ionização maior que os raios gama*. Desse modo, os raios X podem ser utilizados em *radioterapia* para exterminar células de tumores malignos.

Em síntese, apresentamos as principais características dos raios X:

- As radiações X: são ondas eletromagnéticas; originam-se na eletrosfera; apresentam poder de ionização variável; são tão penetrantes quanto as radiações gama; são utilizadas em humanos.

- Radiações ionizantes de origem nuclear: radiações alfa, beta e gama.

- Radiação ionizante de origem na eletrosfera: radiação X.

Glossário

Radioimunoensaio
Método de dosagem laboratorial que utiliza anticorpos ligados a radionuclídeos que emitem radiação gama

Radiografia
Exame de imagem, de baixa resolução, realizado por meio de raios X

Raios X
Radiação formada por ondas eletromagnéticas cuja frequência é maior que a da luz visível e menor que a dos raios gama

Catodo
Terminal negativo de uma pilha ou acumulador

Ânodo
Terminal carregado positivamente para onde se dirigem os elétrons e íons negativos

Voltagem
Diferença de potencial elétrico entre dois pontos

Tomografia computadorizada
Exame de imagem, de boa resolução, realizado por meio de raios X emitidos e analisados por computador

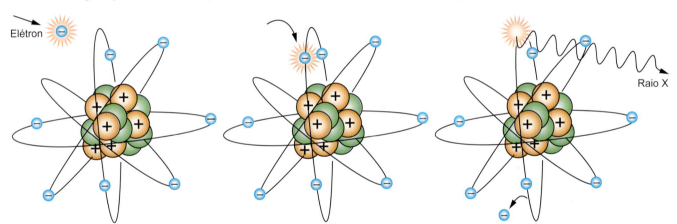

Figura 8.16 Os raios X são emitidos pela eletrosfera do átomo de tungstênio.

BIOFÍSICA EM FOCO

Tomografia computadorizada

Como as radiografias normalmente não apresentam uma resolução suficiente para detectar pequenas lesões, foi desenvolvido um sistema computadorizado para melhorar (e muito) a resolução das imagens obtidas por raios X: a **tomografia computadorizada** (TC).

Na TC, um tubo de raios X gira 360° em torno da região do corpo que pretendemos estudar, e a imagem obtida será o somatório de fatias dessa região. O aparelho de TC emprega muitas fontes de raios X, que produzem feixes estreitos e paralelos, percorrendo ponto a ponto o plano que pretendemos visualizar, mensurando a radiodensidade de cada ponto. Posteriormente, as informações obtidas são processadas por um computador, que utiliza uma técnica matemática denominada *transformada de Fourier*. Assim, o computador fornece imagens de inúmeros cortes e planos, conjugando-as e fornecendo uma percepção tridimensional dessas imagens.

É muito importante entender que, apesar de se tratar de uma técnica avançada e de excelente resolução, o que existe por trás da TC nada mais é do que a *radiação X*, que, como sabemos, é ionizante. Ou seja, *a TC nada mais é que uma radiografia ultra-aprimorada*; logo, seus riscos são os mesmos de uma radiografia convencional. Assim, *seu uso em gestantes deve ser rigorosamente evitado*.

Além da TC convencional, existe a TC por emissão de pósitrons (já discutida anteriormente).

Dosimetria

Como as radiações ionizantes são literalmente facas de dois gumes (afiadíssimas, por sinal), é muito importante medir adequadamente a dose de radiação emitida e absorvida pelos tecidos (chamamos dosimetria esse processo de medida), a fim de podermos calcular a dose efetiva para procedimentos diagnósticos e terapêuticos, bem como para podermos implementar medidas de *radioproteção*, evitando efeitos indesejáveis.

As medidas de dosimetria são feitas por aparelhos específicos (dosímetros); porém, seria interessante que conhecêssemos as unidades de medida. Para medir as radiações existem unidades físicas próprias; da mesma maneira que podemos medir a força em newtons, a massa em quilogramas e o tempo em segundos, também existem unidades próprias para a medida das radiações e seus efeitos. Vamos aprender que unidades são essas, o que elas medem, e, apenas para efeito ilustrativo, mostrar alguns fatores de conversão entre elas.

A primeira grandeza que podemos medir é a atividade radioativa, que representa o número de emissões por segundo. A atividade é intrínseca a cada radionuclídeo. A principal unidade de atividade no Sistema Internacional é o becquerel (Bq); 1 Bq equivale a 1 emissão/segundo. Outra unidade muito usual para medir atividade é o curie (Ci); 1 Ci = 3,7 × 10^{10} Bq. Na verdade, a atividade representa a dose administrada do radionuclídeo; do mesmo modo que dizemos que podemos administrar 500 mg de ácido acetilsalicílico a um paciente febril, dizemos que, para tratar um câncer na tireoide, utilizamos a dose de 100 mCi de iodo-131.

Entretanto, saber somente a dose administrada do radionuclídeo não nos informa que dose será efetivamente absorvida pela matéria que foi irradiada. Assim, é importante medir a dose absorvida, que, no Sistema Internacional, é medida em gray (Gy), que corresponde a 1 joule por quilograma. Outra unidade muito usual para medir a dose absorvida é o rad; 1 Gy = 100 rads.

Apesar de a dose absorvida ser uma medida que nos fornece a noção clara do quanto de radiação foi absorvido, ela não leva em conta o tipo de radiação que foi absorvido. Assim, para fins de proteção radiológica, utiliza-se a medida da dose equivalente, que é a própria dose absorvida multiplicada por um fator que depende do tipo de radiação; afinal, o grau de ionização varia de acordo com a natureza de radiação, ou seja, utiliza-se fator 25 para radiação alfa, fator 8 para radiação beta e fator 1 para radiações gama e X. Assim, a dose equivalente é a dose absorvida multiplicada por fatores de conversão que dependem do tipo de radiação. A unidade de dose equivalente no Sistema Internacional é o sievert (Sv). Outra unidade utilizada para dose equivalente é o rem (do inglês, *Röntgen equivalent in man/mammal*); 1 Sv = 100 rems.

Para ilustrar o conceito de dose equivalente, seguem alguns dados interessantes:
- Para raios X e gama, 1 rad = 1 rem
- Para partícula beta, 1 rad = 8 rems
- Para partícula alfa, 1 rad = 20 rems.

Resumindo as unidades:

Atividade radioativa: becquerel ou curie. Dose absorvida: gray ou rad. Dose equivalente: sievert ou rem.

Ainda falando em dosimetria e radioproteção, três conceitos importantes, que merecem ser conhecidos, são os seguintes:
- Radiação de fundo (também conhecido como *background* ou BG): é a radiação cósmica, vinda dos corpos celestes, que existe em todo local. Ela deve ser levada em conta no cálculo da radiação que existe em determinado ambiente. Assim, por exemplo, em uma sala onde se realizem radiografias, teremos a soma de radiação X mais BG (radiação de fundo)
- Radiação de fuga: todo aparelho de raios X apresenta um vazamento mínimo aceitável de radiação, denominado radiação de fuga. Se esse valor estiver acima dos estabelecidos pelos órgãos responsáveis pela segurança radioativa, o aparelho deverá ser descartado e substituído
- Princípio ALARA: trata-se de um princípio que norteia a proteção radiológica. A palavra ALARA vem do acrônimo em inglês para a expressão *as low as reasonably achievable*, que significa: tão pouco quanto razoavelmente alcançável, ou seja, esse princípio se resume na famosa expressão "menos é mais", isto é, devemos sempre utilizar a menor dose de radiação possível, o menor tempo de exposição possível e o menor número possível de exposições à radiação.

Radiossensibilidade

Quando lidamos com radiações ionizantes, é muito importante também conhecer a sensibilidade de cada tecido aos efeitos das radiações. Conforme já dissemos, o principal alvo das ionizações são as pontes de hidrogênio do DNA; assim, nos tecidos que apresentam alta taxa de mitose, tais como as células lábeis e os gametas, a sensibilidade às radiações é maior.

Seguindo o mesmo raciocínio, as células estáveis, ou seja, as que apresentam baixo potencial de reprodução, são mais resistentes aos efeitos das radiações.

As células lábeis são aquelas que se reproduzem continuamente; por exemplo, as células da pele (a cada banho que tomamos, bilhões de células da epiderme são removidas e rapidamente renovadas) e as células do sangue, que têm uma vida média de algumas semanas e estão constantemente em renovação.

Os gametas (células reprodutivas) também apresentam mitose contínua a fim de formar células-filhas.

Já as células estáveis quase nunca se renovam e apresentam baixo potencial de reprodução e regeneração. Assim são as células ósseas e musculares e os neurônios.

Dessa maneira, podemos classificar a radiossensibilidade em três graus distintos: células muito sensíveis às radiações (células lábeis e gametas), células pouco sensíveis ou radiorresistentes (células estáveis) e células moderadamente sensíveis (as que apresentam comportamento reprodutivo moderado).

Quando se planeja uma intervenção com radiações, é fundamental conhecer a radiossensibilidade dos tecidos. Por exemplo, células muito radiossensíveis apresentam a vantagem de, em caso de câncer, responderem bem à radioterapia; entretanto, são muito mais vulneráveis a sofrerem mutações no caso de exposição prolongada do organismo a radiações não controladas. Não é por acaso que grande parte dos habitantes de regiões onde já ocorreram acidentes nucleares apresenta leucemias (câncer no sangue), câncer de pele e alterações nos gametas, gerando descendentes com malformações congênitas.

Tabela 8.1 Sensibilidade dos diversos tecidos às radiações ionizantes.

Muito sensíveis	Moderadamente sensíveis	Pouco sensíveis
▶ Medula óssea	▶ Endotélio	▶ Células ósseas
▶ Gônadas	▶ Tecido conjuntivo	▶ Neurônios
▶ Pele	▶ Túbulos renais	▶ Fibras musculares

Por outro lado, os tecidos radiorresistentes, formados por células estáveis, são pouco vulneráveis a acidentes radioativos; porém, quando esses tecidos apresentam um câncer, normalmente a radioterapia é pouco eficaz, sendo muitas vezes necessária a quimioterapia (tratamento do câncer com base em coquetéis de medicamentos infundidos na veia, muitas vezes com efeitos colaterais significativos).

Assim, a radiossensibilidade apresenta seus prós e contras, como a moeda que possui duas faces. A Tabela 8.1 resume a radiossensibilidade dos diversos tecidos.

Radiações não ionizantes

Chegou o momento de falarmos das radiações que, apesar de não causarem ionização, apresentam aplicações no diagnóstico e na terapêutica: as **radiações não ionizantes**.

Alguns autores classificam como radiações apenas as partículas (alfa, beta e gama) e as ondas eletromagnéticas. Entretanto, optamos por uma classificação mais ampla.

Lembre-se de que definimos radiações como *partículas ou campos que se propagam transferindo energia ou matéria no espaço*. Essa definição é um tanto abrangente e nos permite incluir entre as radiações outros tipos de transferência de energia, como ondas de ultrassom, campo magnético e transmissão de calor.

Vamos abordar inicialmente dois tipos de radiações não ionizantes que são ondas eletromagnéticas: os raios ultravioleta e o raio *laser*. Em seguida, discutiremos os outros modos de transporte de energia (ultrassom, campo magnético e calor).

Radiação ultravioleta

Se você observar o espectro eletromagnético na Figura 8.12, verá que existem ondas com frequência imediatamente acima da luz visível. De fato, a frequência da luz visível vai de 10^{14} a 10^{15} Hz, enquanto os raios ultravioleta (UV) apresentam uma frequência entre 10^{15} e 10^{16} Hz. A **radiação ultravioleta** (RUV) é responsável pela camada superior da atmosfera (ionosfera).

A radiação UV faz parte da luz solar que atinge a Terra; portanto, a maior fonte de RUV é o próprio Sol. De acordo com a frequência das ondas, os raios UV se dividem em UVA, UVB e UVC (em ordem crescente de frequência).

Como a camada de ozônio filtra grande parte desses raios, somente uma pequena porcentagem de raios UVA e UVB atinge nosso planeta. Os raios UVC são todos filtrados.

Bem, mas os raios UV são imprescindíveis para a vida na biosfera, pois é a partir da energia transportada por eles que ocorre a fase clara da fotossíntese, permitindo a existência de toda a cadeia alimentar no planeta.

Além disso, os raios UV, ao atingirem a pele, ativam a **vitamina D** presente na superfície cutânea. Depois de ativada, a vitamina D segue para o fígado, onde sofre a primeira hidroxilação. Em seguida, vai para o rim, onde sofre a segunda hidroxilação, passando a se chamar calcitriol, o qual vai para as células intestinais e aumenta a absorção de cálcio e fósforo, que se unem, formando a parte mineral dos ossos.

A radiação UVA possui intensidade constante ao longo de todo o ano; logo, ela atinge a pele praticamente do mesmo modo durante o inverno ou o verão; paralelamente, sua intensidade também não varia muito ao longo do dia. Esse tipo de radiação penetra profundamente na pele, e é o principal responsável pelo **fotoenvelhecimento**. Essa radiação tem importante participação nas fotoalergias e pode, eventualmente, predispor a pele ao surgimento de câncer. A radiação UVA também está presente nas câmaras de bronzeamento artificial, em doses cerca de 10 vezes mais altas do que na radiação proveniente do Sol.

Em relação à radiação UVB, podemos dizer que sua incidência aumenta drasticamente durante o verão, especialmente nos períodos de 10h a 16h, quando a intensidade dos raios alcança seu pico. Os raios UVB penetram superficialmente e causam as queimaduras solares. São os principais responsáveis pelas alterações celulares que predispõem ao câncer da pele. Somente os raios UVB causam queimaduras solares devido à sua ação superficial; já os raios UVA, por agirem profundamente na pele, podem causar lesões sem nenhuma queimadura aparente.

O uso de protetores solares e de óculos escuros nos ajuda a proteger a pele e a retina contra queimaduras; entretanto, é bom lembrar que os protetores solares só atuam filtrando os raios UVB.

Glossário

Dosimetria
Processo de medida dos níveis de radiação em um corpo ou em um local

Dosímetro
Aparelho utilizado para se efetuar a dosimetria

Atividade radioativa
Número de emissões radioativas por segundo; suas unidades são o becquerel e o curie

Becquerel (Bq)
Unidade de medida da atividade radioativa, no Sistema Internacional

Curie (Ci)
Unidade equivalente a $3,7 \times 10^{10}$ Bq

Dose absorvida
Quantidade de radiação que a matéria irradiada absorveu

Gray (Gy)
Unidade de medida da dose absorvida, no Sistema Internacional

Rad
Unidade equivalente à centésima parte de 1 Gy

Dose equivalente
Quantidade de radiação absorvida por determinado órgão ou tecido

Sievert (Sv)
Unidade de medida da dose equivalente, no Sistema Internacional

Rem
Unidade equivalente à centésima parte de 1 Sv

Radiação de fundo
Radiação originada de raios cósmicos, que existe em qualquer ambiente

Radiação de fuga
Quantidade de radiação que escapa dos aparelhos que geram raios X

Princípio ALARA
Princípio que norteia a proteção radiológica, segundo o qual se devem sempre usar a menor dose possível de radiação, o menor tempo possível de exposição e o menor número possível de exposições à radiação

Mitose
Processo de divisão celular no qual uma célula origina duas células-filhas idênticas

Células lábeis
Células que são constantemente renovadas (substituídas)

Gametas
Células reprodutivas (espermatozoides nos homens e óvulos nas mulheres)

Células estáveis
Células duradouras, que não sofrem processo de renovação (substituição)

Radiossensibilidade
Grau de sensibilidade que determinado tecido tem à radiação

Radiação não ionizante
Radiação que não produz ionização nos tecidos

Radiação ultravioleta
Radiação composta por ondas eletromagnéticas de alta frequência (acima da frequência da luz de cor violeta)

Vitamina D
Vitamina importante para a absorção intestinal de cálcio e fósforo

Fotoenvelhecimento
Envelhecimento cutâneo, causado pela radiação ultravioleta, provocado por exposição ao Sol

Admite-se que as lesões causadas pela radiação ultravioleta não são decorrentes do processo de ionização, uma vez que a concentração que chega até a superfície terrestre normalmente não tem energia suficiente para extrair elétrons. Entretanto, parece que, apesar de não ocasionar ionização, a radiação ultravioleta pode acelerar várias reações químicas em nível celular por ocasionar saltos de elétrons entre camadas da eletrosfera. Assim, apesar de não ser ionizante, a radiação ultravioleta pode ser classificada como radiação excitante.

Pela sua natureza excitante, os raios UV podem ser usados em laboratório como agentes capazes de amplificar a cinética de reações celulares.

Raio *laser*

Para entender do que se trata o raio *laser*, descoberto no fim da década de 1950, é importante ressaltar que o termo *laser* nada mais é que a sigla de *light amplification by stimulated emission of radiation*; quer dizer, o raio *laser* nada mais é que uma *onda luminosa amplificada*. Porém, o *laser* apresenta uma energia muitíssimo maior que a luz comum. Vamos entender o porquê disso.

Para a física quântica, as radiações são constituídas por fótons, ou seja, "pacotes de energia". No caso do *laser*, quando seus fótons atingem determinada superfície, ocorre soma das energias dos fótons, isso porque a radiação emitida pelas fontes *laser* apresenta três características fundamentais: é monocromática (fótons com o mesmo comprimento de onda), coerente (fótons emitidos em concordância de fase) e colimada (fótons emitidos na mesma direção).

A luz comum não possui essas características, tanto é que, conforme sabemos, a luz, ao atravessar um prisma óptico, se decompõe no espectro de frequências que vai do vermelho ao violeta. No caso do *laser* isso não ocorre; em virtude de sua natureza monocromática, qualquer que seja a cor do feixe de raio *laser*, este não se decompõe ao atravessar um prisma óptico.

Para se produzir um raio *laser* é necessária uma fonte de energia (em geral, uma lâmpada de descarga) que excita átomos ou moléculas no interior de uma cavidade ressoadora, constituída por duas superfícies com elevadíssimo poder de reflexão. O choque dos átomos do meio com os espelhos, através de reflexões sucessivas, amplifica a luz e confere a ela as três características fundamentais já discutidas. A Figura 8.17 ilustra a formação do raio *laser*.

Em razão de sua alta capacidade de transportar energia de maneira uniforme e intensa, o *laser* tem sido bastante utilizado para realizar cortes com precisão mais que milimétrica, além de, simultaneamente, cauterizar os vasos com sua energia térmica, causando a termocoagulação de vasos e lesões. Assim, o *laser* funciona como um "superbisturi" que corta sem sangramento. Por esse motivo, ele tem sido utilizado em cirurgias muito delicadas, como, por exemplo, cortes milimétricos na córnea, ou, então, coagulação de microvasos na retina.

Por sua alta energia, ele também é utilizado na indústria para cortar com precisão materiais e metais de alta resistência e dureza, que não poderiam ser cortados de outra maneira. O corte com *laser* permite cortar peças com extrema precisão a uma velocidade de corte altíssima. Além disso, ele também é capaz de soldar materiais. A soldagem a *laser* tem como vantagem principal a possibilidade de soldar juntas estreitas, com baixas distorções, quando comparada aos métodos de soldagem tradicionais.

Agora vamos falar de outros tipos de transferência de energia, que incluímos no conceito amplo de radiações, e apresentam utilidade diagnóstica e terapêutica.

Campo magnético

Nesta seção, explicaremos o funcionamento de um tipo de exame complementar de imagem muito utilizado e de grande acurácia – a ressonância magnética (RM), que é conhecida desde 1940, inventada por Purcell e Bloch, laureados com o Prêmio Nobel de Física em 1952.

A RM, diferentemente da tomografia computadorizada convencional, não utiliza raios X; portanto, pode ser utilizada em gestantes, além de possibilitar uma resolução de imagem superior à da TC.

Os princípios físicos que explicam o fenômeno de ressonância nos núcleos atômicos com alinhamento dos *spins* são bastante complexos e fogem ao objetivo deste curso. Entretanto, vamos apresentar uma ideia geral acerca de como funciona o exame.

A RM é fundamentada na propriedade inerente a alguns núcleos atômicos de apresentar o fenômeno de ressonância e, em consequência, emitir sinais de radiofrequência quando submetidos a campos magnéticos elevadíssimos (na ressonância magnética, os pulsos de radiofrequência são compostos por ondas eletromagnéticas semelhantes àquelas emitidas por uma emissora de rádio FM, sendo, portanto, inofensivas). Tal propriedade é particularmente evidente nos átomos de hidrogênio que compõem as moléculas de água.

Desse modo, a RM é capaz de distinguir tecidos com base no teor de água que cada um possui. Os ossos, por exemplo, por praticamente não conterem água livre, não produzem nenhuma imagem. Para otimizar as imagens, usa-se, eventualmente, contraste à base de gadolínio.

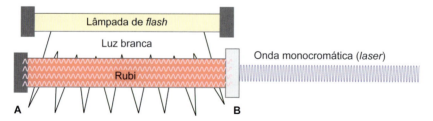

Figura 8.17 O *laser* original, conforme publicado na revista *Nature* de 1960, por T. H. Maiman. As extremidades esquerda e direita do rubi são revestidas por um espelho perfeito (**A**) e um espelho semitransparente (**B**). Após a luz branca sofrer milhares de reflexões entre os espelhos, o feixe de *laser* (*à direita*) é produzido.

A técnica apresenta, como já foi dito, uma resolução bem maior do que a obtida pela tomografia computadorizada de raios X. Um exame de ressonância magnética é como um atlas fotográfico de anatomia, tamanha a qualidade da resolução das imagens obtidas.

A única restrição da RM é a seguinte: o campo magnético de altíssima magnitude é potencialmente perigoso para os pacientes que possuem implantes metálicos em seus organismos (marca-passos, clipes vasculares, pinos ósseos de sustentação etc.), uma vez que o campo magnético pode, eventualmente, causar o deslocamento de tais implantes, fazendo com que eles saiam do lugar. Além disso, infelizmente a RM ainda é um exame de alto custo.

Nos últimos anos, a evolução dos magnetos supercondutores usados para a ressonância magnética permitiu que surgisse um tipo, *supostamente*, ainda mais sofisticado de RM, que seria capaz de, além de estudar a morfologia das estruturas, avaliar também sua função; trata-se da ressonância magnética funcional (RMf), que é realizada no mesmo aparelho que a RM, porém com a utilização de um *software* usado para "colorir" áreas supostamente mais ativadas do encéfalo. Esse exame, tal como o *PET-scan*, veio com a promessa de ser capaz de marcar áreas com metabolismo mais ativo. A diferença entre eles é que o *PET-scan* utiliza glicose com flúor traçado (radioativo) para avaliar áreas metabolicamente mais ativas, enquanto a RMf marca essas áreas por meio de seu maior consumo de oxigênio. A outra diferença – e esta, sim, é a diferença mais marcante – é que, enquanto no *PET-scan* injetamos um contraste (glicose marcada com flúor-18), na RMf não injetamos nada; consequentemente, quem colore as imagens é um *software*, ou seja, não há nada de biológico nas imagens que se veem na RMf.

O princípio, grosso modo, da RMf é o seguinte: ao atravessar a rede de vasos capilares, a oxi-hemoglobina (hemoglobina carregando oxigênio) libera O_2, transformando-se em desoxi-hemoglobina (dHb), cujas propriedades paramagnéticas atuam no sentido de reforçar localmente os efeitos do campo magnético externo, fornecendo uma imagem colorida das áreas mais ativas. Na verdade, a base biofísica desse fenômeno, que é denominada efeito BOLD ou sinal BOLD (do inglês, *blood-oxygen-level-dependent*), é bem mais complicada do que isso, mas sua descrição detalhada foge totalmente ao escopo deste texto. O fato é que, em última instância, o exame seria capaz de marcar mais intensamente áreas cerebrais onde estivesse ocorrendo maior fluxo de sangue. A RMf tem sido muito utilizada em estudos de neurofisiologia, pois, ao solicitar

Glossário

Radiação excitante
Radiação que, apesar de não promover ionização, acelera reações químicas em um organismo

Raio *laser*
Feixe concentrado e intenso de luz coerente, de comprimento de onda na faixa visível

Fóton
Reveja o Capítulo 7

Luz monocromática
Luz que apresenta um único comprimento de onda e, consequentemente, uma única cor

Luz coerente
Luz composta por ondas em concordância de fase (coincidência entre vales e picos)

Luz colimada
Luz composta por fótons emitidos em uma única direção

Termocoagulação
Processo de coagulação ocasionado pelo calor

Ressonância magnética
Exame cuja imagem é de altíssima resolução, sendo obtida por computador e produzida por meio da exposição do indivíduo a um campo magnético de elevada intensidade

Radiofrequência
Frequência de ondas eletromagnéticas de rádio FM

Gadolínio
Contraste injetado na veia para otimizar as imagens na ressonância magnética

Ressonância magnética funcional
Exame de ressonância magnética capaz de avaliar o grau de atividade metabólica dos órgãos

BIOFÍSICA EM FOCO

Ressonância magnética funcional

Atualmente, muito do que se afirma a respeito da fisiologia do sistema nervoso parte do pressuposto de que, por meio do exame da ressonância magnética funcional (RMf), seria possível "ver o cérebro em movimento", já que, nesse exame, o paciente fica acordado e pode executar tarefas e pensar de acordo com as instruções do examinador. Assim, seria possível mapear as áreas relacionadas com pensamentos, desejos, ideias, intenção, tomada de decisões etc. Entretanto, antes de se fazer qualquer afirmativa a respeito das funções cognitivas, é necessário ter muita cautela, pois a RMf não é tão precisa como se imagina.

Em primeiro lugar, como não se injeta nenhum contraste durante o exame, as imagens, na verdade, são montadas por um *software*, que compara estatisticamente áreas mais ou menos oxigenadas. Acontece que pode haver erros na programação do *software* e pode também haver erros inerentes ao método estatístico usado para montar as imagens (isso mesmo, as imagens são montadas por um programa de computador, elas não são uma "fotografia" do que está acontecendo no encéfalo).

Em segundo lugar, o exame não é capaz de diferenciar áreas que estão sendo estimuladas das áreas que estão sendo inibidas durante a execução de uma dada tarefa. Isso porque, tanto para estimular quanto para inibir, são necessários potenciais de ação e liberação de neurotransmissores. Logo, estímulo e inibição demandam aumento do metabolismo e consumo de oxigênio. Como o *software* se baseia, *grosso modo*, na taxa de oxigenação cerebral (o chamado sinal BOLD), áreas muito estimuladas ou muito inibidas se apresentarão mais "coloridas", indistintamente.

Em terceiro lugar, como a RMf, supostamente, mostra áreas mais oxigenadas, é fato conhecido que, em situações de grande demanda metabólica, o cérebro realiza metabolismo anaeróbico. Logo, a RMf pode deixar de mostrar áreas em atividade metabólica que estejam funcionando na ausência de oxigênio.

Finalmente, mas não menos importante, ainda que o exame realmente mostrasse o "cérebro em ação", a única informação que ele poderia fornecer seria a indicação de qual área estaria atuando durante determinada tarefa, mas não seria capaz de assegurar que essa tarefa foi originada a partir dessa área. Ou seja, não faz sentido dizer "o cérebro aprende" ou "o cérebro toma decisões", quando, em verdade, é o sujeito que pensa ou que toma decisões, naturalmente usando o cérebro como instrumento, da mesma forma que não são nossas pernas que andam, nós é que andamos, usando nossas pernas como meio.

ao paciente que execute determinada tarefa ou elabore algum tipo de pensamento, poderíamos observar quais áreas cerebrais se tornam mais ativas. Entretanto, como argumentamos no quadro anterior, entendemos que a validade desse exame merece ser seriamente colocada em dúvida.

Ultrassom

Antes de mais nada, é importante deixarmos claro que o som não é uma onda eletromagnética, e sim uma *onda mecânica*, que se propaga através de um meio material, conforme estudamos no capítulo anterior. Mas o que é o ultrassom?

O som audível se encontra na faixa de 20 a 20.000 Hz, que é o limite de detecção de nosso aparelho auditivo. O ultrassom nada mais é que qualquer onda sonora com frequência acima de 20.000 Hz, ou seja, um som que não podemos escutar.

As ondas de ultrassom são muito utilizadas em um exame denominado ultrassonografia (USG). O exame é realizado passando-se um transdutor sobre a região que se quer estudar. O transdutor emite uma onda de ultrassom, que é refletida pelo órgão de acordo com sua densidade, e esse mesmo transdutor capta a onda refletida e envia sinais a um computador, que forma as imagens em função da densidade de cada estrutura anatômica estudada.

Na realidade, o que ocorre é o fenômeno do eco (por isso, o exame é também conhecido como *ecografia*). Apenas parte dos ultrassons é refletida, em razão das propriedades acústicas dos tecidos. Em seguida, os ecos são analisados por um computador e transformados em imagem, em uma escala de tons de cinza. As estruturas mais sólidas, como o fígado, por exemplo, criam obstáculos à livre passagem das ondas sonoras, refletindo-as e produzindo eco. Tais estruturas são denominadas hiperecoicas e aparecem como imagens claras. As estruturas com conteúdo líquido (vesícula biliar, bexiga, cistos etc.) ou ocas (intestinos etc.) possibilitam a livre passagem das ondas sonoras, resultando em pouco ou nenhum eco. Tais estruturas são denominadas hipoecoicas e aparecem ao exame como imagens escuras.

Todos nós já tivemos contato com uma ultrassonografia em nosso cotidiano ou pelo menos já ouvimos falar desse exame. Sabemos, por exemplo, que é um exame extremamente comum para acompanhar as gestações, uma vez que ele não utiliza radiações ionizantes. É muito frequente vermos os futuros pais se emocionarem ao observar os primeiros batimentos do coraçãozinho de seu bebê.

Mas, além de sua capacidade estática de examinar os diversos órgãos, a USG pode ser utilizada de maneira dinâmica, a fim de, por exemplo, examinar o fluxo sanguíneo de vários órgãos. Para isso, o aparelho utiliza os princípios físicos do efeito Doppler. Nesse caso, o exame se denomina ultrassonografia com Doppler.

Como vimos no capítulo anterior, o efeito Doppler ocorre em função da velocidade de aproximação ou afastamento da fonte emissora de som. Agora, imaginando um vaso sanguíneo, sabemos que o fluxo em um vaso é diretamente proporcional à velocidade de deslocamento da coluna de sangue. Assim, no caso da USG, quando o sangue se aproxima do transdutor, este percebe uma frequência maior, e, à medida que o sangue se afasta, o transdutor percebe uma frequência menor. Pois bem, o computador acoplado ao transdutor faz a leitura dessas frequências, atribuindo cores diferentes; assim, podemos estudar se a velocidade de fluxo em determinado vaso está normal, além de podermos detectar se há algum turbilhonamento do fluxo causado por algum processo obstrutivo no vaso.

Ondas térmicas

Estamos acostumados à ideia de, diante de um traumatismo, colocarmos compressas de água quente ou bolsas de gelo sobre o local afetado. Vamos agora falar um pouco sobre o calor no corpo humano.

Conforme sabemos, somos animais homeotérmicos, ou seja, nosso organismo usa todos os recursos possíveis e imagináveis para manter nossa temperatura corporal em torno dos 37°C, já que é nessa temperatura que nossas reações enzimáticas se dão de modo ótimo.

Acontece que a temperatura ambiente sofre muitas oscilações, e daí são necessários mecanismos eficientes que nos permitam perder ou acumular calor, de acordo com as circunstâncias.

Todo o calor de nosso corpo é produzido pelas reações metabólicas das células; afinal, apenas cerca de 20% da energia química dos alimentos é transformada em energia celular para a ressíntese de trifosfato de adenosina (ATP) e cerca de 80% se transforma em calor que não realiza trabalho (entropia) na maquinaria celular. Bem, todo esse calor produzido é transportado pelo sangue; logo, o sangue é o grande condutor de calor do corpo humano. Isso explica por que os cadáveres são gelados: eles não produzem mais trabalho celular nem dispõem mais de sangue.

A principal interface entre o organismo e o ambiente é a pele, e, como o sangue transporta calor, os vasos cutâneos apresentam um papel fundamental no nosso equilíbrio térmico. É sabido que 60% da perda de calor através da pele se dá por irradiação de raios infravermelhos (de fato, os raios infravermelhos são ondas eletromagnéticas produzidas por agitação térmica). Além disso, a condução de calor através da pele pode variar em até 8 vezes, dependendo da temperatura ambiente.

Como a pele troca calor com o ambiente? Ora, se é o sangue que transporta calor, logo essa troca acontece por meio da dilatação ou da constrição dos vasos cutâneos, que é regulada pelo sistema nervoso simpático, o qual recebe comando do hipotálamo.

Portanto, se for necessário perder calor, os vasos cutâneos irão se dilatar. Imagine a seguinte situação: você está na praia de Copacabana em um dia ensolarado, os termômetros indicam a temperatura ambiente de 40°C, e os ventos sopram abundantemente à beira-mar. Agora imagine que você esteja no centro da cidade, à mesma temperatura, entre prédios de concreto que não permitem nem mesmo a mais leve brisa. Apesar de a temperatura ser a mesma em ambos os locais descritos, onde a *sensação térmica* será maior? Nem é preciso pensar para responder: no centro da cidade, é claro. Como o sangue leva calor à superfície cutânea, o contato do vento com a pele faz com que ocorra perda de calor para o ambiente.

Além disso, o vento permite a evaporação do suor, o que não ocorre em ambientes abafados ou com alta umidade relativa do ar. Por esse motivo, a sensação térmica é maior em uma sauna a vapor do que em uma sauna seca, uma vez que naquela o vapor adere à pele e dificulta a evaporação do suor.

Ficou claro então que, se algo quente toca a pele, ocorre uma vasodilatação importante. Paralelamente, se algo frio toca a pele, ocorre uma importante vasoconstrição.

Agora, vamos esclarecer o efeito terapêutico do calor (termoterapia) sobre os tecidos. Como o calor leva sangue para a pele, carregando consigo células de defesa (leucócitos), a presença de maior aporte sanguíneo em tecidos inflamados é importante. Por isso, nos processos inflamatórios temos edema (inchaço), calor local e rubor (vermelhidão). Entretanto, quando a inflamação se dá em estruturas pouco vascularizadas, como ossos, tendões e ligamentos, pode ser necessário levar mais calor ao local para aumentar o aporte de sangue nessas estruturas mais profundas.

Nesse caso, a termoterapia pode ser aplicada por meio de ondas que produzem calor. Utiliza-se o próprio ultrassom, que produz calor por meio do choque de suas ondas mecânicas, ou então se coloca uma fonte emissora de radiação infravermelha sobre o local, já que o raio infravermelho produz grande agitação térmica. Outra alternativa é a terapia com fontes emissoras de ondas curtas ou até mesmo micro-ondas, que são ondas eletromagnéticas que produzem calor ao transportar energia e produzir vibração molecular nos tecidos.

Outra utilidade de se aplicar calor sobre áreas inflamadas é facilitar a reabsorção do edema inflamatório, pela vasodilatação venosa. Por isso, os banhos de assento com água morna são benéficos nas crises de hemorroida.

Mas o que dizer sobre a utilização das bolsas de gelo (crioterapia)? Na realidade, os mecanismos do calor e do frio, por incrível que possa parecer, são bem semelhantes. Vejamos.

Quando aplicamos frio sobre a pele, ocorre uma vasoconstrição de grande magnitude. Em função da redução drástica do aporte sanguíneo, o tecido deixa de receber oxigênio e não tem o dióxido de carbono produzido no metabolismo celular devidamente removido. O acúmulo de CO_2 no tecido permite que ele reaja com a água, formando ácido carbônico. Essa acidose local é o mais importante estímulo vasodilatador local de que se tem notícia; assim, após uma vasoconstrição provocada pelo frio, ocorre uma grandiosa vasodilatação reflexa – chamamos esse fenômeno de hiperemia reativa; ou seja, no fim das contas, o efeito é o mesmo: mais sangue para a área inflamada. Contudo, ao que tudo indica, a vasodilatação reflexa ocasionada pela crioterapia é bem maior que a vasodilatação ocasionada diretamente pelo calor.

Além disso, a crioterapia apresenta uma vantagem adicional. Como o frio excessivo interrompe o metabolismo neural no local, as terminações nervosas deixam de conduzir sinais dolorosos, e isso faz com que o frio tenha um efeito anestésico. Ademais, o frio aplicado antes que se forme o processo inflamatório evita a formação de edema; se você acabou de bater o cotovelo na parede, a aplicação de gelo irá reduzir a dor e evitar a formação de edema local.

É importante ressaltar que, apesar de a crioterapia parecer ter um papel mais benéfico que a termoterapia, não é possível aplicar gelo em estruturas profundas; nesse caso, a termoterapia aplicada por meio de ondas é a opção mais viável.

Esperamos que, após estudar este capítulo e conhecer melhor a intimidade das radiações, você se convença de que, como já dissemos, as radiações por si não são boas ou ruins; elas podem curar ou matar, e o que determina seu efeito é a maneira como são utilizadas.

Glossário

Ultrassom
Onda mecânica com frequência superior à frequência do som audível

Ultrassonografia
Exame de imagem, de baixa resolução, obtido por meio da capacidade que cada tecido tem de emitir ecos às ondas de ultrassom

Hiperecoica
Estrutura que reflete muito as ondas de ultrassom, ou seja, produz muito eco

Hipoecoica
Estrutura que reflete pouco as ondas de ultrassom

Efeito Doppler
Reveja o Capítulo 7

Hipotálamo
Região localizada na base do cérebro, formada por neurônios que secretam vários neurotransmissores e diversos hormônios

Termoterapia
Terapia com base no aquecimento dos tecidos

Radiação infravermelha
Radiação composta por ondas eletromagnéticas de frequência menor que a frequência da luz de cor vermelha

Ondas curtas
Ondas eletromagnéticas da frequência das ondas de rádio

Micro-ondas
Ondas eletromagnéticas com comprimento de onda maior que o dos raios infravermelhos, mas menor que o comprimento de onda das ondas curtas de rádio

Crioterapia
Modalidade de terapia que utiliza o resfriamento dos tecidos

Vasoconstrição
Estreitamento dos vasos sanguíneos

Vasodilatação
Dilatação dos vasos sanguíneos

Hiperemia reativa
Aumento do fluxo sanguíneo que ocorre em resposta a uma vasoconstrição

Resumo

- Radiação é qualquer processo de emissão de energia, seja por meio de ondas ou de partículas
- Ionização é processo pelo qual os átomos de determinada matéria perdem ou ganham elétrons, formando íons
- Radiação ionizante é o tipo de radiação capaz de produzir ionização da matéria; radiação não ionizante é o tipo de radiação que não produz ionização da matéria
- Ionização direta é a situação na qual os elétrons livres reagem diretamente com as proteínas do organismo; ionização indireta é a situação na qual os elétrons livres reagem com a água, formando radicais livres de oxigênio
- Radionuclídeo é o átomo cujo núcleo emite radiação
- Radioatividade é a desintegração espontânea do núcleo atômico de determinados elementos com emissão de partículas ou radiação eletromagnética
- Meia-vida é o tempo transcorrido até que a atividade de determinado radionuclídeo caia pela metade
- Penetrância é a capacidade que determinada radiação tem de atravessar obstáculos físicos
- As radiações alfa são partículas altamente ionizantes, pouco penetrantes, e não são utilizadas em humanos
- As radiações beta são partículas bastante ionizantes, embora menos ionizantes que as partículas alfa, mais penetrantes que as partículas alfa, e são utilizadas em humanos
- Partícula beta negativa (ou négatron) é a partícula radioativa com a configuração semelhante a um elétron (massa desprezível e carga negativa)
- A cada emissão β^-, o número atômico aumenta em 1 unidade e o número de massa se mantém constante; ou seja, a cada emissão β^-, um nêutron se transforma em um próton

(continua)

- Se um núcleo tiver excesso de nêutrons, ele irá emitir radiação β⁻
- Radioterapia é o processo terapêutico com base no uso de radiações; braquiterapia é a radioterapia aplicada diretamente no tecido afetado
- Partícula beta positiva (ou pósitron) é uma partícula radioativa com a configuração semelhante a um elétron (massa desprezível), porém com carga positiva
- A cada emissão β⁺, o número atômico diminui em 1 unidade e o número de massa se mantém constante; ou seja, a cada emissão β⁺, um próton se transforma em um nêutron
- As radiações gama são ondas eletromagnéticas, normalmente acompanham a emissão alfa e/ou beta, são ionizantes (porém menos ionizantes que as partículas alfa e beta), são bem mais penetrantes que as partículas alfa e beta e são utilizadas em humanos
- Raios X são uma radiação formada por ondas eletromagnéticas cuja frequência é maior que a da luz visível e menor que a dos raios gama; radiografia é um exame de imagem, de baixa resolução, realizado por meio de raios X
- As radiações X são ondas eletromagnéticas, têm origem na eletrosfera, seu poder de ionização é variável, são tão penetrantes quanto as radiações gama e são utilizadas em humanos
- Dosimetria é o processo de medida dos níveis de radiação em um corpo ou em um local; dosímetro é o aparelho utilizado para se efetuar a dosimetria
- Radiossensibilidade é o grau de sensibilidade que determinado tecido tem à radiação
- Radiação ultravioleta é a radiação composta por ondas eletromagnéticas de alta frequência (acima da frequência da luz de cor violeta)
- Fotoenvelhecimento é o envelhecimento cutâneo causado pela radiação ultravioleta, provocado por exposição ao Sol
- Radiações excitantes são radiações que, apesar de não promoverem ionização, aceleram reações químicas em nosso organismo
- Raio *laser* é um feixe concentrado e intenso de luz coerente, de comprimento de onda na faixa visível
- Ultrassom é uma onda mecânica com frequência superior à frequência do som audível; ultrassonografia é o exame de imagem, de baixa resolução, obtido por meio da capacidade que cada tecido tem de emitir ecos às ondas de ultrassom
- Termoterapia é a terapia baseada no aquecimento dos tecidos; crioterapia é a modalidade de terapia que utiliza o resfriamento dos tecidos.

Autoavaliação

8.1 Conceitue radiação.

8.2 Diferencie os dois tipos de forças nucleares existentes.

8.3 Defina ionização, explique como ela pode ocorrer e quais as suas consequências.

8.4 Conceitue e caracterize: a) radiação alfa; b) radiação beta positiva; c) radiação beta negativa; d) radiação gama; e) radiação X.

8.5 Conceitue: a) meia-vida; b) camada semirredutora; c) radionuclídeos.

8.6 Discuta o uso de radiações em humanos.

8.7 Discuta o uso de radiações em gestantes.

8.8 Explique o substrato biofísico da radiografia.

8.9 Explique o substrato biofísico da tomografia computadorizada.

8.10 Explique o substrato biofísico da cintilografia.

8.11 Explique o substrato biofísico da ressonância magnética.

8.12 Explique o substrato biofísico do *PET-scan*.

8.13 Explique o substrato biofísico do radioimunoensaio.

8.14 Explique o substrato biofísico da ultrassonografia.

8.15 Explique o substrato biofísico da crioterapia e da termoterapia.

8.16 Explique o que são radiações excitantes e diferencie as ações dos raios UVA, UVB e UVC.

8.17 O que é o raio *laser*? Quais as suas três características físicas? Para que ele é utilizado?

8.18 Escreva um pequeno texto sobre radioproteção.

8.19 Escreva um pequeno texto sobre dosimetria. Elabore uma pequena tabela evidenciando as grandezas que devem ser mensuradas e suas respectivas unidades de mensuração.

8.20 No corpo humano, quais são os tecidos mais radiossensíveis? E quais são os menos radiossensíveis?

8.21 Escreva um texto sobre as radiações não ionizantes.

8.22 Faça uma pesquisa e explique qual o tipo de radiação utilizada nos seguintes exames: mamografia e densitometria óssea. Esses exames podem ser feitos em gestantes? Por quê?

8.23 Dos exames complementares abordados neste capítulo, quais podem ser realizados, com segurança, em gestantes?

8.24 Explique o que é radiação de fundo, o que é radiação de fuga e o que é o princípio ALARA.

Atividades complementares

8.1 Faça uma visita a um centro de medicina nuclear em sua cidade ou em alguma cidade próxima, e elabore um relatório descrevendo: a) os tipos de exame e de tratamento que são realizados; b) os tipos de radiação que são utilizados; c) as medidas de radioproteção adotadas.

8.2 Você já ouviu falar no Projeto Manhattan, ocorrido entre 1942 e 1946? Faça uma pesquisa a respeito dele e redija um resumo.

8.3 Faça uma busca na internet por documentários sobre os acidentes de Chernobil, ocorrido em 1986, e o acidente nuclear ocorrido no Brasil, em Goiânia, em 1987. Identifique quais falhas levaram ao acontecimento dessas catástrofes e discuta suas consequências.

8.4 Uma promessa para acabar com a crise de energia no mundo é a utilização de energia nuclear, por meio de usinas. Se, por acidente, um reator nuclear vazar e contaminar o lençol freático, a água e os alimentos podem se contaminar seriamente, e toda a área deverá ser imediatamente evacuada. Explique por quê.

8.5 Uma das potenciais aplicações das radiações é a eliminação das pragas da lavoura, dispensando o uso de agrotóxicos. Isso pode ser feito irradiando-se os alimentos. Suponha que morangos tenham sido esterilizados mediante o uso de radiação gama em altas doses. Apesar de terem sido irradiados, o consumo desses morangos não apresenta nenhum risco à saúde de quem os ingere. Por quê?

9
Bioeletricidade

Objetivos de estudo, 124
Conceitos-chave do capítulo, 124
Introdução, 125
Fenômenos elétricos e membrana celular, 126
Quando a célula sai do repouso elétrico, 131
Potencial de ação, 132
Registro da bioeletricidade, 132
Resumo, 135
Autoavaliação, 136

Objetivos de estudo

Adquirir uma compreensão básica sobre o fenômeno da bioeletricidade
Explicar a comparação da célula com uma pilha elétrica
Entender como a célula é capaz de produzir fenômenos elétricos
Compreender o balanço entre força de difusão e força elétrica
Entender o papel dos íons na bioeletricidade
Definir o que é potencial de repouso e saber explicar como e por que ele ocorre
Compreender como funcionam as bombas ATPase
Definir potencial de ação e saber diferenciá-lo da condução eletrotônica
Entender as aplicações da bioeletricidade

Conceitos-chave do capítulo

- Axônio
- Bioeletricidade
- Bomba ATPase
- Bomba de sódio-potássio
- Capacitor
- Condução eletrotônica
- Condutores
- Corrente elétrica
- Corrente iônica
- Despolarização
- Dielétrico
- Diferença de potencial elétrico

- Efluxo
- Eletrocardiógrafo
- Eletrocardiograma
- Eletrodo de captação
- Eletrodo de referência
- Eletroencefalógrafo
- Eletroencefalograma
- Força de difusão
- Força elétrica
- Gerador
- Gradiente de concentração
- Hiperpolarização

- Influxo
- Multímetro
- Permeabilidade
- Pilha
- Polo negativo
- Polo positivo
- Potencial de ação
- Potencial de repouso
- Repouso elétrico da célula
- Resistência elétrica
- Solução eletrolítica
- Soluções iônicas

Introdução

Os potenciais de membrana são um dos assuntos mais importantes da fisiologia; entretanto, cabe à biofísica explicar como uma célula é capaz de manifestar fenômenos elétricos. Assim, esse é o único objetivo deste capítulo. *Não temos aqui a pretensão de esgotar o assunto* nem iremos discutir em detalhes mecanismos celulares que serão estudados no futuro, em outras disciplinas. Nossos holofotes estão dirigidos somente aos eventos elétricos que as células exibem. Caso, ao terminar de estudar este capítulo, ainda sinta alguma insegurança em relação à bioeletricidade, não se preocupe: futuramente, no curso de fisiologia, você voltará a estudar esses conceitos e muitos outros, que lhe permitirão ter um real domínio sobre o assunto. A intenção deste capítulo é apenas iniciar a compreensão da bioeletricidade, explicando como uma célula é capaz de manifestar fenômenos de natureza elétrica.

Todas as células funcionam como pilhas elétricas. Podemos comparar as células às pilhas elétricas porque existe uma diferença de potencial elétrico (DDP) entre os meios intra e extracelular, a qual pode ser modulada pelo estabelecimento de correntes elétricas através da membrana celular. Os fenômenos de modulação da DDP relativos à fisiologia das células são fundamentais para funções como contração muscular, processamento de informações pelos neurônios, transporte de substâncias nos túbulos renais e na mucosa do sistema digestório.

Todo mundo sabe que uma pilha é um pequeno objeto capaz de fazer alguns equipamentos elétricos funcionarem por meio da "circulação" de energia elétrica que sai do polo negativo da pilha e entra de novo pelo polo positivo através de condutores metálicos (Figura 9.1).

Os princípios físicos do funcionamento de uma pilha elétrica não são relevantes aqui, mas é importante frisar que a corrente elétrica que circula pelos circuitos e condutores deixa o polo negativo, que é o local de maior concentração de elétrons, e retorna à pilha pelo polo positivo, que é o local com menor concentração de elétrons. Que tal relembrarmos o conceito de corrente elétrica?

> Corrente elétrica é fluxo ou movimento de elétrons de um ponto com excesso dessas partículas para outro ponto com falta delas. Esse movimento ocorre através de um meio metálico (como um fio elétrico de cobre ou alumínio) ou por meio de estruturas químicas chamadas íons.

Os metais conduzem corrente porque são ricos em elétrons livres (elétrons que passam facilmente de um átomo para outro). Já os íons conduzem corrente porque o íon, por definição, já é um átomo com carência ou excesso de elétrons. Repare que a corrente elétrica nada mais é do que uma decorrência da segunda lei da termodinâmica, que, resumidamente, diz que tudo vai de onde há excesso para onde há falta.

Convencionou-se chamar o ponto com excesso de elétrons de polo negativo, e o ponto com falta de elétrons de polo positivo. A corrente elétrica deixa de existir quando as concentrações de elétrons nos dois pontos se igualam (ou seja, os polos negativo e positivo deixam de existir).

Uma corrente elétrica tem características importantes, por exemplo:

- A corrente elétrica sempre ocorre na menor distância possível entre os polos positivo e negativo
- A medida da corrente está relacionada com a quantidade de elétrons que flui por determinada região em determinado intervalo de tempo; quanto mais elétrons fluírem, maior será o valor da corrente elétrica.

Para que uma pilha funcione, é necessário que existam dois polos e que entre eles haja uma diferença de concentração de elétrons, a fim de que haja uma tendência de os elétrons passarem do local de maior para o de menor concentração. Entre esses locais poderia, então, ocorrer uma corrente elétrica, desde que houvesse condições para tal (a presença de um meio condutor elétrico em contato com ambos os polos ao mesmo tempo, como um pedaço de metal ou uma solução de água e íons).

Quanto maior a diferença de concentração de elétrons entre os polos positivo e negativo, maior a força com que esses elétrons serão movidos de um polo ao outro através da corrente elétrica. Por isso, quanto maior a DDP, maior a velocidade de trânsito desses elétrons entre os polos.

Voltagem ou DDP é a medida da "diferença da concentração" de elétrons entre os dois polos de uma pilha. A DDP determina a velocidade com a qual esses elétrons irão trafegar entre os dois polos.

Veja a Figura 9.2.

Agora vamos recordar alguns conceitos.

Gerador é um dispositivo utilizado para a conversão das energias mecânica, química ou outra fonte de energia em energia elétrica. As pilhas e baterias são consideradas geradores, uma vez que transformam energia química em elétrica. Já o capacitor é um dispositivo composto por placas condutoras separadas

Glossário

Bioeletricidade
Estudo dos fenômenos elétricos que ocorrem nas células

Diferença de potencial elétrico
Grandeza que mede a diferença de concentração de elétrons entre dois pontos

Pilha
Sistema que transforma energia química em energia elétrica

Condutor
Material que, por apresentar elétrons livres em sua estrutura, permite a passagem de corrente elétrica

Corrente elétrica
Movimento de elétrons de um ponto mais concentrado para um ponto menos concentrado

Íons
Reveja o Capítulo 2

Segunda lei da termodinâmica
Reveja o Capítulo 1

Polo negativo
Região com excesso de elétrons

Polo positivo
Região com déficit de elétrons

Gerador
Sistema capaz de converter outras modalidades de energia em energia elétrica

Capacitor
Sistema capaz de acumular energia potencial elétrica

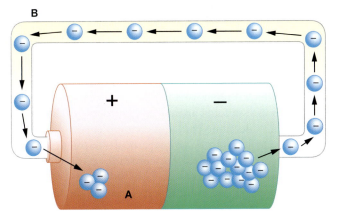

Figura 9.1 Uma pilha elétrica (**A**) e uma corrente elétrica através de um condutor apropriado (**B**).

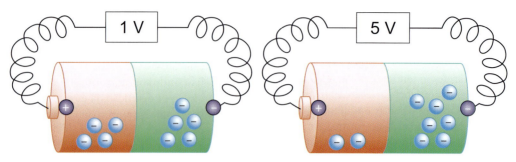

Figura 9.2 Diferenças de potencial elétrico, em volts (V). Observe que a diferença de potencial elétrico (DDP) da pilha *à esquerda* é 1 V, pois essa é a diferença entre as cargas negativa e positiva. Já na pilha *à direita*, a diferença entre as cargas determina uma DDP de 5 V.

por material isolante (dielétrico), capazes de armazenar carga e energia elétrica, que funciona como uma pilha de descarga imediata. O capacitor disponibiliza ao circuito elétrons para "pronta entrega", isto é, de modo mais rápido que os geradores. O capacitor armazena a energia gerada no gerador.

Como já vimos anteriormente, há uma força de atração entre partículas com carga negativa (excesso de elétrons nos átomos dessa partícula) e partículas com carga positiva (falta de elétrons nos seus átomos) e uma força de repulsão entre partículas de mesma carga. Essa é a força elétrica.

Entre os polos de uma pilha existe essa força, determinada pela energia potencial elétrica. Quanto maior a diferença da quantidade de elétrons entre os polos, maior é a força elétrica entre eles.

Podemos considerar que a membrana celular se comporta como uma verdadeira pilha, pelos seguintes motivos:

- Existe uma diferença na concentração de elétrons entre as faces interna e externa da membrana
- Uma das faces é o polo negativo e a outra é o polo positivo
- Entre os polos elétricos da célula há uma diferença de potencial que varia de −50 até −90 milivolts (mV)
- Uma corrente elétrica entre as faces interna e externa da membrana pode ocorrer, originando, assim, uma força elétrica entre os meios interno e externo da célula
- Quando ocorre uma corrente elétrica, a DDP entre as superfícies interna e externa da membrana se altera; logo, ocorre modificação no valor da força elétrica entre as faces da membrana.

Fenômenos elétricos e membrana celular

Em uma pilha convencional, ocorre um fluxo de elétrons entre os polos, e esse fluxo se dá através de meios metálicos. Em um meio metálico, os elétrons fluem livremente, saltando entre os átomos do metal. Entre as superfícies interna e externa da membrana celular, não existem metais, e sim uma solução eletrolítica. Neste caso, a corrente elétrica flui por meio dos íons da solução. Observe a Figura 9.3.

Só para relembrar: existem íons em que sobram elétrons; são os ânions ou íons negativos. E existem íons em que faltam elétrons (e sobram prótons, positivos); são os cátions ou íons positivos.

> Quando ocorre uma corrente elétrica entre os meios intra e extracelular, pode haver passagem de cátions do polo positivo para o negativo, ocasionando a *redução da DDP entre os meios*, a qual chamamos de *despolarização*.

Despolarização da célula é a situação em que a DDP entre os polos da célula diminui. Isso acontece porque há uma corrente elétrica que transfere cargas elétricas entre os meios da célula.

Como acabamos de dizer, nas células, as correntes elétricas se estabelecem através de outro tipo de condutor: as soluções iônicas. Portanto, as correntes elétricas que surgem em uma célula são também chamadas de correntes iônicas. Essas correntes acontecem através de canais proteicos da membrana celular. Quando esses canais se abrem sob condições específicas, ocorre passagem de um determinado íon através da membrana. Essa corrente iônica promove a alteração da DDP entre os meios intra e extracelular.

Em uma pilha elétrica comum, a DDP nunca aumenta espontaneamente. Como poderiam elétrons deixar o polo positivo, onde estão em falta, e rumar para o polo negativo, que está cheio de elétrons? Realmente, pelas leis da termodinâmica, isso não é possível.

Contudo, em uma célula, isso pode acontecer; isto é, elétrons (através de ânions, é claro) podem sair do meio menos concentrado (polo positivo) e se deslocar para o meio mais concentrado em elétrons (polo negativo), ou, então, cargas positivas podem deixar o meio negativo e passar para o meio positivo.

> O fluxo de corrente elétrica contra a diferença de potencial (ou seja, que aumenta a diferença de concentração de cargas elétricas entre dois meios) promove aumento da força elétrica entre os meios intra e extracelular, e é chamado de hiperpolarização (aumento da força dos polos da célula).

Porém, não é somente a força elétrica (F_E) que atua entre os dois meios da célula. Há outra força que promove movimento de partículas de soluto (mesmo que sejam íons) dentro do meio aquoso: a força de difusão (F_D). Analise cuidadosamente as situações da Figura 9.4.

Só para relembrar: a força de difusão (ou força de gradiente de concentração) promove a difusão de substâncias em uma solução, pois essa força aponta do ponto em que há maior concentração de soluto para o(s) ponto(s) em que há menor concentração de soluto. Assim, as partículas de soluto se movimentam do meio mais concentrado para o menos concentrado.

Então, por que ocorre a hiperpolarização de uma pilha celular? *Se a força de difusão para um ânion aponta para um meio negativo*, e *se essa força é mais forte que a força elétrica*, que repele o ânion do meio negativo, o que acontece? A força de difusão

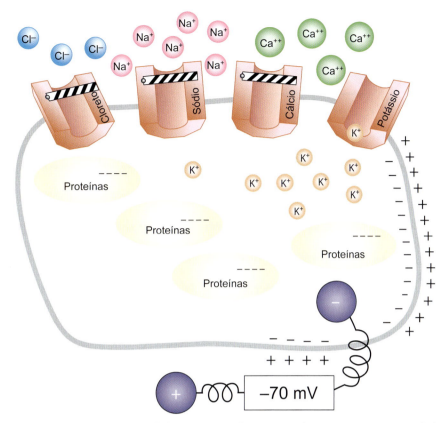

Figura 9.3 Pilha celular. Uma diferença de potencial elétrico (DDP) de aproximadamente −70 mV é estabelecida entre as faces da membrana. Essa DDP é produzida pela maior concentração de cargas negativas dentro da célula (apesar da presença do potássio ali) e pela maior concentração de cargas positivas fora da célula (muitas delas não entram na célula, pois os seus canais de membrana estão fechados). O que acontece se um canal de sódio se abrir? Entra sódio na célula. Com essa entrada, a DDP da célula diminui, uma vez que diminuem as diferenças de cargas elétricas entre os meios intra e extracelular.

vence a força elétrica e *o ânion se desloca para o meio negativo*. Assim, a diferença de potencial aumenta, ou seja, ocorre hiperpolarização. Observe a Figura 9.4B.

Muitas vezes, há uma DDP significativa entre as faces da membrana celular; ou seja, há condições que possibilitam uma corrente iônica (canais iônicos abertos na membrana), porém não há nenhum fluxo de íons, não há corrente elétrica. Isso porque, na pilha celular, quando as forças de difusão e elétrica produzem resultante zero (são opostas e de igual valor), não há corrente, não há alteração do potencial da membrana. Quando também não há canais de membrana permeáveis para determinado íon, não há corrente iônica, mesmo que as forças não estejam em equilíbrio para aquele determinado íon.

> Quando não ocorre alteração da DDP da célula, seja porque forças estão em equilíbrio para determinados íons, seja porque não há condições para estabelecimento de correntes iônicas (canais fechados), dizemos que essa célula está em um estado de repouso elétrico, e neste estado vigora o potencial de repouso da membrana celular.

Potencial de repouso da célula

O valor do potencial de repouso da membrana celular varia de célula para célula. As células musculares têm um potencial mais negativo, cerca de −90 mV. Os neurônios oscilam entre −70 e −80 mV, dependendo do tipo celular. Em outras células, como as epiteliais, esse potencial de repouso chega a −50 mV. Concluímos que:

> Todas as células do corpo mantêm uma DDP em repouso.

O motivo da existência dessa DDP nas células é que ela possibilita o fluxo de corrente elétrica entre as células. Sem essa DDP, os músculos esqueléticos não poderiam se contrair, o coração não poderia bombear sangue nem os nervos poderiam transmitir impulsos.

Inicialmente, é preciso compreender que o interior da célula não está em equilíbrio iônico com o meio extracelular, pois, se assim ocorresse, não seria possível a existência dos potenciais de membrana. Quando dizemos que a célula não está em

Glossário

Dielétrico
Região isolante (não condutora de eletricidade) que fica interposta entre as placas de um capacitor

Força elétrica
Agente físico capaz de produzir aceleração em elétrons

Solução eletrolítica
Solução composta por água (solvente) e íons (soluto)

Despolarização
Nome atribuído à diminuição da diferença de potencial entre as superfícies interna e externa da membrana celular

Solução iônica
Solução cujo soluto é composto por íons

Corrente iônica
Movimento de elétrons que ocorre entre íons

Hiperpolarização
Nome atribuído ao aumento da diferença de potencial entre as superfícies interna e externa da membrana celular

Força de difusão
Nome atribuído à força capaz de acelerar solutos no sentido de um meio mais concentrado para um meio menos concentrado

Repouso elétrico da célula
Estado no qual não há movimentação efetiva de cargas através da membrana celular, uma vez que a resultante entre a força de difusão e a força elétrica é nula

Potencial de repouso
Valor da diferença de potencial entre as regiões interna e externa da membrana, durante o estado de repouso elétrico da célula

128 Biofísica Conceitual

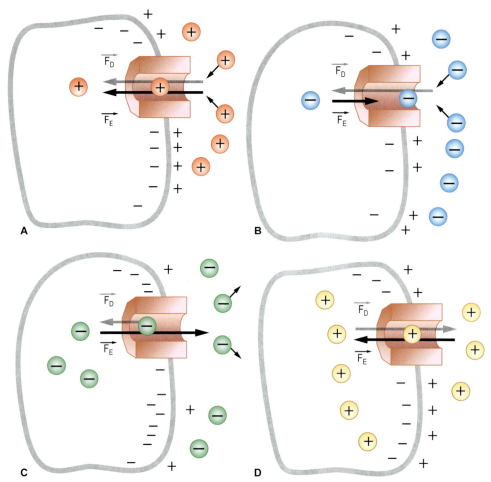

Figura 9.4 A. Corrente iônica quando a força de difusão F_D (*seta cinza*) e a força elétrica F_E (*seta preta*) apontam para o mesmo sentido: ocorre uma forte corrente iônica para onde as forças apontam. **B** e **C.** Corrente iônica quando a F_D e a F_E apontam para sentidos contrários: se as forças tiverem valores diferentes, a corrente iônica ocorre no sentido da força de maior valor; porém, será uma corrente fraca. **D.** Se as forças tiverem o mesmo valor e forem contrárias, o sistema estará em equilíbrio e não haverá corrente iônica; a célula está em repouso.

equilíbrio com o meio extracelular, queremos dizer que existem íons que são predominantemente extracelulares, enquanto outros são predominantemente intracelulares, como mostra a Tabela 9.1.

Mas quem é o responsável por essas diferenças de concentração iônica? São proteínas que, ativamente, contra o gradiente de concentração, expelem íons do interior das células e atraem íons para seu interior. Como esse processo envolve gasto energético (para vencer os gradientes de concentração), essas proteínas são conhecidas como **bombas ATPase**. O combustível para essas bombas é o **ATP**, e as bombas contêm a enzima **ATPase**, que é capaz de quebrar o ATP, liberando a energia química que ele contém. Por isso, podemos afirmar que o ATP é o principal combustível da vida.

O potencial de repouso é determinado pela diferença de concentrações de cargas elétricas entre os meios externo e interno da célula. Como o potencial da célula é levemente negativo em relação ao meio exterior, isso denota que há excesso de cargas negativas na superfície interna da membrana em relação à sua superfície externa.

Uma das causas da ligeira negatividade interna da célula em repouso é a presença, em seu interior, de *ânions impermeáveis à membrana celular*: em primeiro lugar, as *proteínas*, e, em segundo lugar, os *fosfatos* (que compõem as moléculas de ATP, DNA, RNA e diversas proteínas).

Porém, o fator causal mais importante para a gênese do potencial de repouso é o seguinte: o interior da célula está repleto de *potássio*, que é um íon positivo bombeado ativamente para o meio intracelular. Há cerca de *30 vezes* mais potássio

Tabela 9.1 Concentrações de íons nos compartimentos intra e extracelular.

Substância	Meio intracelular (mEq/ℓ)	Meio extracelular (mEq/ℓ)
Potássio (K$^+$)	140,0	4,0
Sódio (Na$^+$)	10,0	145,0
Cálcio (Ca^{++})	0	2,4
Cloreto (Cl$^-$)	4,0	103,0
Bicarbonato (HCO$_3^-$)	10,0	28,0
Fosfatos (PO$_4^{---}$)	75,0	4,0
Magnésio (Mg^{++})	1,8	52,0
Proteínas	40,0	5,0

dentro da célula do que no meio exterior. Uma pergunta que surge neste momento é: "Qual a razão para que 98% do potássio de nosso corpo esteja dentro das células?" Porque existe uma bomba responsável por isso; logo, esse processo é dependente de energia. Essa bomba, como veremos adiante, atrai dois íons K^+ para dentro da célula, ao mesmo tempo que expulsa três íons Na^+ para o exterior dela.

Se a célula não tivesse potássio em seu interior, a DDP da célula seria bem mais negativa: cerca de -200 a -250 mV. Esse potássio, por ser uma carga positiva, diminui a DDP intracelular para valores próximos a -70 mV.

Pelo visto, se levarmos em conta a força de difusão, existe uma tendência de o sódio entrar e de o potássio sair. Acontece que:

* A membrana em repouso é 100 vezes mais permeável ao potássio do que ao sódio.

Com isso, começa a sair potássio por meio da força de difusão e pelo fato de existirem canais de potássio abertos.

Entretanto, assim que o potássio começa a sair, o sódio que está fora da célula começa a exercer uma força elétrica de repulsão; além disso, as proteínas intracelulares também exercem uma força elétrica de atração pelo potássio. Quando essas forças elétricas se equilibram com a força de difusão, o potássio para de sair, e não volta para o meio intracelular. Dizemos, então, que *a membrana está em repouso* (Figura 9.5A). Quando isso ocorre, se medirmos o potencial elétrico no interior da célula, encontraremos o valor de aproximadamente -70 mV.

Mas a pequena quantidade de potássio que sai já é suficiente para deixar a superfície interna da membrana ligeiramente mais negativa que a superfície externa. Logo:

* A principal causa do potencial de repouso é a alta permeabilidade da membrana ao potássio durante o repouso.

O interior da célula é pobre em outros íons como *sódio*, *cálcio* e *cloreto*. Esses íons não conseguem entrar na célula em repouso, pois os canais existentes na membrana para essas substâncias estão fechados. Observe a Tabela 9.1, na qual essas diferenças estão demonstradas.

Na Figura 9.5, estão representadas as forças para cada um dos principais íons que fazem parte do contexto celular. Examine cuidadosamente essa figura, pois ela ilustra o balanço de forças que atuam nas trocas iônicas entre a célula e o meio.

Glossário

Gradiente de concentração
Diferença de concentração que diminui à medida que a difusão ocorre

Bombas ATPase
Proteínas capazes de transportar substâncias contra seu gradiente de concentração; para tanto, as bombas necessitam da energia fornecida pela quebra do ATP

ATP
Sigla que representa a molécula de trifosfato de adenosina; o ATP é a principal fonte de energia química das células

ATPase
Enzima capaz de quebrar o ATP, liberando a energia química que ele contém

A membrana como um capacitor

Conforme está explícito neste capítulo, há uma diferença de cargas elétricas entre a superfície interior (que tem mais cargas negativas) e a superfície exterior (que tem mais cargas positivas) da célula. Se imaginarmos que cada carga negativa, de dentro ou de fora da membrana, interage dinamicamente com uma positiva (mesmo que não haja ligação iônica), podemos dizer que essas cargas formam "pares" compostos por um elemento positivo e um negativo. Como dentro da célula há mais carga negativa, então essas cargas ficarão desbalanceadas. Fora da célula, acontece o mesmo com as cargas positivas.

Como a membrana da célula é muito fina, as cargas negativas de dentro da célula tendem a se parear com as positivas de fora por interação de campos elétricos, sem, no entanto, estarem diretamente em contato. Como duas pessoas se

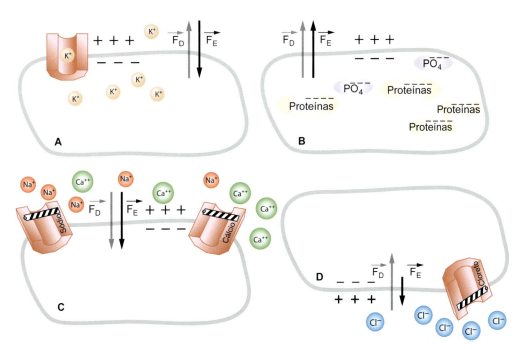

Figura 9.5 Forças para o potássio (**A**), forças para os ânions intracelulares (**B**), forças para o sódio e o cálcio (**C**), forças para o cloreto (**D**). F_D = força de difusão; F_E = força elétrica.

beijando através de uma vidraça: essas pessoas estão interagindo (modulando seu comportamento em função da outra), porém sem contato direto, sem formar um par real.

A membrana, composta por lipídios, é um dielétrico, um isolante. Logo, o sistema funciona como um *capacitor*.

A partir da Figura 9.6 e da nossa explicação, podemos considerar como verdadeiro elemento eletricamente polar as superfícies interna e externa da membrana, onde estão os íons despareados, querendo se tocar. Os íons contidos na intimidade do citoplasma e do interstício, de fato, formam pares elétricos, anulando suas forças. Na verdade, o meio da solução está eletricamente neutro. Carregadas mesmo estão somente as bordas. Essa organização das cargas é fundamental para a boa condutividade elétrica dos meios intra e extracelular e para o estabelecimento de correntes elétricas ao longo da membrana.

Já sabemos que o que determina o potencial de repouso é a alta permeabilidade da membrana ao potássio. Você deve estar imaginando que, para a DDP do interior da célula atingir o valor de −80 mV, deveria sair da célula uma quantidade de potássio relativamente grande. Contudo, *grandes alterações no potencial de membrana são causadas por alterações irrisórias nas concentrações iônicas*. Para uma célula com um diâmetro de 50 mm que contenha uma concentração de 100 mM de K^+, pode-se calcular que a alteração na concentração necessária para levar a membrana de 0 a −80 mV seja aproximadamente de 0,00001 mM. Ou seja, quando o K^+ flui para fora até que o seu equilíbrio seja alcançado, a concentração interna de K^+ cai de 100 mM para 99,99999 mM (uma queda praticamente insignificante).

Bombas de sódio-potássio

De fato, se a célula como um todo é como uma pilha elétrica, as bombas de sódio-potássio *são um gerador elétrico*. Também denominadas *bombas de Na^+/K^+-ATPase*, as bombas de sódio-potássio são proteínas da membrana celular que, na presença da energia liberada pela quebra de ATP em ADP+P, literalmente bombeiam três íons sódio para fora da célula e dois íons potássio para dentro *contra os gradientes de concentração*.

⚛ BIOFÍSICA EM FOCO

Que tal sistematizarmos os eventos que causam o potencial de repouso?

- A bomba de sódio-potássio, movida por ATP, faz com que a maioria do potássio fique dentro da célula, enquanto a maioria do sódio fica fora da célula
- A membrana em repouso é altamente permeável ao potássio; assim, uma pequena quantidade de potássio sai da célula, até que a força de difusão se equilibre com a força elétrica
- Os ânions intracelulares (proteínas etc.) permanecem dentro da célula, pois, em razão do tamanho de suas moléculas, eles não têm como sair
- Dessa maneira se estabelece uma negatividade na superfície interna da membrana
- Se nesse momento medirmos o potencial elétrico da célula, encontraremos um valor entre −70 e −90 mV.

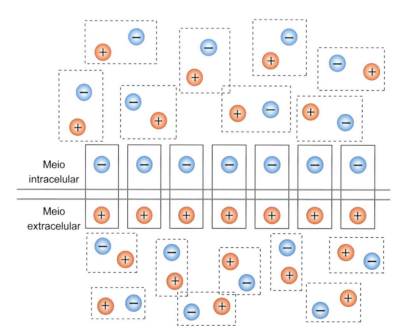

Figura 9.6 A membrana como um capacitor. As cargas negativas do interior da membrana diretamente dispostas em sua face interna não passam pela membrana celular (são proteínas, fosfatos e ânions pouco permeáveis); porém, exercem atração sobre as cargas positivas de fora (como o sódio e o cálcio – estes, sim, mobilizáveis). Só existe diferença de cargas na superfície da membrana, porque a saída de potássio durante o repouso é mínima (ver o texto).

As bombas de sódio e potássio funcionam em duas situações:
- Para restauração das concentrações originais quando ocorrem entrada de sódio e saída de potássio por processos fisiológicos da célula
- Para restauração das concentrações originais quando ocorrem vazamentos de sódio para dentro da célula e de potássio para fora.

Quando a célula sai do repouso elétrico

Algumas situações fisiológicas determinam alterações no potencial elétrico da membrana em repouso. Essas alterações no potencial elétrico, geralmente a *despolarização*, são determinadas pela passagem de íons através da membrana, mobilizados pelas forças de difusão e pela força elétrica.

A passagem de íons está condicionada à *abertura de canais de membrana* que, no repouso, estão fechados. A abertura desses canais se dá quando ocorre uma alteração na sua configuração espacial. Como esses canais são proteínas, sua configuração espacial pode se alterar em virtude de diversas condições físicas e químicas do meio, tais como: alteração de campo elétrico (relativo à própria DDP da membrana), alteração de pH, tensão mecânica sobre a membrana, alteração da temperatura, ação de substâncias químicas diversas (neurotransmissores, hormônios e medicamentos) etc.

Se, por algum desses motivos, um canal para sódio ou cálcio se abrir, obviamente o sódio ou cálcio irá entrar na célula por causa da força de difusão.

O que acontecerá com o potencial elétrico da célula? O sódio (ou o cálcio) entrará indefinidamente? Respondamos a cada uma das duas questões separadamente:
- O que acontece com o potencial elétrico da célula?
  - A DDP pode simplesmente não sofrer alterações. Se a entrada de sódio ou cálcio for lenta o suficiente, ocorrerá saída de potássio pelos canais de vazamento na mesma proporção que entra o outro cátion, e o potencial não irá se alterar. E por que ocorre saída de potássio? Ora, à medida que entra sódio na célula, que é um cátion, a força elétrica que segura o potássio diminui. Então, à custa da força de difusão, o potássio começa a sair da célula, buscando um novo ponto de equilíbrio. Essa saída leva a força elétrica a retornar aos valores anteriores. Assim, a DDP não se altera
  - A DDP provavelmente vai diminuir (despolarização): se a entrada de sódio ou cálcio for rápida (o mais provável), ocorrerá maior influxo de cátions do que efluxo de potássio pelos canais de vazamento e a DDP vai aproximar-se do zero. Dependendo da velocidade desse influxo de cargas positivas, a DDP pode vir a se tornar positiva (o que acontece no potencial de ação), pois *a força de difusão para o sódio é maior que a força elétrica* (mesmo que o interior se torne positivo em relação ao exterior e a força elétrica aponte para fora da célula, a força resultante continua apontando para dentro, uma vez que a força de difusão é maior). Todavia, nesses casos, é comum acontecer a abertura de canais de potássio, acelerando o efluxo (saída) desse íon, o que promove rapidamente a recuperação da polaridade negativa na face interna da membrana celular
- O sódio (ou o cálcio) entra indefinidamente?
  - Não. Ele para de entrar espontaneamente quando o potencial de membrana atinge aproximadamente +30 mV, momento em que a força de difusão e a força elétrica se tornam iguais e opostas (a primeira apontando para dentro e a segunda, para fora), anulando-se (resultante igual a zero). Contudo, os canais se fecham antes de a célula atingir valores de voltagem tão discrepantes.

> **Glossário**
> **Bomba de sódio-potássio**
> Proteína que bombeia ativamente três sódios para o exterior da célula e dois potássios para dentro, para cada ATP consumido
> **Influxo**
> Entrada de substâncias na célula
> **Efluxo**
> Saída de substâncias da célula

Como já mencionamos, as "grandes" oscilações da DDP da membrana mobilizam quantidades quase insignificantes de íons. Isso é importantíssimo para a dinâmica de células como músculos e neurônios, que podem se despolarizar e repolarizar a frequências altíssimas (2 a 3 mil vezes por segundo). Se as concentrações iônicas se alterassem muito em cada um desses processos, deduziríamos que a célula, após poucos eventos de despolarização, estaria impossibilitada de produzir novos eventos.

Termodinâmica da eletricidade celular

Concluímos, sem dificuldades, que todos os fenômenos descritos até então são regidos por leis físicas da termodinâmica: o fluxo de íons, mesmo que seletivo, acontece porque o sistema busca o equilíbrio – tanto de concentrações quanto de cargas elétricas. O equilíbrio ideal seria a total homogeneidade entre os meios intra e extracelular, em que as concentrações de íons seriam nominalmente as mesmas e a DDP seria zero.

Se todos os canais da membrana se abrissem simultaneamente, e não mais fechassem, um estado próximo ao equilíbrio naturalmente seria estabelecido. Mas isso não deve acontecer, porque, como já dissemos, é a diferença de íons, dentro e fora da célula, que permite que se estabeleçam os potenciais de membrana.

Então, no chamado estado de "repouso", a célula não está em equilíbrio com o meio, apesar de o "repouso" ser um estado estável do sistema celular. Esse estado estável de não equilíbrio chamado de "repouso" é, na verdade, um estado artificialmente mantido pelo maquinário celular dedicado ao transporte ativo de íons e moléculas tanto para dentro quanto para fora da célula, encontrado na sua membrana: as bombas ATPase. Essas bombas, como já dissemos, são proteínas de membrana que transportam íons contra a sua força de difusão e, muitas vezes, contra a força elétrica, à custa da energia depositada nas ligações entre os fosfatos das moléculas de ATP. Essas bombas ATPase afastam a célula do equilíbrio com o meio, porém estabelecem um estado estável, uma vez que estão funcionando sempre, e conforme a demanda. Trata-se de uma estabilidade longe do equilíbrio.

Continuamente, a célula consome energia de ATP para manter o seu repouso. E essa energia fica armazenada nas diferenças de concentração de íons e cargas elétricas entre os lados da membrana. Quando um canal se abre, a pilha celular se descarrega, e parte da energia se dissipa pela cinética das partículas iônicas.

A dinâmica da bioeletricidade celular nos revela, mais uma vez, que as leis que regem a natureza se fazem presentes em todos os sistemas, por mais distintos que eles pareçam ser, e que somos filhos dessa eterna dança energética chamada termodinâmica.

Potencial de ação

Sabemos que uma corrente elétrica sofre resistência ao navegar por um condutor elétrico. Ou seja, com resistência elétrica, a corrente perde energia em forma de calor, em virtude do atrito entre os elétrons. Ao final de um grande trajeto, a energia elétrica da corrente pode até se dissipar completamente. Quanto mais fino for um condutor, maior será a resistência por ele gerada.

Sabemos que um músculo da panturrilha é inervado por um neurônio cujos corpo e dendritos estão mais de 1 metro acima, dentro da medula espinal. Uma fibra muito fina chamada axônio realiza o "contato elétrico" entre o neurônio (gerador do sinal elétrico) e o músculo (efetor controlado por esse sinal). O axônio seria um péssimo condutor de sinais elétricos, dada a relação do seu comprimento (1 metro) com seu raio (alguns micrômetros). Como, então, o minúsculo sinal de poucos milivolts gerado no corpo do neurônio consegue chegar ao músculo e controlá-lo com eficácia?

Simples: porque o axônio não é um condutor elétrico! Ele é um transmissor dinâmico de um sinal elétrico autorregenerável que trafega ao longo de sua estrutura, sendo continuamente recriado: eis o potencial de ação (PA).

Esse processo de transmissão pode ser comparado por analogia a *uma fila de lâmpadas* de um letreiro luminoso que acendem em sequência, em alta velocidade, dando a falsa ideia de deslocamento de um ponto luminoso.

O potencial é uma súbita troca de sódio e potássio entre o interior e o exterior do axônio, levando a DDP da membrana a oscilar de −80 até +20 mV e retornar ao valor original em uma fração de até menos de 1 milissegundo! *O potencial de ação é um processo de amplitude fixa e invariável* (Figura 9.7).

Então:

> O potencial de ação surge quando, por meio de um estímulo, ocorre um súbito aumento da permeabilidade da membrana ao sódio.

Como, ao longo do axônio, o potencial de ação é autorregenerável, se um axônio se bifurcar, a sequência de potenciais de ação irá se manter a mesma, ao longo de cada ramo da bifurcação, sem que ocorra nenhuma perda. Isso não aconteceria se o processo de transmissão axônico fosse por condução elétrica convencional (condução eletrotônica). Neste último caso, quando uma corrente elétrica encontra uma bifurcação no circuito, a corrente se divide por dois, assim como o fluxo de um fluido se divide por dois em uma bifurcação do circuito hidráulico.

O potencial de ação é assunto para o estudo de fisiologia, quando serão estudados todos os mecanismos bioquímicos e celulares que o promovem. Contudo, sua base é biofísica, dadas a manipulação de cargas elétricas e a variação da DDP da membrana celular. Por esse motivo, fizemos esta breve apresentação.

Registro da bioeletricidade

Você sabe o que é um multímetro? É um aparelho utilizado para medir as variáveis de um circuito elétrico, como a voltagem, a corrente e a resistência desse circuito. Por exemplo, se você quiser saber se a DDP de determinada rede elétrica doméstica é 110 ou 220 V, basta introduzir os fios do multímetro na tomada para ele registrar a DDP.

Para medir a voltagem (ou DDP), o multímetro fecha um circuito com a fonte elétrica, utilizando dois eletrodos, chamados,

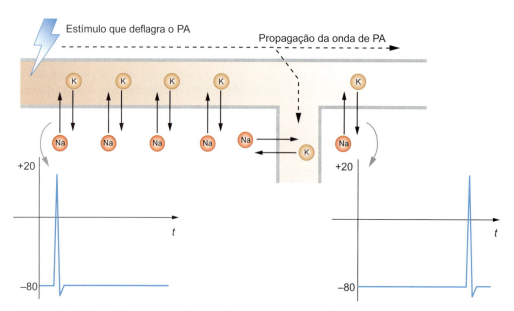

Figura 9.7 Potencial de ação (PA) no axônio e seu gráfico. Após um estímulo ter deflagrado o PA, este se propaga ao longo do axônio e todas as suas bifurcações sem perder amplitude (o PA é um processo regenerável e ativo da célula, o qual mobiliza, em poucos milissegundos, a entrada de sódio e a sucessiva saída de potássio suficiente para produzir uma variação de voltagem da ordem de 100 mV). Os gráficos denotam a estabilidade da onda que se propaga em função do tempo.

respectivamente, de "eletrodo de captação" (que registra efetivamente a voltagem) e "eletrodo de referência" (que apresenta um potencial conhecido e constante em relação ao eletrodo de captação).

Vamos analisar o comportamento do multímetro em relação a uma bateria química qualquer (como uma pilha ou uma bateria de carro). Conforme já foi dito no início deste capítulo, a bateria é uma fonte de corrente elétrica, isto é, uma corrente que tem um polo negativo (por onde saem os elétrons) e um polo positivo (por onde entram os elétrons). Para registrar a voltagem dessa corrente elétrica, basta fechar o circuito com os eletrodos do multímetro. O multímetro pode registrar +5 ou −5 V, por exemplo, dependendo de o eletrodo de captação estar no polo positivo ou no polo negativo da bateria, respectivamente (Figura 9.8).

Ora, se toda célula viva é, de fato, uma bateria elétrica, podemos registrar a DDP em um circuito de células utilizando um multímetro? Sim! Contudo, deve ser um multímetro muito sensível, pois as correntes elétricas dos circuitos celulares são de muito baixa voltagem (na ordem de milivolts ou microvolts).

> Um circuito de células é formado por neurônios ou fibras musculares, através das quais uma corrente elétrica de determinada voltagem se estabelece.

Em um circuito de células em que elas despolarizam simultânea ou sequencialmente, todo o tecido que compõe essas células comporta-se como uma grande bateria na qual *o polo negativo é a extremidade do tecido que fica mais "rica" em elétrons e o polo positivo é a extremidade do tecido que fica mais "pobre" em elétrons*, o que é determinado pelo sentido da corrente de despolarização das células (Figura 9.9).

Então, podemos registrar a DDP que se estabelece em um circuito de neurônios a partir de um multímetro chamado de eletroencefalógrafo; do mesmo modo, podemos registrar a DDP que se estabelece em um circuito de fibras musculares do coração por meio de um multímetro chamado eletrocardiógrafo.

Tanto as DDP dos circuitos neuronais quanto as dos circuitos miocárdicos variam continuamente em polaridade e intensidade por dois motivos: a *demanda fisiológica do tecido* em questão (a qual responde pela variação intrínseca da DDP das células) e o *comportamento vetorial da corrente elétrica*.

A demanda fisiológica é fácil de compreender: a DDP registrada no multímetro depende do quanto uma célula se despolariza. E o comportamento vetorial da corrente elétrica? Bem, vamos explicar melhor: a força elétrica é um vetor, pois tem direção e sentido, uma vez que os elétrons se deslocam do polo negativo do circuito em direção ao polo positivo através de uma trajetória definida – o circuito elétrico. Dependendo da relação entre o eletrodo de captação e essa corrente elétrica, o multímetro irá registrar uma determinada DDP, a qual, por convenção, se comporta da seguinte maneira (Figura 9.10):

- Se a corrente elétrica vai ao encontro do eletrodo de captação, este registra um potencial negativo
- Se a corrente elétrica "foge" do eletrodo de captação, o multímetro registra o oposto: uma DDP positiva
- Se a corrente elétrica estabelece uma trajetória transversal ao eixo formado pelo eletrodo de captação e o eletrodo de referência (chamado de eixo de derivação), a voltagem varia em função do cosseno do ângulo formado entre a trajetória da corrente e o tal eixo. Logo, se a corrente for perpendicular ao eixo, a DDP registrada é igual a zero (afinal, o cosseno de 90° é zero).

Glossário

Resistência elétrica
Qualquer obstáculo ao fluxo de elétrons

Axônio
Região do neurônio responsável pela condução de sinais elétricos

Potencial de ação
Despolarização que se instaura entre as superfícies interna e externa da membrana quando ocorre um aumento brusco da permeabilidade da membrana ao sódio

Permeabilidade
Qualidade que indica o quanto uma estrutura permite a passagem de determinada substância através dela

Condução eletrotônica
Movimento convencional de elétrons, que ocorre nos circuitos elétricos

Multímetro
Aparelho capaz de medir grandezas elétricas (voltagem, amperagem e resistência)

Eletrodo de captação
Eletrodo que registra a voltagem que está sendo medida

Eletrodo de referência
Eletrodo que apresenta um potencial conhecido e constante em relação ao eletrodo-padrão (eletrodo de captação)

Eletroencefalógrafo
Aparelho que registra o eletroencefalograma

Eletrocardiógrafo
Aparelho que registra o eletrocardiograma

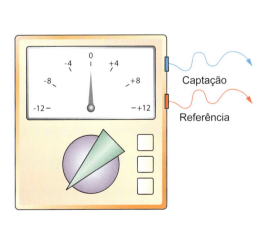
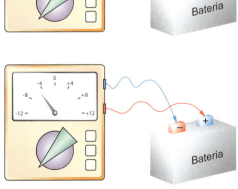

Figura 9.8 *À esquerda*, o multímetro mostra o eletrodo de captação (azul) e o eletrodo de referência (vermelho). *À direita*, a diferença de potencial (DDP) registrada pelo multímetro: +5 V se o eletrodo de captação for conectado ao polo positivo, e −5 V se o eletrodo de captação for conectado ao polo negativo da bateria.

134 Biofísica Conceitual

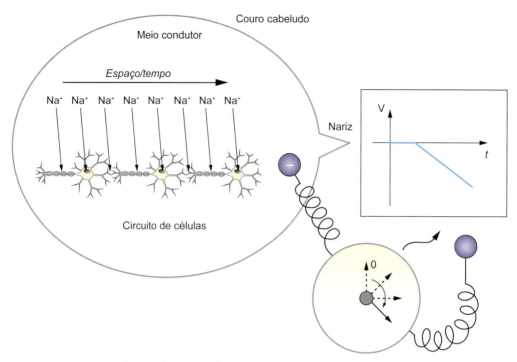

Figura 9.9 Representação esquemática de um eletroencefalograma (EEG). Observe a corrente elétrica ao longo de um circuito de várias células interconectadas e o registro no multímetro com o eletrodo de captação negativo posicionado sobre o couro cabeludo. A corrente elétrica vai em direção ao eletrodo de captação do multímetro (posicionado sobre o couro cabeludo) e é captada por ele. Logo, o registro é de uma voltagem negativa. O meio condutor, na extremidade onde o eletrodo de captação está conectado, fica mais rico em elétrons, pois os íons sódio (positivos) estão entrando na célula.

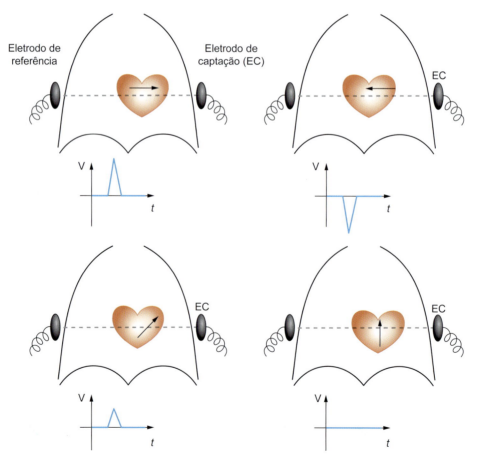

Figura 9.10 Representação gráfica da corrente elétrica em função do eixo da derivação, formado pelo eletrodo de captação e o de referência. A *seta* refere-se ao sentido da corrente, o qual se comporta como um vetor. O registro é relativo à direção e ao sentido do vetor.

Eletroencefalograma e eletrocardiograma

O eletroencefalograma (EEG) e o eletrocardiograma (ECG) são os registros mais comuns feitos a partir de atividade elétrica do organismo. O EEG é o registro da atividade das células neuronais do encéfalo (basicamente, células piramidais do córtex cerebral), enquanto o ECG registra a atividade elétrica do miocárdio (Figura 9.11). Um exemplo do traçado do EEG é encontrado na Figura 7.10, do Capítulo 7. Futuramente, em outras disciplinas, você irá estudar com mais detalhes o ECG e o EEG.

Esperamos que tenha sido compreendido *como uma célula viva é capaz de produzir fenômenos elétricos*. Para um curso introdutório de biofísica, esta noção é mais do que suficiente. Futuramente, na fisiologia, você irá se aprofundar nos mecanismos bioquímicos, metabólicos e celulares, que servem de substrato aos fenômenos bioelétricos que ocorrem nos sistemas biológicos.

Glossário

Eletroencefalograma
Exame que evidencia a atividade elétrica produzida pelos neurônios do cérebro

Eletrocardiograma
Exame que mostra a atividade elétrica do músculo cardíaco (coração)

Figura 9.11 Traçado típico de eletrocardiograma com seus componentes. A onda P representa a despolarização atrial, o complexo de ondas QRS representa a despolarização ventricular e a onda T representa a repolarização ventricular.

Resumo

- Bioeletricidade é o estudo dos fenômenos elétricos que ocorrem nas células
- Diferença de potencial elétrico (DDP) é a grandeza que mede a diferença de concentração de elétrons entre dois pontos
- Corrente elétrica é fluxo ou movimento de elétrons de um ponto com excesso dessas partículas para outro ponto com escassez dessas partículas; esse movimento ocorre por um meio metálico ou por meio de íons
- A corrente elétrica sempre ocorre na menor distância possível entre os polos positivo e negativo, e a medida da corrente está relacionada com a quantidade de elétrons que flui por determinada região em dado intervalo de tempo: quanto mais elétrons fluírem, maior será a corrente elétrica
- Gerador é o sistema capaz de converter outras modalidades de energia em energia elétrica
- Capacitor é o sistema capaz de acumular energia potencial elétrica
- Dielétrico é a região isolante (não condutora de eletricidade) que fica interposta entre as placas de um capacitor
- Força elétrica é o agente físico capaz de produzir aceleração em elétrons
- Entre os polos elétricos da célula há uma DDP que varia de -50 a -90 milivolts (mV)
- Quando ocorre uma corrente elétrica, a DDP entre as superfícies interna e externa da membrana se altera; logo, ocorre modificação no valor da força elétrica entre os meios intra e extracelular
- Quando ocorre uma corrente elétrica entre os meios intra e extracelular, pode haver passagem tanto de ânions do polo negativo para o positivo quanto de cátions do polo positivo para o negativo. Em ambas as situações, ocorre redução da DDP entre os meios, a qual chamamos de despolarização

- O fenômeno de correntes elétricas contra a DDP (ou seja, que aumenta a diferença de concentração de cargas elétricas entre dois meios) promove aumento da força elétrica entre os meios intra e extracelular, e é chamado de hiperpolarização (aumento da força dos polos da célula)
- Quando não ocorre alteração significativa da DDP da célula, seja porque forças estão em equilíbrio para determinados íons, seja porque não há condições para estabelecimento de correntes para outros íons (canais fechados), dizemos que essa célula está em um estado de repouso elétrico, e nesse estado vigora o potencial de repouso da membrana celular
- Todas as células do corpo mantêm uma DDP de repouso em relação ao meio que as circunda
- A membrana em repouso é 100 vezes mais permeável ao potássio do que ao sódio
- A principal causa do potencial de repouso é a alta permeabilidade da membrana ao potássio, durante o repouso
- O potencial de repouso da membrana se estabelece quando a força elétrica e a força de difusão para o potássio se equilibram, fazendo cessar o fluxo desse íon através da membrana
- Bomba de sódio-potássio é a proteína que bombeia ativamente três sódios para fora da célula e dois potássios para dentro, para cada ATP consumido
- Potencial de ação é a despolarização que se instaura entre as superfícies interna e externa da membrana quando ocorre um aumento brusco da permeabilidade da membrana ao sódio
- Podemos registrar a DDP que se estabelece em um circuito de neurônios por meio de um multímetro chamado de eletroencefalógrafo; da mesma maneira, podemos registrar a DDP que se estabelece em um circuito de fibras musculares do coração por meio de um multímetro chamado eletrocardiógrafo.

Autoavaliação

9.1 Conceitue diferença de potencial elétrico.//
9.2 Conceitue: a) pilha; b) condutor; c) corrente elétrica; d) corrente iônica.//
9.3 Conceitue gerador e capacitor.//
9.4 O que é despolarização? E hiperpolarização?//
9.5 Represente, por meio de um esquema, a força de difusão e a força elétrica para o potássio, na membrana em repouso.//
9.6 Durante o repouso, a membrana é mais permeável a qual íon?//
9.7 Defina potencial de repouso.//
9.8 Explique detalhadamente os eventos que causam o potencial de repouso.//
9.9 Por que o potencial de repouso apresenta valores negativos (em torno de −70 mV)?//
9.10 Defina e explique como se dá o potencial de ação.//
9.11 Diferencie a condução eletrotônica do potencial de ação.//
9.12 Conceitue: a) multímetro; b) eletrodo de captação; c) eletrodo de referência.//
9.13 Escreva um pequeno texto sobre o eletrocardiograma.//
9.14 Escreva um pequeno texto sobre o eletroencefalograma.//
9.15 Pesquise, em algum livro de fisiologia, a respeito do potencial de repouso e do potencial de ação, e elabore um resumo sobre o tema.

10

Alostase

Objetivos de estudo, 138
Conceitos-chave do capítulo, 138
Introdução, 139
Estresse, 139
Homeostase e alostase, 140
Processos adaptativos no sistema nervoso, 142
Resumo, 143
Autoavaliação, 144

Objetivos de estudo

- Compreender o que é adaptação e o que são processos adaptativos
- Entender o conceito de estresse
- Compreender o conceito de evolução
- Diferenciar retroalimentação positiva de negativa
- Compreender o conceito de doença
- Conceituar e diferenciar alostase de homeostase
- Ser capaz de diferenciar carga alostática de sobrecarga alostática
- Entender como ocorre a neuroplasticidade

Conceitos-chave do capítulo

- Adaptação
- Alostase
- Carga alostática
- Doença
- Estabilidade longe do equilíbrio
- Estresse
- Estressores
- Evolução
- Faixa de tolerância
- *Feedback*
- Homeostase
- Metabolismo
- pH
- Plasticidade
- Processo acumulativo
- Processo modulatório
- Processos alostáticos
- Retroalimentação
- Retroalimentação negativa
- Retroalimentação positiva
- Sistema auto-organizável
- Sobrecarga alostática
- Termostato

Introdução

Este capítulo pretende encerrar o estudo da biofísica, estabelecendo uma ponte para o mundo da fisiologia. Falaremos sobre adaptação. Como vimos no Capítulo 1, os sistemas termodinâmicos dissipativos (dentro dos quais todos os sistemas biológicos se enquadram) se mantêm estáveis à custa de um grande gasto energético; ou seja, essa estabilidade se dá longe do equilíbrio (já que equilíbrio é um estado no qual não ocorre fluxo de energia). Logo:

⚛ Os processos adaptativos promovem a evolução dos sistemas para se tornarem cada vez mais estáveis, porém mais distantes do equilíbrio.

⚛ Adaptação é a busca da estabilidade, à custa de gasto energético.

Observe a Figura 10.1, na qual se vê um equilibrista. Esse modelo exemplifica bem o que seria um processo adaptativo enquanto busca pela estabilidade, ainda que se pague um alto preço energético. Note que o sujeito consegue manter sua estabilidade sobre a corda à custa de muita energia, no limite entre o estável e o instável. Estável, sim, pois, graças à energia muscular e à condição adaptativa de seus músculos, ele pode se manter sobre a corda ao longo do tempo. Porém, não podemos dizer que ele esteja em equilíbrio termodinâmico (lembre-se de que equilíbrio na termodinâmica é o estado de estabilidade espontânea, ou seja, sem gasto energético), pois, se o equilibrista relaxar sua musculatura, fatalmente irá cair.

Neste capítulo, vamos aplicar o conceito de adaptação e estabilidade aos sistemas biológicos a fim de que, no futuro, a fisiologia possa ser compreendida. Passaremos agora a explicar alguns processos adaptativos muito importantes, tais como homeostase, alostase, retroalimentação, plasticidade e aprendizado. Inicialmente, vamos conceituar o estresse.

Estresse

Ao contrário do que diz o senso comum, estresse (do inglês *stress*) não é um privilégio de mentes estafadas ou corpos doentes. Estresse é um conceito da física, tanto que você já deve ter ouvido falar em "teste de estresse" para colunas de concreto, por exemplo, ou que determinado metal de um motor está sofrendo estresse.

Mesmo no campo da biologia ou da medicina, o estresse não é sinônimo de algo ruim. Na verdade, o estresse é fundamental para a manutenção da própria vida.

Mas o que é o estresse? Citamos anteriormente que é uma *pressão adaptativa*. Esse é um conceito muito adequado. Lembre que não somos nem nunca fomos sistemas isolados: estamos em contínua interação com nossa circunvizinhança, a qual imprime sobre nós diversos eventos transformadores que, invariavelmente, tendem a nos transformar. Dependendo da natureza e da intensidade dessa força extrínseca, o sistema pode se adaptar, mantendo sua estabilidade, ou não.

⚛ Estresse é qualquer evento ou elemento (energia, força, informação) que promova a adaptação ou a transformação de um sistema.

Logo, estresse não é algo bom nem ruim. Enquanto nosso organismo como um todo, por exemplo, se adapta ao estresse, tudo fica bem. Quando praticamos musculação, estamos estressando o organismo, porém ele se adapta por meio da hipertrofia muscular, mantendo o sistema, como um todo, estável. Quando uma espécie animal é submetida a um inverno rigoroso, os menos aptos morrem, e a espécie como um todo se adapta ao frio intenso. Esse frio é o estresse. Então, tanto para a evolução de uma espécie (conjunto de indivíduos) quanto para as mudanças que porventura ocorram em um único organismo (espécime), o estresse é uma pressão adaptativa (Figura 10.2).

Contudo:

⚛ O estresse é uma ameaça à estabilidade de um sistema.

Potencialmente, o sistema pode se adaptar ao estresse, como também o sistema pode perder sua estabilidade (Figura 10.3). Sabemos que, no caso de organismos vivos (coletividades de

> **Glossário**
>
> **Adaptação**
> Processo no qual um organismo se transforma, com o objetivo de otimizar suas relações com o meio, procurando se adequar às pressões que este meio exerce sobre ele
>
> **Estabilidade longe do equilíbrio**
> Manutenção de um estado que se dá à custa de gasto energético
>
> **Estresse**
> Pressão que o meio impõe a um sistema, forçando-o a buscar adaptação a fim de preservar sua estabilidade
>
> **Evolução**
> Processo de adaptação da espécie a fim de que a mesma continue a existir e a transmitir seus genes para as gerações seguintes

Figura 10.1 O equilibrista. Este é um modelo para os sistemas estáveis à custa de gasto de energia (portanto, longe do equilíbrio).

Figura 10.2 Um pequeno periquito pousa na vara do equilibrista. Esse pássaro obriga o sistema do equilibrista a diversas adaptações. A ave é, sem dúvidas, um estressor (produz estresse e demanda adaptação). Se o equilibrista for "bom", irá manter a estabilidade do sistema.

Figura 10.3 Se uma ave robusta pousar na vara do equilibrista, o estresse, sendo intenso demais, não permitirá a adaptação do sistema.

células), isso pode significar a morte. Os **estressores** (agentes que produzem estresse) podem ser verdadeiramente agressores. Analisando do ponto de vista de uma coletividade de indivíduos (uma espécie), o estresse pode ser uma pressão à extinção (p. ex., um supervírus fatal ou um vulcão que extermina uma espécie). Sob a óptica da sociedade nova-iorquina, o estresse (a notícia de uma bomba nuclear no Central Park a explodir em 30 minutos) será fatalmente uma pressão à ordem civil.

Uma virose, um chefe psicopata, a falta de dinheiro, um tiro na barriga... Tudo isso são estressores produzindo estresse. Se o organismo sobreviverá ou não vai depender da possibilidade de a homeostase se manter, à custa dos **processos alostáticos**, que discutiremos a seguir.

Homeostase e alostase

No século 19, os fisiologistas Claude Bernard e Walter Cannon passaram a utilizar o termo **homeostase** para definir o fenômeno de estabilidade que se observa em diversas variáveis fisiológicas, como a manutenção da temperatura corporal (no caso de seres homeotérmicos), a constância nas concentrações celulares de diversas substâncias (glicose, sódio, potássio, cálcio etc.), a manutenção do **pH** do sangue, entre outras. Cannon e Bernard já haviam percebido, na ocasião, que esse fenômeno de manutenção da estabilidade de parâmetros era fundamental para a manutenção da vida. De fato, com o tempo essa estabilidade interna foi comprovada como condição indispensável para a sustentabilidade das células do organismo.

Não precisamos nem comentar mais que essa estabilidade não é espontânea, ou seja, não é equilíbrio. A diferença entre a concentração de sódio e potássio nas células e no meio extracelular não está em equilíbrio. A temperatura do corpo não está em equilíbrio com o meio ambiente. Já estudamos que os processos termodinâmicos pressionam violentamente os compartimentos internos do organismo a entrar em equilíbrio entre si e o organismo como um todo a entrar em equilíbrio com o meio

ambiente; porém, esse equilíbrio corresponderia à morte. Para que isso não ocorra, o sistema tem uma alta demanda energética, produz muita entropia, realiza muito trabalho. Logo:

⚛ **Homeostase é a constância do meio interno à custa de trabalho do sistema.**

Alostase e retroalimentação

Perguntamos: o que acontece quando estamos dentro de uma sala quente e, de repente, um ar-condicionado superpotente é ligado e a temperatura passa a ser de 5°C? Nossa temperatura interna cai? Considerando a homeostase, a resposta é: não, ela permanece em torno dos 36°C de sempre. Contudo, como a nossa temperatura interna se mantém constante a despeito da brusca variação da temperatura do meio?

Sabemos que a temperatura do organismo é mantida pelo balanço entre o nosso **metabolismo** e os mecanismos relacionados com a dissipação desse calor. Por exemplo, os vasos sanguíneos, os músculos esqueléticos e as glândulas sudoríparas são três estruturas envolvidas nesse balanço. Obviamente, à temperatura de apenas 5°C, o sangue circula menos na pele, dissipando menos calor interno (por isso, pode-se notar as mãos pálidas). Se estávamos suando, podemos perceber que, depois da queda de temperatura, não há mais suor na pele (não há, portanto, evaporação de líquido para refrigerar a pele) e, provavelmente, logo começaremos a tremer (a atividade muscular aumenta, "queimando" nutrientes e produzindo calor). Em uma sauna, acontece tudo ao contrário: os músculos relaxam (não é relaxante uma sauna?), ocorre bastante transpiração e pode haver vermelhidão na pele, dependendo da temperatura.

Esses exemplos extremos ilustram bem que o organismo está atento às mudanças externas para rapidamente adaptar seu maquinário interno em nome da homeostase. Vamos a mais alguns exemplos?

Nosso amigo equilibrista: apesar de ele estar estável sobre a corda, a tensão em sua musculatura oscila o tempo todo, sempre buscando manter essa estabilidade. Se você ficar sem comer o dia inteiro, o organismo começará a transformar aminoácidos e gorduras em glicose para manter as taxas sanguíneas em níveis ideais. Em uma corrida de maratona, suas frequências cardíaca e respiratória vão aumentar para otimizar a oferta de oxigênio para os tecidos. O conjunto de adaptações que ocorrem a fim de preservar a estabilidade (homeostase) recebe o nome de **alostase**.

O termo alostase, que literalmente significa "diferente do constante" (do grego *állos* = diferente; *stásis* = constante), se refere aos fenômenos de adaptação ativos e consumidores de grande quantidade de energia, que ocorrem a fim de se tentar manter a homeostase, ou seja, a estabilidade do organismo como um todo.

Como já foi dito, no exemplo da manutenção da temperatura corporal, se ocorrer uma brusca variação na temperatura ambiente, haverá transformações compensatórias na vascularização cutânea, na contratilidade muscular, na produção de suor (entre outros mecanismos) que levam ao mesmo resultado: temperatura do corpo constante em torno de 36 a 37°C (Figura 10.4). Relacionando os conceitos de homeostase e alostase, podemos dizer que:

⚛ **Alostase é o trabalho do sistema com o objetivo de manter a homeostase.**

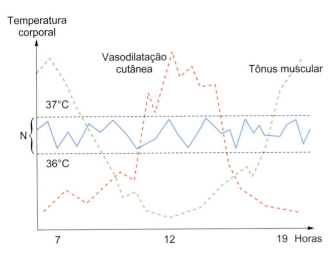

Figura 10.4 Ação dos mecanismos alostáticos (tônus muscular e vasodilatação cutânea) ao longo de 1 dia, de forma a manter a temperatura próxima de um valor constante (homeostase).

À luz da física, como ocorre em todo processo de realização de trabalho, a alostase somente ocorre à custa de gasto de energia. A quantidade de energia alocada a fim de que a alostase possa ocorrer se denomina carga alostática. Em situações extremas (doenças, alterações bruscas e intensas do meio etc.), a energia (carga alostática) alocada para se atingir a homeostase pode ser muito alta, podendo chegar a ser insuficiente para manter o organismo vivo. O excesso de energia utilizado para tentar, a todo custo, manter a homeostase se denomina sobrecarga alostática.

> Carga alostática é a quantidade de energia despendida no processo de alostase.

Quem controla os mecanismos alostáticos? Seus próprios efeitos. Se um mecanismo está "fraco", o efeito ineficiente o força a ser intensificado; se o mecanismo está "intenso" demais, o excesso de efeito o força a ser atenuado. Isso se chama retroalimentação (ou, em inglês, *feedback*).

Um exemplo clássico de mecanismo alostático retroalimentado é o sistema de refrigeração de uma geladeira. Se a homeostase (temperatura ideal para exercer suas funções) da geladeira for de 10°C, quando a abrimos, sua temperatura interna inevitavelmente irá se elevar, a fim de tentar entrar em equilíbrio com o meio. Um pequeno dispositivo (sensor) chamado termostato é então ativado. O termostato liga o motor da geladeira, e ela rapidamente começa a esfriar de novo. Quando a temperatura chega aos 10°C originais, esse mesmo termostato "desarma" o sistema de refrigeração. Toda vez que a temperatura se distancia de 10°C, o processo se repete.

Obviamente, os organismos vivos têm diversos sensores que fornecem informações ao próprio organismo a respeito do estado atual de seus parâmetros (temperatura, pH etc.). Esses sensores, tais como o termostato, "ligam" e "desligam" os mecanismos alostáticos, promovendo a regulação do organismo.

O organismo vivo é um sistema auto-organizável, ou seja, ele é capaz de manter sua estabilidade sem recorrer a fatores externos. Todos os processos dinâmicos do organismo são autorregulados por mecanismos de retroalimentação. Mesmo as transformações programadas (p. ex., o crescimento) são reguladas por mecanismos compensatórios de retroalimentação.

> Retroalimentação é o mecanismo compensatório utilizado pelos sistemas auto-organizáveis.

Observe a Figura 10.5, que ilustra mecanismos de *feedback*.

Retroalimentação negativa e retroalimentação positiva

Existem processos de retroalimentações negativa e positiva.

A retroalimentação negativa é o fenômeno no qual o resultado de um processo se mantém constante, uma vez que o resultado ajusta a intensidade de ocorrência do processo, ou seja, é um processo modulatório. O termostato da geladeira ilustra com clareza o que é um processo de retroalimentação negativa.

> A retroalimentação negativa nada mais é que o controle modulatório da alostase.

Por outro lado, existem também processos de retroalimentação positiva, os quais promovem a estimulação contínua da resposta alostática. Quanto maior for essa resposta, maior será o estímulo de retroalimentação. Nos sistemas auto-organizáveis em estabilidade, a retroalimentação positiva raramente ocorre, uma vez que ela é um processo acumulativo, semelhante a uma bola de neve

Glossário

Estressor
Qualquer agente capaz de produzir estresse

Processo alostático
Sinônimo de alostase

Homeostase
Situação de estabilidade dos parâmetros necessários à vida de um organismo

pH
Parâmetro que mede o grau de acidez de uma solução

Metabolismo
Conjunto de reações químicas que ocorrem nos nutrientes ingeridos; assim como ocorre em todo sistema dissipativo, tais reações produzem calor

Alostase
Conjunto de processos adaptativos que ocorrem a fim de se tentar manter a homeostase

Carga alostática
Quantidade de energia alocada a fim de que a alostase possa ocorrer

Sobrecarga alostática
Excesso de energia utilizado para tentar, a todo custo, manter a homeostase

Retroalimentação
Fenômeno em que o resultado de um processo regula a sua intensidade de ocorrência

Feedback
Sinônimo de retroalimentação

Termostato
Sensor de temperatura que tem por objetivo deflagrar processos que visem manter a temperatura constante

Sistema auto-organizável
Sistema que mantém sua estabilidade por meio de mecanismos de retroalimentação

Retroalimentação negativa
Fenômeno em que o resultado de um processo se mantém constante, uma vez que o resultado ajusta a intensidade de ocorrência do processo

Processo modulatório
Processo modulado pela resposta, que o inibe

Retroalimentação positiva
Fenômeno em que o resultado de um processo aumenta sua intensidade de ocorrência

Processo acumulativo
Processo no qual a resposta amplifica sua ocorrência

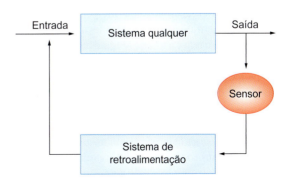

Figura 10.5 Esquema dos mecanismos de retroalimentação controlando os mecanismos alostáticos.

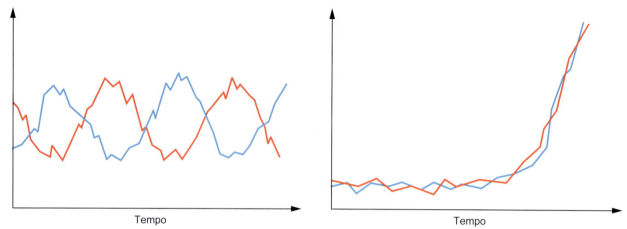

Figura 10.6 Esquema gráfico da ação dos mecanismos de retroalimentações negativa (*esquerda*) e positiva (*direita*), controlando os mecanismos alostáticos de modo compensatório ou acumulativo, respectivamente. A linha vermelha representa a atividade do sensor, e a linha azul representa a atividade do mecanismo alostático.

(quanto mais resposta, mais o processo ocorre). Existem poucos exemplos de *feedback* positivo na fisiologia humana, como a ovulação, que ocorre durante o ciclo menstrual, e a taxa de captação de oxigênio pela hemoglobina. Na fisiologia, esses processos serão estudados em detalhes. Por ora, basta saber que, em raras situações, existe retroalimentação positiva no organismo e entender seu conceito.

Observe a retroalimentação negativa e a retroalimentação positiva na Figura 10.6.

Muitos fenômenos de retroalimentação positiva são observados em processos patológicos (doenças). Veremos agora como muitas doenças (senão todas) estão relacionadas, de alguma maneira, com o descontrole dos processos alostáticos que, respondendo excessiva e prolongadamente (sobrecarga alostática), acabam por comprometer a homeostase.

Ruptura da homeostase

A escala de um termômetro clínico, destes que usamos para aferir nossa temperatura, só vai até 42°C porque uma temperatura acima disso levaria à morte. Saiba que a febre é um fenômeno de reação do organismo a uma agressão qualquer (seja uma infecção, um traumatismo extenso, um tumor maligno em crescimento), e ela existe por um motivo termodinâmico: com o aumento da temperatura interna, todos os processos metabólicos e fisiológicos de reação ao estresse que envolvem reações químicas são acelerados, uma vez que o calor aumenta a energia cinética das moléculas. Esse processo logicamente aumenta a entropia, mas leva à transformação e à adaptação do sistema a fim de reagir à agressão (infecção, câncer etc.). Logo, a febre é um mecanismo de alostase. Tanto é que os pediatras e clínicos não recomendam o uso de antitérmicos (medicamentos que reduzem a temperatura) para temperaturas inferiores a 38°C. Contudo, uma reação febril exagerada pode ocorrer diante de uma agressão. Em nome da necessidade do organismo de abolir a agressão, os sistemas alostáticos ignoram todo o resto do organismo em busca do seu objetivo de destruir a fonte de agressão. Então, a temperatura pode subir descontroladamente a níveis fatais. Acima dos 42°C, as reações enzimáticas entram em colapso, uma vez que as enzimas (que são proteínas) se desnaturam em altas temperaturas. Neste caso, a homeostase é corrompida, e surge a doença.

🔬 **Doença é uma ruptura da homeostase.**

Podemos dizer que uma temperatura de 37,5°C por si só causa doença? Definitivamente, não. Pois o sistema, apesar de fora do seu nível padrão de temperatura, ainda consegue manter tranquilamente a homeostase com temperaturas até 38°C. Valores entre 38 e 42°C já exigem do organismo maiores esforços (sobrecarga alostática) para manter a sua estabilidade, embora ainda sejam compatíveis com a vida. Temperaturas abaixo de 36°C ou acima de 42°C já podem colocar a vida em risco. Essa faixa de temperatura (entre 36 e 42°C) é chamada de faixa de tolerância (Figura 10.7). Oscilações além dessa faixa de tolerância, como foi dito, podem superar a capacidade adaptativa do organismo e levar a óbito.

Podemos demonstrar, por meio de outros exemplos, como a doença é a expressão do descontrole da alostase em resposta a lesões. Examinemos uma hipertensão arterial causada por uma estenose (estreitamento) da artéria renal de um dos rins. Nesse caso, os mecanismos alostáticos induzidos pelo rim vão produzir um aumento da pressão arterial na tentativa desesperada de manter o fluxo sanguíneo para esse órgão. Contudo, mesmo havendo sucesso na compensação do fluxo renal, a hipertensão irá comprometer todo o resto do organismo.

Geralmente, todo mecanismo alostático foi feito para atuar em um curto espaço de tempo, buscando a compensação orgânica. A ativação prolongada de um desses mecanismos acaba por comprometer a economia do organismo como um todo.

Processos adaptativos no sistema nervoso

O sistema nervoso é um exemplo clássico de estrutura altamente capaz de se adaptar ao meio ambiente. Por exemplo, uma pessoa consegue aprender um idioma se isso for fundamental para a sua integridade e sobrevivência (após poucos meses morando na Alemanha, você conseguiria se comunicar

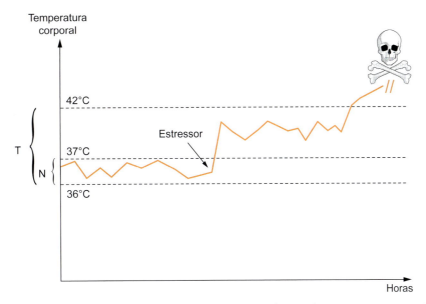

Figura 10.7 Faixa de tolerância da temperatura (representada pela letra T) em função do tempo em um caso de doença. Se a temperatura superar o ponto de tolerância, o sistema perde a capacidade de controle alostático, e começa a haver incompatibilidade com a vida. A letra N representa a faixa de normalidade.

em alemão satisfatoriamente). Outros exemplos de adaptação do sistema nervoso: camundongos aprendem rapidamente a encontrar comida e a se esquivar dos perigos de um novo ambiente; abelhas aprendem o caminho para o mel; gatos aprendem a urinar na caixinha de areia; crianças aprendem a andar e a falar. Sob determinado nível de estresse, aprende-se mais rápido ainda (e com mais eficiência). Um homem que sofre uma hemorragia cerebral pode reaprender a andar, a usar uma faca e um garfo, a falar e a tocar seu instrumento musical. Um jovem que perde parte da massa cerebral em um acidente de moto pode, após um período de exercícios de reabilitação, ter suas funções cerebrais recuperadas.

Tomando como exemplo o nosso cérebro, vejamos como ocorrem os processos adaptativos. O cérebro humano é formado por cerca de 100 bilhões de neurônios capazes de se conectar, cada um, a cerca de 10.000 neurônios diferentes; logo, podemos concluir que o cérebro é um sistema de extraordinária complexidade. Os neurônios formam uma rede inimaginável de possibilidades de conexão e, assim, estabelecem circuitos com capacidade quase infinita de processamento de informação, com potencial para realizar praticamente qualquer comportamento.

Hoje sabemos que essas conexões são dotadas de plasticidade, ou seja, ficam fortes ou fracas em função do uso e do desuso. Então, dependendo da necessidade, os neurônios podem reorganizar suas conexões estabelecendo circuitos dos mais diversos, para processar informações segundo suas necessidades. O aprendizado é a base da memória e é construído a partir da plasticidade do cérebro. Quanto mais um circuito é usado, mais fortes se tornam suas conexões: por repetição se acaba aprendendo… Essa é a base física da aquisição de novas habilidades, como andar de bicicleta ou falar um novo idioma.

Assim, terminamos nosso curso de biofísica, e esperamos que essa disciplina sirva de alicerce para a construção de seus conhecimentos futuros.

Glossário

Doença
Processo de ruptura da homeostase

Faixa de tolerância
Intervalo dentro do qual a sobrecarga alostática ainda consegue ser compensada

Hipertensão arterial
Doença na qual a pressão do sangue no interior das artérias se mantém em níveis acima dos desejáveis

Neurônio
Célula nervosa capaz de criar e transmitir estímulos

Plasticidade
Capacidade que uma estrutura tem de modificar sua arquitetura a fim de se moldar às pressões do ambiente

Resumo

- Os processos adaptativos promovem a evolução dos sistemas para se tornarem cada vez mais estáveis, porém mais distantes do equilíbrio
- Adaptação é a busca da estabilidade à custa de gasto energético
- Estabilidade longe do equilíbrio é a manutenção de um estado que se dá à custa de gasto energético
- Estresse é a pressão que o meio impõe a um sistema, forçando-o a buscar adaptação a fim de preservar sua estabilidade
- O estresse é uma ameaça à estabilidade do sistema
- Evolução é o processo de adaptação da espécie a fim de que ela continue a existir e transmitir seus genes para as gerações seguintes
- Homeostase é a situação de estabilidade dos parâmetros necessários à vida de um organismo
- Metabolismo calórico é o conjunto de reações químicas que ocorrem nos nutrientes ingeridos; assim como ocorre em todo sistema dissipativo, tais reações produzem calor

(*continua*)

- Alostase é o conjunto de processos adaptativos que ocorrem a fim de tentar manter a homeostase
- Carga alostática é a quantidade de energia despendida no processo de alostase
- Sobrecarga alostática é o excesso de energia utilizado para tentar, a todo custo, manter a homeostase
- Retroalimentação (ou *feedback*) é o fenômeno em que o resultado de um processo regula sua intensidade de ocorrência
- Termostato é o sensor de temperatura que tem por objetivo deflagrar processos que visem manter a temperatura constante
- Retroalimentação negativa é o fenômeno em que o resultado de um processo se mantém constante, uma vez que esse resultado ajusta a intensidade de ocorrência do processo
- Retroalimentação positiva é o fenômeno em que o resultado de um processo aumenta sua intensidade de ocorrência
- Doença é uma ruptura da homeostase
- Faixa de tolerância é o intervalo dentro do qual a sobrecarga alostática ainda consegue ser compensada
- Plasticidade é a capacidade que uma estrutura tem de modificar sua arquitetura a fim de se moldar às pressões do ambiente.

Autoavaliação

10.1 Conceitue adaptação.

10.2 Conceitue estresse.

10.3 Conceitue evolução. Diferencie adaptação de evolução.

10.4 Defina: a) homeostase; b) alostase.

10.5 Relacione os conceitos de homeostase e alostase.

10.6 Diferencie carga alostática de sobrecarga alostática.

10.7 O que é um sistema auto-organizável?

10.8 Diferencie retroalimentação negativa de retroalimentação positiva.

10.9 Explique o conceito de doença levando em conta o conceito de faixa de tolerância.

10.10 Redija um texto sobre como a plasticidade do sistema nervoso serve de modelo para a compreensão do conceito de processo adaptativo.

10.11 Em um interessante artigo de revisão, Edward J. Calabrese (2008) sugere que alguns processos adaptativos (resposta adaptativa, precondicionamento e lei de Yerkes-Dodson) nada mais são do que manifestações de um processo adaptativo mais genérico, conhecido como *hormese*. Escreva um resumo, definindo e explicando o que é cada um desses processos.

10.12 Faça uma pesquisa sobre a *teoria do vitalismo*, forme sua opinião a respeito desse assunto e redija um texto com sua análise crítica.

10.13 Chegamos ao final deste curso de biofísica. Faça uma autoavaliação a respeito de seu aprendizado. O que essa disciplina acrescentou ao seu conhecimento? Ela mudou, de alguma forma, sua maneira de pensar?

Glossário

A definição dos termos que constam deste glossário nem sempre consigna sua acepção mais estrita, como ocorreria em um dicionário. Muitas vezes o significado das palavras está em acordo com o contexto do trecho do livro em que o termo aparece; em razão disso, as diversas acepções estão separadas por uma barra inclinada (/).

A

Aceleração – Agente que produz a variação da velocidade de um corpo em função do tempo

Ácido – Substância capaz de liberar íons hidrogênio

Adaptação – Processo no qual um organismo se transforma, com o objetivo de otimizar suas relações com o meio, procurando se adequar às pressões que este meio exerce sobre ele

Agarose – Polímero composto por subunidades do carboidrato galactose

Água – Solvente universal, formado por hidrogênio e oxigênio

Alavanca – Barra situada entre o corpo a ser movido e a força aplicada para movê-lo

Alavanca de 1ª classe – Sinônimo de alavanca interfixa

Alavanca de 2ª classe – Sinônimo de alavanca inter-resistente

Alavanca de 3ª classe – Sinônimo de alavanca interpotente

Alavanca interfixa – Alavanca na qual o ponto fixo se situa entre a força potente e a força resistente

Alavanca interpotente – Alavanca na qual a força potente se situa entre a força resistente e o ponto fixo

Alavanca inter-resistente – Alavanca na qual a força resistente se situa entre a força potente e o ponto fixo

Alostase – Conjunto de processos adaptativos que ocorrem a fim de se tentar manter a homeostase

Altura do som – Qualidade do som determinada pela frequência das ondas sonoras

Alvéolos pulmonares – Estruturas saculares de pequenas dimensões, localizadas no final dos bronquíolos, nas quais se realiza a troca de gases entre o ar e o sangue

Amplitude – Intensidade de cada perturbação (altura da onda)

Aneurisma – Região de dilatação anormal nas artérias, de causa congênita

Ânion – Íon com carga negativa

Ânodo – Terminal carregado positivamente para onde se dirigem os elétrons e íons negativos

Aqualung – Equipamento de mergulho que viabiliza a respiração do mergulhador

Articulação atlantoccipital – Articulação entre o crânio e o atlas (primeira vértebra cervical)

Astigmatismo – Borramento visual em virtude de alterações na curvatura da córnea

Atividade radioativa – Número de emissões radioativas por segundo; suas unidades são o becquerel e o curie

Átomo – Menor partícula que caracteriza um elemento químico

Átomo (segundo os filósofos atomistas) – Partícula minúscula e indivisível

ATP – Sigla que representa a molécula de trifosfato de adenosina; o ATP é a principal fonte de energia química das células

ATPase – Enzima capaz de quebrar o ATP, liberando a energia química que ele contém

Atrito – Força de resistência ao movimento

Axônio – Região do neurônio responsável pela condução de sinais elétricos

B

Base – Substância capaz de captar íons hidrogênio

Becquerel (Bq) – Unidade de medida da atividade radioativa, no Sistema Internacional

Bíceps – Músculo do braço que tem a função de flexionar o antebraço

Bioalavancas – Alavancas existentes no sistema locomotor dos seres vivos

Bioeletricidade – Estudo dos fenômenos elétricos que ocorrem nas células

Biofísica – Estudo dos fenômenos físicos aplicados aos organismos vivos

Bomba de sódio-potássio – Proteína que bombeia ativamente três sódios para o exterior da célula e dois potássios para dentro, para cada ATP consumido

Bombas ATPase – Proteínas capazes de transportar substâncias contra seu gradiente de concentração; para tanto, as bombas necessitam da energia fornecida pela quebra do ATP

Braço da força – Distância entre a força potente e o ponto fixo

Braço da resistência – Distância entre a força resistente e o ponto fixo

Branco – Cor resultante da soma de todas as frequências de luz monocromática

Braquiterapia – Radioterapia aplicada diretamente no tecido afetado

C

Cabo de tração – Cabo metálico que é guiado por polias e que tem a função de tracionar massas

Calefação – Vaporização abrupta quando o líquido se aproxima de uma superfície muito quente

Calor – Energia existente em um corpo em virtude do grau de agitação em suas moléculas

Camada de hidratação – Película de água que envolve determinados íons ou solutos

Camada semirredutora – Espessura de um material necessária para reduzir à metade a intensidade de um feixe incidente de radiação

Campo elétrico – Campo de força provocado por cargas elétricas (elétrons, prótons ou íons)

Câncer – Reprodução celular anormal, desordenada e desenfreada

Capacitância – Sinônimo de complacência

Capacitor – Sistema capaz de acumular energia potencial elétrica

Capilar – Vaso sanguíneo muito fino, da espessura de um fio de cabelo

Cápsula de Bowman – Região do néfron que recebe o líquido filtrado

Carbono-14 – Carbono radioativo utilizado no processo de datação radioativa

Carga alostática – Quantidade de energia alocada a fim de que a alostase possa ocorrer

Cátion – Íon com carga positiva

Catodo – Terminal negativo de uma pilha ou acumulador

Caudal – Sinônimo de fluxo

Cavidade pleural – Espaço virtual entre os folhetos parietal e visceral da pleura

Células estáveis – Células duradouras, que não sofrem processo de renovação (substituição)

Células lábeis – Células que são constantemente renovadas (substituídas)

Ciência – Processo investigativo que busca compreender a realidade por meio dos métodos empíricos

Ciência exata – Linguagem dotada de consistência lógica, criada pela razão humana

Ciência natural – Estudo dos fenômenos que acontecem na natureza

Cinética – Termo físico que se refere a movimento

Cintilografia – Exame de imagem com base na emissão de radiação gama

Circuito – Estrutura que contém fluidos em movimento

Circuito aberto – Circuito no qual ocorre perda de seu conteúdo (fluido)

Circuito fechado – Circuito no qual o volume de fluido em seu interior é sempre constante; ou seja, em nenhum momento o fluido sai do circuito

CNTP – Sigla que significa "condições normais de temperatura e pressão"

Coeficiente de solubilidade – Medida que indica o quanto uma substância é solúvel em outra

Colabamento – Fechamento (oclusão) de uma cavidade

Coletividade – Conjunto de elementos que constituem um sistema

Complacência – Facilidade de aumentar o volume ao sofrer estiramento sem se romper

Comprimento de onda – Distância entre duas perturbações (medida pela distância entre duas cristas)

Concentração – Razão entre a quantidade ou a massa de uma substância e o volume da solução na qual essa substância está dissolvida

Condensação (ou liquefação) – Passagem do estado gasoso para o líquido

Condução eletrotônica – Movimento convencional de elétrons, que ocorre nos circuitos elétricos

Condutor – Material que, por apresentar elétrons livres em sua estrutura, permite a passagem de corrente elétrica

Cones – Células da retina responsáveis pela visão das cores

Conteúdo – Fluido que ocupa um determinado recipiente

Continente – Recipiente no qual o fluido está inserido

Cor – Qualidade da luz determinada pela frequência das ondas luminosas

Cor-luz – Cor visível da onda luminosa monocromática

Cor-pigmento – Cor do objeto que reflete a onda luminosa

Coração – Estrutura muscular que atua como bomba propulsora de sangue

Corrente elétrica – Movimento de elétrons de um ponto mais concentrado para um ponto menos concentrado

Corrente iônica – Movimento de elétrons que ocorre entre íons

Cosmologia – Estudo da origem, da organização e da evolução do universo

Crioterapia – Modalidade de terapia que utiliza o resfriamento dos tecidos

Cristas – Pontos mais altos da trajetória de uma onda

Curie (Ci) – Unidade equivalente a $3,7 \times 10^{10}$ Bq

D

Datação radioativa – Processo que faz a estimativa da idade de fósseis e outras substâncias com grande precisão

Densidade – Quantidade de massa por unidade de volume / Relação entre a massa de um corpo e seu volume

Deslocamento longitudinal – Deslocamento cujo sentido é paralelo em relação a determinado referencial

Deslocamento transversal – Deslocamento cujo sentido é perpendicular em relação a determinado referencial

Despolarização – Nome atribuído à diminuição da diferença de potencial entre as superfícies interna e externa da membrana celular

Detergente – Substância que apresenta em sua estrutura molecular uma parte polar e outra apolar; os detergentes são formados por moléculas anfipáticas

Diálise – Processo artificial de filtração e separação de solutos

Diástole – Movimento de relaxamento da musculatura do coração

Dielétrico – Região isolante (não condutora de eletricidade) que fica interposta entre as placas de um capacitor

Diferença de potencial elétrico – Grandeza que mede a diferença de concentração de elétrons entre dois pontos

Difusão – Transferência de matéria de um meio mais concentrado para um menos concentrado

Dipolo elétrico – Sistema constituído de duas cargas elétricas de sinais contrários, separadas uma da outra por uma ligação química

Direção – Inclinação da reta em uma trajetória retilínea (p. ex., direções horizontal, vertical, inclinada em 27° etc.)

Dissolução – Processo de formação de uma solução, no qual os elementos constituintes da solução se misturam

Doença – Processo de ruptura da homeostase

Dose absorvida – Quantidade de radiação que a matéria irradiada absorveu

Dose equivalente – Quantidade de radiação absorvida por determinado órgão ou tecido

Dosimetria – Processo de medida dos níveis de radiação em um corpo ou em um local

Dosímetro – Aparelho utilizado para se efetuar a dosimetria

E

Ebulição – Vaporização que ocorre a determinada temperatura, dependendo da substância e da pressão local; cada elemento químico tem seu próprio ponto de ebulição

Efeito Doppler – Fenômeno no qual ocorre alteração na percepção do som quando este é emitido por uma fonte em movimento

Efluxo – Saída de substâncias da célula

Elasticidade – Capacidade de se deformar para acomodar uma dada tensão

Eletrocardiógrafo – Aparelho que registra o eletrocardiograma

Eletrocardiograma – Exame que mostra a atividade elétrica do músculo cardíaco (coração)

Eletrodo de captação – Eletrodo que registra a voltagem que está sendo medida

Eletrodo de referência – Eletrodo que apresenta um potencial conhecido e constante em relação ao eletrodo-padrão (eletrodo de captação)

Eletroencefalógrafo – Aparelho que registra o eletroencefalograma

Eletroencefalograma – Exame que registra as ondas cerebrais / Exame que evidencia a atividade elétrica produzida pelos neurônios do cérebro

Eletroforese – Separação de moléculas por migração, quando elas são expostas a um campo elétrico

Elétron – Partícula de carga negativa e massa desprezível, que orbita o núcleo atômico

Eletronegatividade – Capacidade que um átomo tem de atrair elétrons de outro átomo, quando os dois formam uma ligação química

Elétrons livres – Elétrons que não estão presos na vizinhança do núcleo atômico, podendo se mover aleatoriamente entre os átomos, com alta velocidade; são encontrados com frequência nos metais e são responsáveis pelo fenômeno da corrente elétrica

Eletrosfera – Região do átomo composta por uma nuvem de elétrons

Endotélio – Tecido que reveste a superfície interna dos vasos sanguíneos

Energia – Capacidade de transferir velocidade

Energia cinética – Modalidade de energia capaz de produzir movimento / Energia que os corpos em movimento apresentam

Energia cinética nos fluidos – Modalidade de energia determinada pela velocidade de escoamento do fluido

Energia (definição clássica) – Capacidade de realizar trabalho

Energia dissipada – Energia "desperdiçada" na forma de calor, sendo incapaz de realizar trabalho

Energia do sistema – Agitação resultante das interações dos elementos do sistema

Energia escura – Forma hipotética e indetectável de energia que estaria distribuída por todo o espaço e que produziria a expansão do Universo em movimento acelerado

Energia mecânica – Soma das energias cinética e potencial

Energia mecânica nos fluidos – É a soma das energias potencial e cinética dos fluidos

Energia potencial – Energia capaz de colocar um corpo em movimento

Energia potencial elástica – Energia armazenada em uma mola deformada ou em uma estrutura elástica esticada

Energia potencial nos fluidos – Modalidade de energia determinada pela pressão que rompe a inércia do fluido

Entropia – Medida da desordem em um sistema

Equilibrante – Força que anula a resultante de um sistema de forças

Equilíbrio energético – Estado no qual não ocorre mais troca de energia

Esfíncter – Musculatura que circunda a extremidade de um vaso; ao se contrair, o esfíncter reduz o calibre do vaso

Espectro – Conjunto de ondas simples que compõem uma onda complexa

Espectro eletromagnético – Intervalo que compreende todas as frequências de ondas eletromagnéticas conhecidas

Estabilidade longe do equilíbrio – Se algo ocorre longe do equilíbrio termodinâmico, é porque se dá à custa de trocas energéticas / Manutenção de um estado que se dá à custa de gasto energético

Estado da matéria – Configuração que uma substância apresenta em função da organização de suas moléculas ou de seus átomos

Estado fluido – Estado da matéria que escoa

Estado sólido – Estado da matéria que não escoa

Estapédio – Músculo que traciona os ossículos da orelha média

Estresse – Pressão que o meio impõe a um sistema, forçando-o a buscar adaptação a fim de preservar sua estabilidade

Estressor – Qualquer agente capaz de produzir estresse

Evaporação – Vaporização que ocorre à temperatura ambiente

Evolução – Processo de adaptação da espécie a fim de que a mesma continue a existir e a transmitir seus genes para as gerações seguintes

Expiração – Saída de ar dos pulmões

F

Faixa de tolerância – Intervalo dentro do qual a sobrecarga alostática ainda consegue ser compensada

Farmacocinética – Estudo quantitativo dos fenômenos de absorção, distribuição, biotransformação e excreção dos fármacos

Farmacodinâmica – Estudo dos efeitos fisiológicos e bioquímicos dos fármacos

Feedback – Sinônimo de retroalimentação

Filosofia – Conjunto de métodos, fundamentados na razão humana, que têm por objetivo tentar compreender o ser humano, o universo e a natureza de todas as coisas

Filtração – Separação de um sistema sólido-líquido ou sólido-gasoso quando este passa através de um filtro que retém a parte sólida

Física – Ciência que estuda os fenômenos da natureza

Física ondulatória – Parte da física que estuda as ondas e os fenômenos por elas produzidos

Física quântica – Ramo da física que estuda as partículas subatômicas

Fisiologia – Estudo das funções dos elementos que compõem os organismos vivos

Flecha do tempo – Termo que indica o inevitável e irreversível caminho que os sistemas trilham em direção à máxima entropia

Fluidez – Capacidade de escoamento que um determinado fluido apresenta

Fluido – Estado da matéria que escoa; os fluidos são representados pelos líquidos e gases

Fluidodinâmica – Estudo dos fluidos em movimento

Fluidos imiscíveis – Fluidos que não se misturam

Fluidostática – Estudo das forças que atuam nos fluidos em repouso

Fluxo – Grandeza física que exprime o volume de fluido que escoa por unidade de tempo

Fluxo e velocidade – São grandezas diferentes: fluxo é volume por unidade de tempo, enquanto velocidade é a distância percorrida por unidade de tempo

Fluxo laminar – Fluxo no qual o fluido escoa na forma de inúmeras camadas cilíndricas concêntricas

Fluxo turbilhonado – Fluxo no qual o fluido, ao escoar, apresenta muito atrito entre suas camadas

Força – Agente capaz de produzir aceleração em um corpo / Agente vetorial capaz de romper a inércia dos corpos

Força da gravidade – Força com que determinada massa atrai outra

Força de atrito – Força de contato entre corpos que produz calor (entropia) quando estes corpos deslizam um sobre o outro

Força de difusão – Força com que a difusão ocorre, determinada pelo gradiente de concentração / Nome atribuído à força capaz de acelerar solutos no sentido de um meio mais concentrado para um meio menos concentrado

Força de resistência – Força que se opõe ao movimento

Força dissipativa – Força que dissipa energia mecânica, transformando parte dela em calor (entropia)

Força elétrica – Agente físico capaz de produzir aceleração em elétrons

Força eletromagnética – Força de atração ou repulsão elétrica e magnética que atua entre corpos distantes uns dos outros / Força de campo determinada pela eletrosfera dos átomos

Força gravitacional – Força de atração que a massa de um corpo exerce, a distância, sobre a massa de outro corpo / Força de campo determinada pela massa dos corpos

Força motriz – Força que produz o movimento / Força que atua em favor do movimento

Força normal – Força que dois corpos exercem um sobre o outro, quando ambos estão em contato

Força nuclear forte – Força que mantém prótons e nêutrons unidos no núcleo atômico

Força nuclear fraca – Força que possibilita a transformação de prótons em nêutrons, e vice-versa

Força peso – Força com que o centro da Terra atrai os corpos localizados em sua superfície

Força potente – Força exercida a fim de produzir o torque

Força resistente – Força que deve ser vencida a fim de que seja gerado o torque

Forças de campo – Forças que atuam a distância, representadas pelas forças eletromagnética e gravitacional

Forças de contato – Forças exercidas por corpos que se tocam

Forças nucleares – Forças de altíssima intensidade que ocorrem no núcleo dos átomos

Fotoenvelhecimento – Envelhecimento cutâneo, causado pela radiação ultravioleta, provocado por exposição ao Sol

Fóton – Partícula de massa nula, composta por determinada quantidade de energia eletromagnética

Frenagem – Processo de desaceleração (redução da velocidade)

Frequência – Número de perturbações por unidade de tempo

Frequência aparente – Frequência percebida pelo observador

Fulcro – Sinônimo de ponto fixo

Fusão – Passagem do estado sólido para o líquido

G

Gadolínio – Contraste injetado na veia para otimizar as imagens na ressonância magnética

Gametas – Células reprodutivas (espermatozoides nos homens e óvulos nas mulheres)

Gás – Termo que se refere ao estado da matéria que tem a característica de se expandir espontaneamente, ocupando a totalidade do recipiente que a contém

Gerador – Sistema capaz de converter outras modalidades de energia em energia elétrica

Glomérulo – Rede de capilares localizada nos rins, na qual ocorre a filtração

Gradiente – Diferença que diminui à medida que o tempo passa

Gradiente de concentração – Diferença de concentração que diminui à medida que a difusão ocorre

Grandeza – Aquilo que pode ser quantificado em números

Grandeza escalar – Grandeza definida apenas por um valor numérico, associado à intensidade desta grandeza

Grandeza vetorial – Grandeza que, além da intensidade, necessita da direção e do sentido para ser bem definida

Gray (Gy) – Unidade de medida da dose absorvida, no Sistema Internacional

H

Hemoglobina – Proteína do sangue responsável por transportar oxigênio

Hilo pulmonar – Região do pulmão por onde chegam e saem vasos sanguíneos, nervos, vasos linfáticos e brônquios

Hiperecoica – Estrutura que reflete muito as ondas de ultrassom, ou seja, produz muito eco

Hiperemia reativa – Aumento do fluxo sanguíneo que ocorre em resposta a uma vasoconstrição

Hipermetropia – Dificuldade para enxergar objetos próximos

Hiperpolarização – Nome atribuído ao aumento da diferença de potencial entre as superfícies interna e externa da membrana celular

Hipertensão arterial – Doença na qual a pressão do sangue no interior das artérias se mantém em níveis acima dos desejáveis

Hipoecoica – Estrutura que reflete pouco as ondas de ultrassom

Hipotálamo – Região localizada na base do cérebro, formada por neurônios que secretam vários neurotransmissores e diversos hormônios

Hipóxia – Nome que se dá à má oxigenação tecidual

Homeostase – Situação de estabilidade dos parâmetros necessários à vida de um organismo

I

Inércia – Resistência que a matéria oferece à aceleração

Influências extrínsecas – Forças que, porventura, atuem em um corpo

Influxo – Entrada de substâncias na célula

Inspiração – Entrada de ar nos pulmões

Intensidade do som – Qualidade do som determinada pela amplitude das ondas sonoras

Interferência – Fenômeno no qual duas ou mais ondas se sobrepõem, produzindo uma onda resultante

Interferência construtiva – Fenômeno no qual ocorre sincronização de ondas

Interferência destrutiva – Fenômeno no qual ondas em oposição de fase se anulam

Íon – Átomo que, após ganhar ou perder elétrons, deixa de ser eletricamente neutro

Ionização – Processo pelo qual os átomos de determinada matéria perdem ou ganham elétrons, formando íons

Ionização direta – Situação na qual os elétrons livres reagem diretamente com as proteínas do organismo

Ionização indireta – Situação na qual os elétrons livres reagem com a água, formando radicais livres de oxigênio

Isótopos – Átomos de um mesmo elemento químico (mesmo número atômico) e número de massa diferente

L

Lei da conservação de energia – A energia total não se perde nem se cria, apenas se transforma

Lei da quarta potência – O fluxo em um vaso é diretamente proporcional à quarta potência de seu raio

Lei de Boyle – À temperatura constante, a pressão de um fluido varia inversamente ao volume de seu continente

Lei de Laplace – Tensão é diretamente proporcional à pressão e ao raio

Lei de Poiseuille – Sinônimo de lei da quarta potência

Lei zero da termodinâmica – Se dois sistemas estão em equilíbrio térmico com um terceiro, então esses dois sistemas estão em equilíbrio térmico entre si

Linfa – Líquido existente entre as células, composto principalmente por proteínas e células de defesa

Luz – Conjunto de ondas eletromagnéticas que podem ser percebidas por meio do sentido da visão

Luz coerente – Luz composta por ondas em concordância de fase (coincidência entre vales e picos)

Luz colimada – Luz composta por fótons emitidos em uma única direção

Luz monocromática – Luz determinada por uma única frequência de onda / Luz que apresenta um único comprimento de onda e, consequentemente, uma única cor

Luz policromática – Luz composta por ondas luminosas de várias frequências

M

Martelo, bigorna e estribo – Ossículos localizados na orelha média

Massa – Quantidade de matéria de um corpo

Matemática – Linguagem pautada na lógica, criada pelo ser humano, com o objetivo de tentar modelar os fenômenos que a realidade apresenta

Matéria – Tudo aquilo que contém massa

Matéria escura – Tipo hipotético de matéria indetectável que não interage com nada e que não é constituída por átomos

Mecânica – Parte da física que estuda o movimento

Meia-vida – Tempo transcorrido até que a atividade de determinado radionuclídeo caia pela metade

Membrana semipermeável – Membrana impermeável a solutos e permeável a solventes

Metabolismo – Conjunto de reações químicas que ocorrem nos nutrientes ingeridos; assim como ocorre em todo sistema dissipativo, tais reações produzem calor

Metabolismo celular – Conjunto de reações químicas que ocorre nas células

Metafísica – Projeto filosófico que busca compreender, por meios racionais, tudo o que possa existir além da experiência

Micro-ondas – Ondas eletromagnéticas com comprimento de onda maior que o dos raios infravermelhos, mas menor que o comprimento de onda das ondas curtas de rádio

Miopia – Dificuldade para enxergar objetos a distância

Mistura – Reunião de duas ou mais substâncias diferentes em um mesmo meio

Mistura heterogênea – Mistura cujos componentes podem ser separados fisicamente, mantendo a sua integridade original

Mistura homogênea – Mistura cujos componentes não podem ser fisicamente separados, mantendo a sua integridade original

Mitose – Processo de divisão celular no qual uma célula origina duas células-filhas idênticas

Modelo determinístico – Modelo cujo desfecho pode-se prever com certeza, uma vez conhecidas as condições iniciais

Modelo probabilístico – Modelo cujo desfecho não pode ser previsto com certeza, apenas a partir de estimativas, ainda que se conheçam as condições iniciais

Módulo – Medida da intensidade de uma grandeza vetorial

Molécula anfifílica – Molécula que tem uma região hidrofílica (solúvel em água) e uma região hidrofóbica (insolúvel em água, porém solúvel em lipídios e solventes orgânicos)

Molécula anfipática – Sinônimo de molécula anfifílica

Molécula apolar – Molécula sem polaridade elétrica

Molécula polar – Molécula que apresenta polaridade elétrica

Moléculas tensoativas – Substâncias capazes de reduzir a tensão superficial

Momento de força – Sinônimo de torque

Momentum – Grandeza diretamente proporcional à velocidade e à massa dos corpos

Morte – Parada irreversível de todas as reações químicas que ocorrem em nível celular

Movimento – Fenômeno resultante da ação da velocidade nos corpos / Estado de um corpo cuja posição muda ao longo do tempo

Movimento browniano – Movimento aleatório de partículas em um fluido, como consequência dos choques das moléculas do fluido nas partículas

Movimento constante – Situação na qual um corpo apresenta velocidade constante e diferente de zero

Multímetro – Aparelho capaz de medir grandezas elétricas (voltagem, amperagem e resistência)

Musculatura paravertebral – Conjunto de músculos que se situam lateralmente às vértebras, estabilizando a coluna

N

Néfron – Estruturas renais responsáveis pela filtração e pelo processamento do que foi filtrado

Négatron – Sinônimo de partícula beta negativa

Neurônio – Célula nervosa capaz de criar e transmitir estímulos

Nêutron – Partícula nuclear dotada de massa, que não tem carga elétrica

Núcleo atômico – Região que representa a parte material do átomo, composta por prótons e nêutrons

Núcleo de hélio – Núcleo do elemento químico hélio, o qual apresenta 2 prótons e 2 nêutrons; portanto, seu número de massa é igual a 4

Número atômico – Número de prótons no núcleo do átomo; é o número atômico que determina a identidade do átomo

Número de massa – Soma do número atômico com o número de nêutrons; a soma de prótons com nêutrons define a massa do átomo, já que os elétrons têm massa desprezível

O

Onda – Perturbação periódica no tempo e oscilante no espaço

Onda bidimensional – Onda que se propaga em duas dimensões do espaço

Onda eletromagnética – Onda que se propaga no vácuo, sempre à velocidade da luz

Onda gravitacional – Teoricamente, uma onda que transmite energia por meio de deformações no espaço-tempo

Onda mecânica – Onda que necessita de um meio material para se propagar

Onda unidimensional – Onda que se propaga em uma única dimensão do espaço

Ondas curtas – Ondas eletromagnéticas da frequência das ondas de rádio

Ondas sonoras – Ondas mecânicas produzidas pelo som

Oposição de fase – Fenômeno que ocorre quando a crista de uma onda coincide com o vale de outra

Osmose – Difusão do solvente

P

Padrão – Configuração que ocorre com maior frequência na natureza

Padrão RGB – Sistema composto pelas cores vermelha, verde e azul, que, ao se combinarem, produzem todas as outras cores

Par ação e reação – Par de forças com mesma direção, mesmo módulo e sentidos contrários, compartilhado por dois corpos

Partícula beta negativa – Partícula radioativa com a configuração semelhante a um elétron (massa desprezível e carga negativa)

Partículas atômicas – Partículas (prótons e nêutrons) que compõem o núcleo atômico

Partículas subatômicas – Partículas que formam os prótons e nêutrons

Penetrância – Capacidade que determinada radiação tem de atravessar obstáculos físicos

Permeabilidade – Qualidade que indica o quanto uma estrutura permite a passagem de determinada substância através dela

Perturbação – Alteração das características de determinado meio físico

Peso – Força da gravidade com que a Terra atrai os corpos

PET-scan – Exame de imagem de alta precisão, com base na emissão de pósitrons

pH – Parâmetro que mede o grau de acidez de uma solução

Pilha – Sistema que transforma energia química em energia elétrica

Plasma – Gás altamente ionizado e constituído por elétrons e íons positivos livres, de modo que a carga elétrica total é nula / Parte líquida do sangue

Plasticidade – Capacidade que uma estrutura tem de modificar sua arquitetura a fim de se moldar às pressões do ambiente

Pleura parietal – Porção da pleura aderida à parede torácica

Pleura visceral – Porção da pleura aderida aos pulmões

Polia – Roda por onde corre um cabo transmissor de movimento

Polia fixa – Polia que tem seu eixo preso a um suporte

Polia móvel – Polia que desliza ao longo do cabo durante o movimento

Polo negativo – Região com excesso de elétrons

Polo positivo – Região com déficit de elétrons

Pontes de hidrogênio – Forte ligação química entre o hidrogênio (H) e elementos muito eletronegativos, como o flúor (F), o oxigênio (O) e o nitrogênio (N); o náilon é tão resistente porque é formado por um polímero rico em pontes de hidrogênio / No caso da água, é uma forte ligação química entre o hidrogênio e o oxigênio

Ponto de apoio – Sinônimo de fulcro, ou ponto fixo

Ponto de ebulição – Temperatura na qual um líquido começa a se vaporizar

Ponto fixo – Representa o centro da circunferência que descreve a trajetória do movimento produzido pelo torque

Pósitron – Sinônimo de partícula beta positiva; também conhecido como antielétron

Potencial de ação – Despolarização que se instaura entre as superfícies interna e externa da membrana quando ocorre um aumento brusco da permeabilidade da membrana ao sódio

Potencial de repouso – Valor da diferença de potencial entre as regiões interna e externa da membrana, durante o estado de repouso elétrico da célula

Precessão – Movimento do eixo de rotação, perfazendo uma trajetória em formato de cone

Pressão – Consequência dos choques entre as moléculas de um fluido / Conjunto de forças que um fluido exerce em seu continente, em virtude do choque entre suas moléculas constituintes / Agente físico capaz de romper a inércia dos fluidos (acelerar ou desacelerar)

Pressão arterial – Pressão que o sangue exerce na parede das artérias

Pressão aspirativa – Sinônimo de pressão negativa

Pressão atmosférica – Efeito do peso do ar

Pressão diastólica – Pressão arterial registrada durante a diástole

Pressão hidrostática – Pressão que um fluido em repouso exerce em seu continente / Pressão que o sangue exerce na parede dos vasos

Pressão intra-alveolar – Pressão que o ar exerce na parede dos alvéolos pulmonares

Pressão intrapleural – Pressão no interior da cavidade pleural

Pressão negativa – Pressão que aspira o fluido para o interior de seu continente / No caso do sistema respiratório, é sinônimo de pressão subatmosférica

Pressão oncótica – Nome que se dá à pressão osmótica determinada pelas proteínas plasmáticas

Pressão osmótica – Pressão resultante do deslocamento de solvente por unidade de área da membrana semipermeável

Pressão parcial – Pressão exercida por cada gás que compõe uma mistura gasosa

Pressão positiva – Pressão que expulsa o fluido de seu continente

Pressão sistólica – Pressão arterial registrada durante a sístole

Preto – Cor resultante da ausência de luz

Primeira lei da termodinâmica – A quantidade de energia que entra em um sistema é a mesma que sai deste sistema

Princípio ALARA – Princípio que norteia a proteção radiológica, segundo o qual se devem sempre usar a menor dose possível de radiação, o menor tempo possível de exposição e o menor número possível de exposições à radiação

Princípio de Pascal – A pressão que um fluido exerce em seu continente se distribui igualmente em todos os pontos deste continente

Probabilidade – Medida da estimativa, ou seja, do grau de incerteza

Processo acumulativo – Processo no qual a resposta amplifica sua ocorrência

Processo alostático – Sinônimo de alostase

Processo caótico – Processo imprevisível e muito sensível às suas condições iniciais

Processo modulatório – Processo modulado pela resposta, que o inibe

Propagação – Ato ou efeito de se mover e se espalhar no espaço

Propagação tridimensional – Propagação que se dá nas três dimensões do espaço

Propriedades coligativas – Propriedades que não dependem da natureza do soluto, mas unicamente de sua concentração

Próton – Partícula nuclear dotada de massa, que tem carga positiva

Q

Quantidade de movimento – Sinônimo de *momentum*

Quark – Menor porção conhecida da matéria

Quilomícrons – Gotículas de gordura suspensas no plasma

R

Rad – Unidade equivalente à centésima parte de 1 Gy

Radiação – Todo processo de emissão de energia, seja por meio de ondas ou de partículas

Radiação alfa – Partícula altamente ionizante, equivalente ao núcleo do hélio; não é utilizada em humanos

Radiação beta positiva – Partícula radioativa com a configuração semelhante a um elétron (massa desprezível), porém com carga positiva

Radiação de fuga – Quantidade de radiação que escapa dos aparelhos que geram raios X

Radiação de fundo – Radiação originada de raios cósmicos, que existe em qualquer ambiente

Radiação excitante – Radiação que, apesar de não promover ionização, acelera reações químicas em um organismo

Radiação gama – Radiação ionizante que ocorre na forma de onda eletromagnética

Radiação infravermelha – Radiação composta por ondas eletromagnéticas de frequência menor que a frequência da luz de cor vermelha

Radiação ionizante – Tipo de radiação capaz de produzir ionização da matéria

Radiação não ionizante – Tipo de radiação que não produz ionização da matéria

Radiação ultravioleta – Radiação composta por ondas eletromagnéticas de alta frequência (acima da frequência da luz de cor violeta)

Radicais livres – Espécies químicas que apresentam elétrons desemparelhados, sendo, portanto, altamente reativas

Radioatividade – Desintegração espontânea do núcleo atômico de determinados elementos com emissão de partículas ou radiação eletromagnética

Radioativo – Nome dado ao átomo capaz de emitir radiação

Radiofrequência – Frequência de ondas eletromagnéticas de rádio FM

Radiografia – Exame de imagem, de baixa resolução, realizado por meio de raios X

Radioimunoensaio – Método de dosagem laboratorial que utiliza anticorpos ligados a radionuclídeos que emitem radiação gama

Radionuclídeo – Núcleo atômico instável, o qual, consequentemente, emite radiação

Radiossensibilidade – Grau de sensibilidade que determinado tecido tem à radiação

Radioterapia – Processo terapêutico com base no uso de radiações

Radiotraçador – Substância ligada a um radionuclídeo que emite radiação gama

Raio *laser* – Feixe concentrado e intenso de luz coerente, de comprimento de onda na faixa visível

Raios X – Radiação formada por ondas eletromagnéticas cuja frequência é maior que a da luz visível e menor que a dos raios gama

Rede capilar – Sistemas compostos por vasos muito finos, em que ocorre a troca de nutrientes entre o sangue e os tecidos

Refração – Mudança na velocidade de propagação de uma onda eletromagnética, quando esta muda de meio

Região cervical – Região anatômica correspondente ao pescoço

Relação exponencial – Relação na qual um pequeno aumento de uma grandeza produz um grande aumento da outra

Relação linear – Relação na qual duas grandezas aumentam proporcionalmente uma à outra

Rem – Unidade equivalente à centésima parte de 1 Sv

Repouso – Situação na qual um corpo apresenta velocidade nula

Repouso elétrico da célula – Estado no qual não há movimentação efetiva de cargas através da membrana celular, uma vez que a resultante entre a força de difusão e a força elétrica é nula

Resistência ao fluxo – Dificuldade imposta ao escoamento do fluido

Resistência elétrica – Qualquer obstáculo ao fluxo de elétrons

Ressonância – Situação na qual um corpo vibra em uma frequência própria, com amplitude acentuadamente maior, como resultado de estímulos externos que apresentam a mesma frequência de vibração do corpo

Ressonância magnética – Exame cuja imagem é de altíssima resolução, sendo obtida por computador e produzida por meio da exposição do indivíduo a um campo magnético de elevada intensidade

Ressonância magnética funcional – Exame de ressonância magnética capaz de avaliar o grau de atividade metabólica dos órgãos

Resultante – Soma vetorial das forças que atuam sobre um corpo

Retículo cristalino – Organização molecular estável e bem definida

Retina – Tecido nervoso localizado no fundo do olho, onde as ondas luminosas são transformadas em sinais que dão ao cérebro a sensação da visão

Retroalimentação – Fenômeno em que o resultado de um processo regula a sua intensidade de ocorrência

Retroalimentação negativa – Fenômeno em que o resultado de um processo se mantém constante, uma vez que o resultado ajusta a intensidade de ocorrência do processo

Retroalimentação positiva – Fenômeno em que o resultado de um processo aumenta sua intensidade de ocorrência

Ritmo assincrônico – Ritmo no qual não ocorre superposição entre os picos (ou os vales) das ondas, uma vez que cada uma apresenta suas características próprias

Roldana – Sinônimo de polia

Rotação – Movimento em trajetória curvilínea / Tipo de movimento cuja trajetória é circular

S

Sangue – Líquido vermelho e viscoso que circula nas artérias e veias, transportando gases, nutrientes e elementos necessários à defesa do organismo

Segunda lei da termodinâmica – O calor só flui espontaneamente de um corpo quente para um corpo frio

Sentido – Orientação da trajetória (p. ex., sentidos da esquerda para a direita, anti-horário, ascendente etc.)

Sievert (Sv) – Unidade de medida da dose equivalente, no Sistema Internacional

Sincronização – Fenômeno no qual os vales (ou os picos) de várias ondas se sobrepõem, produzindo uma onda resultante de grande amplitude

Síndrome da descompressão – Sintomas experimentados por uma pessoa exposta a uma redução da pressão que rodeia o seu corpo

Síntese aditiva – Fenômeno que produz uma cor branca, resultante da soma das frequências das ondas monocromáticas correspondentes a cada cor do espectro

Síntese subtrativa – Fenômeno que produz uma cor negra quando os pigmentos de todas as cores do espectro são misturados

Sistema – Conjunto composto por coletividade e energia / Estrutura que compreende um conjunto de elementos e suas inter-relações

Sistema auto-organizável – Sistema que mantém sua estabilidade por meio de mecanismos de retroalimentação

Sistema circulatório fechado – Sistema no qual não ocorre perda de sangue; o volume de sangue em seu interior é sempre constante

Sistema complexo – Sistema cujos elementos interagem por meio de numerosas relações de interdependência ou de subordinação

Sistema conservativo – É um sistema no qual não ocorre perda de energia em forma de calor quando seus elementos interagem uns com os outros

Sistema dissipativo – É um sistema no qual ocorre perda de energia em forma de calor quando seus elementos interagem uns com os outros ou com outros sistemas

Sistema estável – Sistema que mantém sua configuração ao longo do tempo; nos seres vivos, a estabilidade não é espontânea, ela só ocorre longe do equilíbrio

Sistema hidráulico simples – Circuito formado por água encanada, como o utilizado na construção civil

Sistema linfático – Sistema fechado no qual circula a linfa

Sistemas biológicos – Sistemas cujos elementos são estruturas vivas (células, tecidos etc.)

Sistemas não determinísticos – Sistemas que funcionam segundo um modelo probabilístico

Sistemas previsíveis – Sistemas cujo comportamento pode ser estimado com certo grau de certeza

Sístole – Movimento de contração da musculatura do coração

Sobrecarga alostática – Excesso de energia utilizado para tentar, a todo custo, manter a homeostase

Solidificação – Passagem do estado líquido para o sólido

Solução – Mistura homogênea de substâncias

Solução difusiva – Solução na qual os elementos se misturam em razão do calor (p. ex., solução óleo-óleo, solução gás-gás)

Solução eletrolítica – Solução composta por água (solvente) e íons (soluto)

Solução hipertônica – Solução com maior concentração de solutos em relação a outra

Solução hipotônica – Solução com menor concentração de solutos em relação a outra

Solução interativa – Solução na qual os elementos se misturam em razão da afinidade química entre eles (p. ex., solução água-sal)

Solução iônica – Solução cujo soluto é composto por íons

Solução isotônica – Solução com igual concentração de solutos em relação a outra

Soluto – Substância que se dissolve no solvente

Solvente – Substância na qual ocorre a dissolução; ou seja, é a substância que dissolve o soluto

Som – Modalidade de onda mecânica que é percebida pelo sistema auditivo

Sopro – Som produzido pelo choque entre as camadas de um fluido que escoa, apresentando um fluxo turbilhonado

SPECT – Exame semelhante ao PET-scan, que utiliza, porém, a emissão de fótons

Sublimação – Passagem direta do estado sólido para o gasoso (sem passar pela fase líquida)

Surfactante – Substância tensoativa presente nos alvéolos, que tem por função reduzir a tensão superficial na sua superfície interna

Suspensão – Mistura heterogênea de substâncias

T

Taxa de condensação – Velocidade com que um gás se liquefaz, ou seja, se condensa

Taxa de evaporação – Velocidade com que um líquido evapora

Temperatura – Grandeza que mede a quantidade de calor

Tensão – Esforço que uma força de contato produz em um corpo / Força que tende a produzir ruptura

Tensão superficial – Força que existe na superfície de líquidos em repouso, determinada pela coesão entre as moléculas do líquido

Terceira lei da termodinâmica – No zero Kelvin não há produção de entropia

Termocoagulação – Processo de coagulação ocasionado pelo calor

Termodinâmica – Ramo da física que estuda a energia e suas interações com a matéria

Termostato – Sensor de temperatura que tem por objetivo deflagrar processos que visem manter a temperatura constante

Termoterapia – Terapia com base no aquecimento dos tecidos

Timbre – Qualidade que permite diferenciar dois sons de mesma altura e mesma intensidade, emitidos por fontes distintas

Tomografia computadorizada – Exame de imagem, de boa resolução, realizado por meio de raios X emitidos e analisados por computador

Torque – Força que atua em um corpo, produzindo sua rotação

Tração – Tipo de força que puxa objetos

Trajetória – Caminho percorrido por um corpo ou partícula em movimento

Trajetória centrífuga – Caminho que se afasta de um dado ponto central

Transformação isobárica – Aquela que ocorre sob uma pressão constante

Transformação isotérmica – Aquela que ocorre a uma temperatura constante

Transformada de Fourier – Ferramenta matemática que decompõe uma onda complexa, exibindo as ondas simples que a produziram

Translação – Movimento em trajetória retilínea

U

Ultrafiltração – Filtração de substâncias de dimensões microscópicas

Ultrassom – Onda mecânica com frequência superior à frequência do som audível

Ultrassonografia – Exame de imagem, de baixa resolução, obtido por meio da capacidade que cada tecido tem de emitir ecos às ondas de ultrassom

Urina – Produto final da excreção renal

V

Vácuo – Região espacial em que não há matéria; na prática, é uma região de gás muito rarefeito, sob baixíssima pressão / Ausência de matéria

Vales – Pontos mais baixos da trajetória de uma onda

Vantagem mecânica – Situação na qual se consegue vencer uma resistência aplicando na alavanca uma força potente menor que a força resistente

Vapor – Termo que se refere ao produto resultante de um processo de vaporização (mudança de fase líquida para gasosa)

Vaporização – Passagem do estado líquido para o gasoso

Vasoconstrição – Estreitamento dos vasos sanguíneos

Vasodilatação – Dilatação dos vasos sanguíneos

Vasos arteriais – Vasos que saem do coração

Vasos sanguíneos comunicantes – Vasos que se comunicam diretamente; ou seja, cada vaso desemboca no vaso seguinte, não havendo descontinuidade entre os vasos

Vasos venosos – Vasos que retornam ao coração

Vazão – Sinônimo de fluxo

Velocidade – Agente físico que caracteriza o estado de movimento de um corpo

Velocidade angular – Velocidade de um corpo em rotação

Velocidade da onda – Distância percorrida pela onda por unidade de tempo

Velocidade de propagação – Distância percorrida pela perturbação (no sentido da propagação) por unidade de tempo

Velocidade escalar – Velocidade de um corpo em translação

Ventilação pulmonar – Processo físico de entrada e saída de ar dos pulmões

Vetor – Ente matemático representado por um segmento de reta, que representa intensidade (módulo), direção e sentido

Viscosidade – Resistência que um fluido apresenta para escoar; a viscosidade é uma característica intrínseca do fluido

Vitamina D – Vitamina importante para a absorção intestinal de cálcio e fósforo

Voltagem – Diferença de potencial elétrico entre dois pontos

Volume do som – O mesmo que intensidade do som

Z

Zero absoluto – Situação hipotética na qual não existe nenhum calor e nenhuma agitação molecular; o mesmo que zero Kelvin

Bibliografia

AIRES, M. M. **Fisiologia**. 5. ed. Rio de Janeiro: Guanabara Koogan, 2018.

ALBERTS, B.; BRAY, D.; LEWIS, J.; RAFF, M.; ROBERTS, K.; WATSON, J. D. **Molecular biology of the cell**. 3. ed. New York: Garland Publishing, 1994.

ALVES, R. **Filosofia da ciência: introdução ao jogo e a suas regras**. 14. ed. São Paulo: Loyola, 2009.

ALVES-MAZZOTTI, A. J.; GEWANDSZNAJDER, F. **O método nas ciências naturais e sociais: pesquisa quantitativa e qualitativa**. 2. ed. São Paulo: Pioneira, 1999.

ANDRADE, H. G. **Psi quântico**. Votuporanga (SP): Didier, 2001.

APOSTOL, T. M. **Calculus**. 2. ed. Barcelona: Reverté, 1998.

ATKINS, P. W. **Físico-química: fundamentos**. 3. ed. Rio de Janeiro: LTC, 2003.

BACON, F. **O progresso do conhecimento**. São Paulo: Editora UNESP, 2007.

BAGEMIHL, B. **Biological exuberance**. New York: St. Martin's Press, 1999.

BARANAUSKAS, G. Ionic channel function in action potential generation: current perspective. **Mol Neurobiol**, v. 35, n. 2, p. 129-150, 2007.

BARNES, J. **Filósofos pré-socráticos**. São Paulo: Martins Fontes, 2003.

BARNETT, M. W.; LARKMAN, P. M. The action potential. **Pract Neurol**, v. 7, n. 3, p. 192-197, 2007.

BEAN, B. P. The action potential in mammalian central neurons. **Nat Rev Neurosci**, v. 8, n. 6, p. 451-465, 2007.

BEAR, M. F.; CONNORS, B. W.; PARADISO, M. A. **Neurociências: desvendando o sistema nervoso**. 3. ed. Porto Alegre: Artmed, 2008.

BEHE, M. **A caixa preta de Darwin: o desafio da bioquímica à teoria da evolução**. Rio de Janeiro: Jorge Zahar Editor, 1997.

BEHRENDS, J. C.; BISCHOFBERGER, J.; DEUTZMANN, R.; EHMKE, H.; FRINGS, S.; GRISSMER, S.; HOTH, M.; KURTZ, A.; LEIPZIGER, J.; MÜLLER, F.; PEDAIN, C.; RETTIG, J.; WAGNER, C.; WISCHMEYER, E. **Physiologie**. Stuttgart: Thieme Verlag, 2010.

BERKELEY, G. **Obras filosóficas**. São Paulo: Editora UNESP, 2010.

BERTALANFFY, L. V. **Teoria geral dos sistemas**. 2. ed. Petrópolis: Vozes, 1975.

BORGES, E. P. Irreversibilidade, desordem e incerteza: três visões da generalização do conceito de entropia. **Rev Bras Ensino Fis**, v. 21, n. 4, p. 453-463, 1999.

BORNHEIM, G. A. **Os filósofos pré-socráticos**. 15. ed. São Paulo: Cultrix, 2010.

BOYER, C. B. **História da matemática**. São Paulo: Edgard Blücher, 1974.

BRUNETTI, F. **Mecânica dos fluidos**. 2. ed. São Paulo: Pearson Prentice Hall, 2008.

BUNGE, M. **Ciência e desenvolvimento**. Belo Horizonte: Itatiaia, 1980.

BUSHBERG, J. T.; SEIBERT, J. A.; LEIDHOLDT-JR, E. M.; BOONE, J. M. **The essential physics of medical imaging**. 3. ed. Philadelphia: Lippincott Williams & Wilkins, 2012.

CALABRESE, E. J. Converging concepts: adaptive response, preconditioning, and the Yerkes–Dodson law are manifestations of hormesis. **Ageing Res Rev**, v. 7, p. 8-20, 2008.

CALÇADA, C. S.; SAMPAIO, J. L. **Física clássica**. São Paulo: Atual, 1998 (5 volumes).

CANGUILHEM, G. **Estudos de história e de filosofia das ciências: concernentes aos vivos e à vida**. Rio de Janeiro: Forense Universitária, 2012.

CAPRA, F. **O ponto de mutação**. São Paulo: Cultrix, 1982.

_____. **O tao da física**. São Paulo: Cultrix, 1983.

CARRARO, F. L.; MEDITSCH, J. O. **Dicionário de química**. Porto Alegre: Editora Globo, 1977.

CATTANI, M.; BASSALO, J. M. F. Entropia, reversibilidade, irreversibilidade, equação de transporte e teorema H de Boltzmann e o teorema do retorno de Poincaré. **Rev Bras Ensino Fis**, v. 30, n. 2, p. 23011-23019, 2008.

CHALMERS, A. F. **O que é ciência afinal?** São Paulo: Brasiliense, 1993.

CHAVES, A. **Física básica**. Rio de Janeiro: LTC, 2007.

CHERRY, S. R.; SORENSON, J.; PHELPS, M. **Physics in nuclear medicine**. 3. ed. Philadelphia: Saunders, 2003.

CINGOLANI, H. E.; HOUSSAY, A. B. **Fisiologia humana de Houssay**. 7. ed. São Paulo: Artmed, 2004.

COMPRI-NARDY, M.; STELLA, M. B.; OLIVEIRA, C. **Práticas de laboratório de bioquímica e biofísica**. Rio de Janeiro: Guanabara Koogan, 2009.

COSTA, F. A. P. **O evolucionista voador e outros inventores da biologia moderna**. Viçosa: Edição do autor, 2017.

_____. **O que é darwinismo**. Viçosa: Edição do autor, 2019.

COURANT, R.; ROBBINS, H. **O que é matemática?** Rio de Janeiro: Ciência Moderna, 2000.

CRAIG, R. G.; POWERS, J. M.; WATAHA, J. C. **Materiais dentários: propriedades e manipulação**. 7. ed. São Paulo: Santos, 2002.

CUPANI, A. **A crítica do positivismo e o futuro da filosofia**. Florianópolis: Editora da UFSC, 1985.

CURI, R.; PROCOPIO, J. **Fisiologia básica**. Rio de Janeiro: Guanabara Koogan, 2009.

DARWIN, C. **A origem das espécies**. São Paulo: Martin Claret, 2004.

DAVIS, M. J.; FERRER, P. N.; GORE, R. W. Vascular anatomy and hydrostatic pressure profile in the hamster cheek pouch. **Am J Physiol**, v. 250, n. 2, p. H291-H303, 1986.

DAWKINS, M. S. **Explicando o comportamento animal**. São Paulo: Manole, 1989.

DAWKINS, R. **O gene egoísta**. São Paulo: Companhia das Letras, 2007.

_____. **O maior espetáculo da Terra: as evidências da evolução**. São Paulo: Companhia das Letras, 2009.

DE CRESCENZO, L. **História da filosofia grega: os pré-socráticos**. Rio de Janeiro: Rocco, 2005.

DE ROBERTIS, E.; HIB, J. **Bases da biologia celular e molecular**. 4. ed. Rio de Janeiro: Guanabara Koogan, 2006.

DESCARTES, R. **Discurso do método e meditações metafísicas (Coleção Os Pensadores)**. São Paulo: Nova Cultural, 1991.

DOUGLAS, C. R. **Tratado de fisiologia aplicada às ciências médicas**. 6. ed. Rio de Janeiro: Guanabara Koogan, 2006.

DURAN, J. E. R. **Biofísica: conceitos e aplicações**. São Paulo: Pearson Prentice Hall, 2011.

EATON, D. C.; POOLER, J. P. **Fisiologia renal de Vander**. 6. ed. Porto Alegre: Artmed, 2006.

EINSTEIN, A. **Como vejo o mundo**. Rio de Janeiro: Nova Fronteira, 1981.

FARIA, S. L. **O que é radioatividade**. São Paulo: Editora Brasiliense, 1984.

FELTRE, R.; YOSHINAGA, S. **Química**. São Paulo: Moderna, 1974.

FERMI, E. **Thermodynamics**. New York: Dover, 1996.

FERREIRA, A. B. H. **Novo Aurélio século XXI: o dicionário da língua portuguesa**. 3. ed. Rio de Janeiro: Nova Fronteira, 1999.

FEYERABEND, P. K. **Contra o método**. São Paulo: Editora UNESP, 2007.

_____. **Diálogos sobre o conhecimento**. São Paulo: Perspectiva, 2008.

_____. **Adeus à razão**. São Paulo: Editora UNESP, 2010.

FEYNMAN, R. P. **A estranha teoria da luz e da matéria**. São Paulo: Editora Senai, 2018.

FEYNMAN, R. P.; GOTTLIEB, M. A.; LEIGHTON, R. **Dicas de física**. Porto Alegre: Bookman, 2008.

FEYNMAN, R. P.; LEIGHTON, R. B.; SANDS, M. **Lições de física de Feynman**. Porto Alegre: Bookman, 2008.

FIGUEIREDO, E. **Dinâmica I (Coleção Objetivo – livro 12)**. São Paulo: Centro de Recursos Educacionais, 1987.

FOLHA DE S.PAULO. **Manual de redação**. 15. ed. São Paulo: Publifolha, 2010.

FREITAS, R. S. **Sociologia do conhecimento: pragmatismo e pensamento evolutivo**. Bauru: EDUSC, 2003.

FRUMENTO, A. S. **Biofísica**. 3. ed. Madri: Mosby/Doyma Libros, 1995.

FUKE, L. F.; SHIGEKIYO, C. T.; YAMAMOTO, K. **Os alicerces da física**. 12. ed. São Paulo: Saraiva, 1998.

GARCIA, E. A. C. **Biofísica**. São Paulo: Sarvier, 2002.

GARDNER, E.; GRAY, D. J.; O'RAHILLY, R. **Anatomia**. 2. ed. Rio de Janeiro: Guanabara Koogan, 1967.

GELL-MANN, M. **The quark and the jaguar: adventures in the simple and the complex**. New York: St. Martin's Griffin, 1995.

GILMORE, R. **Alice no país do quantum: a física quântica ao alcance de todos**. Rio de Janeiro: Jorge Zahar Editor, 1998.

_____. **O mágico dos quarks: a física de partículas ao alcance de todos**. Rio de Janeiro: Jorge Zahar Editor, 2002.

GLASS, L.; MACKEY, M. C. **Dos relógios ao caos**. São Paulo: Editora Universidade de São Paulo, 1997.

GLEICK, J. **Caos: a criação de uma nova ciência**. 4. ed. Rio de Janeiro: Campus, 1991.

GOLAN, D. E.; TASHJIAN JR, A. H.; ARMSTRONG, E. J.; ARMSTRONG, A. W. **Princípios de farmacologia: a base fisiopatológica da farmacoterapia**. 2. ed. Rio de Janeiro: Guanabara Koogan, 2009.

GOULD, S. J. **Darwin e os grandes enigmas da vida**. 2. ed. São Paulo: Martins Fontes, 1992.

GREEN, M. B.; SCHWARZ, J. H.; WITTEN, E. **Superstring theory**. Cambridge: Cambridge University Press, 1988.

GREENE, B. **O universo elegante**. São Paulo: Companhia das Letras, 2001.

_____. **O tecido do cosmo**. São Paulo: Companhia das Letras, 2005.

_____. **A realidade oculta**. São Paulo: Companhia das Letras, 2012.

GRUPO DE REELABORAÇÃO DO ENSINO DE FÍSICA (GREF). Física 2: **Física térmica/Óptica**. 3. ed. São Paulo: Edusp, 1996.

_____. Física 3: **Eletromagnetismo**. 3. ed. São Paulo: Edusp, 1998.

_____. Física 1: **Mecânica**. 5. ed. São Paulo: Edusp, 1999.

GUEDJ, D. **O teorema do papagaio**. São Paulo: Companhia das Letras, 1999.

GUITTON, J.; BOGDANOV, G.; BOGDANOV, I. **Deus e a ciência**. Rio de Janeiro: Nova Fronteira, 1992.

HAHNEMANN, S. **Organon da arte de curar**. 2. ed. Ribeirão Preto: Museu de Homeopatia Abrahão Brickmann, 2008.

HALL, J. E. **Guyton & Hall: perguntas e respostas em fisiologia**. 2. ed. Rio de Janeiro: Elsevier, 2012.

_____. **Guyton & Hall:** tratado de fisiologia médica. 13. ed. Rio de Janeiro: Elsevier, 2017.

HALL, J. E.; HALL, M. E. **Guyton and Hall textbook of medical physiology.** 14. ed. Philadelphia: Elsevier, 2021.

HALLIDAY, D.; RESNICK, R.; WALKER, J. **Fundamentos de física.** 7. ed. Rio de Janeiro: LTC, 2006.

HAMBURGER, E. W. **O que é física.** 6. ed. São Paulo: Editora Brasiliense, 1992.

HAWKING, S. **Breve história do tempo ilustrada.** Lisboa: Gradiva, 1998.

_____. **O universo numa casca de noz.** São Paulo: Mandarim, 2001.

_____. **Os gênios da ciência: sobre os ombros de gigantes.** Rio de Janeiro: Elsevier, 2005.

HAYKIN, S. **Redes neurais.** 2. ed. Porto Alegre: Bookman, 2001.

HEBB, D. O. **The organization of behavior.** New York: Wiley, 1949.

HENEINE, I. F. **Biofísica básica.** 2. ed. São Paulo: Atheneu, 1996.

HENKIN, R. E.; BOVA, D.; DILLEHAY, G. L.; KARESH, S. M.; HALAMA, J. R.; WAGNER, R. W. **Nuclear medicine.** 2. ed. Philadelphia: Mosby, 2006.

HESSEN, J. **Teoria do conhecimento.** 2. ed. São Paulo: Martins Fontes, 2003.

HEWITT, P. G. **Fundamentos de física conceitual.** Porto Alegre: Bookman, 2008.

_____. **Física conceitual.** 12. ed. Porto Alegre: Bookman, 2015.

HIBBELER, C. R. **Resistência dos materiais.** 7. ed. São Paulo: Pearson Prentice Hall, 2010.

HIPÓCRATES. **Aforismos.** São Paulo: Unifesp, 2010.

HORGAN, J. **O fim da ciência: uma discussão sobre os limites do conhecimento científico.** São Paulo: Companhia das Letras, 1998.

HUME, D. **Investigação sobre o entendimento humano.** Lisboa: Imprensa Nacional – Casa da Moeda, 2002.

_____. **Tratado da natureza humana.** São Paulo: Editora UNESP, 2009.

HUSSERL, E. **Investigações lógicas: investigações para a fenomenologia e a teoria do conhecimento.** Rio de Janeiro: Forense, 2012.

JACKLE, J. The causal theory of the resting potential of cells. **J Theor Biol**, v. 249, n. 3, p. 445-463, 2007.

JAMES, B. R. **Probabilidade: um curso em nível intermediário.** Rio de Janeiro: IMPA, 2004.

JAMMER, M. **Conceitos de espaço: a história das teorias do espaço na física.** Rio de Janeiro: Contraponto, 2010.

_____. **Conceitos de força: estudo sobre os fundamentos da dinâmica.** Rio de Janeiro: Contraponto, 2011.

JOHNSON, L. R. **Fundamentos de fisiologia médica.** 2. ed. Rio de Janeiro: Guanabara Koogan, 2000.

JUNG, C. G. **O homem e seus símbolos.** Rio de Janeiro: Nova Fronteira, 1964.

KAKU, M. **Hiperespaço: uma odisseia científica através de universos paralelos, empenamentos do tempo e a décima dimensão.** Rio de Janeiro: Rocco, 2000.

_____. **Mundos paralelos: uma jornada através da criação, das dimensões superiores e do futuro do cosmo.** Rio de Janeiro: Rocco, 2008.

KANDEL, E. R.; SCHWARTZ, J. H.; JESSELL, T. M. **Princípios da neurociência.** 4. ed. Barueri: Manole, 2003.

KANT, I. **Prolegômenos a toda metafísica futura que possa apresentar-se como ciência.** São Paulo: Companhia Editora Nacional, 1959.

KASSIS, A. I.; ADELSTEIN, S. J. Radiobiologic principles in radionuclide therapy. **J Nucl Med**, v. 46 Suppl 1, p. 4S-12S, 2005.

KEENER, J.; SNEYD, J. **Mathematical physiology.** New York: Springer, 1998.

KELSO, J. A. S. **Dynamic patterns: the self-organization of brain and behavior.** Cambridge: MIT Press, 1995.

KIBBLE, J. D.; HALSEY, C. R. **Medical physiology: the big picture.** New York: McGraw-Hill, 2009.

KIRK, G. S.; RAVEN, J. E.; SCHOFIELD, M. **Os filósofos pré-socráticos.** 7. ed. Lisboa: Fundação Calouste Gulbenkian, 2010.

KOEPPEN, B. M.; STANTON, B. A. **Berne & Levy: fisiologia.** 6. ed. Rio de Janeiro: Elsevier, 2009.

KOESTLER, A. **O fantasma da máquina.** Rio de Janeiro: Zahar Editores, 1969.

_____. **As razões da coincidência.** Rio de Janeiro: Nova Fronteira, 1972.

_____. **Jano: uma sinopse.** São Paulo: Melhoramentos, 1987.

KRAGH, H. **An introduction to the historiography of science.** Cambridge: Cambridge University Press, 1994.

KREBS, J. R.; DAVIES, N. B. **Introdução à ecologia comportamental.** São Paulo: Atheneu, 1996.

KUHN, T. S. **O caminho desde A Estrutura.** São Paulo: Editora UNESP, 2006.

_____. **A estrutura das revoluções científicas.** São Paulo: Perspectiva, 2009.

_____. **A tensão essencial.** São Paulo: Editora UNESP, 2011.

LABARBERA, M. Principles of design of fluid transport systems in zoology. **Science**, v. 249, n. 4972, p. 992-1000, 1990.

LAKATOS, I. **História da ciência e suas reconstruções racionais**. Lisboa: Edições 70, 1978.

_____. **Falsificação e metodologia dos programas de investigação científica**. Lisboa: Edições 70, 1999.

LAKATOS, I.; MUSGRAVE, A. **A crítica e o desenvolvimento do conhecimento**. São Paulo: Cultrix, 1979.

LANDAU, L. D.; RUMER, Y. **O que é a teoria da relatividade?** 2. ed. São Paulo: Hemus, 2004.

LEGGE, J. **I Ching: o livro das mutações**. São Paulo: Hemus, 2000.

LEIBNIZ, G. W. **Novos ensaios sobre o entendimento humano (Coleção Os Pensadores)**. São Paulo: Nova Cultural, 1992.

LENT, R. **Neurociência da mente e do comportamento**. Rio de Janeiro: Guanabara Koogan, 2008.

_____. **Cem bilhões de neurônios? Conceitos fundamentais de neurociência**. 2. ed. São Paulo: Atheneu, 2010.

LEVIN, Y.; SILVEIRA, F. L. Two rubber balloons: phase diagram of air transfer. **Physical Review**, v. E69, n. 051108, p. 1-4, 2004.

LEVITZKY, M. G. **Fisiologia pulmonar**. 6. ed. Barueri: Manole, 2004.

LOCKE, J. **Ensaio sobre o entendimento humano (2 vols.)**. Lisboa: Fundação Calouste Gulbenkian, 2010.

LOPES, A. G.; OLIVEIRO, L. A. **Mecânica dos fluidos**. 2. ed. Lisboa: Lidel, 2016.

LOPES, P. A. **Probabilidades e estatística**. Rio de Janeiro: Reichmann & Affonso, 1999.

LOVELOCK, J. **Gaia: a new look at life on earth**. Oxford: University Press, 2000.

LUIJPEN, W. **Introdução à fenomenologia existencial**. São Paulo: E.P.U., 1973.

MACH, E. **The science of mechanics: a critical and historical account of its development**. 6. ed. La Salle: Open Court Publishing Company, 1988.

_____. **The science of mechanics**. Charleston: Forgotten Books, 2010.

MACHADO, A. **Neuroanatomia funcional**. 2. ed. São Paulo: Atheneu, 2000.

MACIEL JÚNIOR, A. **Pré-socráticos: a invenção da razão**. São Paulo: Odysseus, 2007.

MACLACHLAN, J. **Galileu Galilei: o primeiro físico**. São Paulo: Companhia das Letras, 2008.

MAIMAN, T. H. Stimulated optical radiation in ruby. **Nature**, v. 187, n. 4736, p. 493-494, 1960.

MARCO, N. **O que é darwinismo**. 3. ed. São Paulo: Brasiliense, 1993.

MARIEB, E. N.; HOEHN, K. **Anatomia e fisiologia**. 3. ed. Porto Alegre: Artmed, 2009.

MATURANA, H. R.; VARELA, F. J. **A árvore do conhecimento: as bases biológicas da compreensão humana**. São Paulo: Palas Athena, 2001.

MÁXIMO, A.; ALVARENGA, B. **Curso de física**. São Paulo: Scipione, 2005.

MCARDLE, W. D.; KATCH, F. I.; KATCH, V. L. **Fundamentos de fisiologia do exercício**. 2. ed. Rio de Janeiro: Guanabara Koogan, 2002.

MCEWEN, B. S. Stress, adaptation, and disease. Allostasis and allostatic load. **Ann N Y Acad Sci**, v. 840, p. 33-44, 1998.

_____. The neurobiology of stress: from serendipity to clinical relevance. **Brain Research**, v. 886, n. 1-2, p. 172-189, 2000.

_____. Physiology and neurobiology of stress and adaptation: central role of the brain. **Physiol Rev**, v. 87, n. 3, p. 873-904, 2007.

MCEWEN, B. S.; SAPOLSKY, R. M. Stress and cognitive function. **Curr Opin Neurobiol**, v. 5, n. 2, p. 205-216, 1995.

MCEWEN, B. S.; STELLAR, E. Stress and the individual: mechanisms leading to disease. **Arch Intern Med**, v. 153, n. 18, p. 2093-2101, 1993.

MCEWEN, B. S.; WINGFIELD, J. C. The concept of allostasis in biology and biomedicine. **Horm Behav**, v. 43, n. 1, p. 2-15, 2003.

MLODINOV, L. **O andar do bêbado: como o acaso determina nossas vidas**. Rio de Janeiro: Zahar, 2009.

MORRIS, J. G. **Físico-química para biólogos**. São Paulo: Polígono, 1972.

MOURÃO JÚNIOR, C. A.; ABRAMOV, D. M. **Curso de biofísica**. Rio de Janeiro: Guanabara Koogan, 2009.

_____. **Fisiologia essencial**. Rio de Janeiro: Guanabara Koogan, 2011.

_____. **Biofísica essencial**. Rio de Janeiro: Guanabara Koogan, 2012.

MÜTZENBERG, L. A.; VEIT, E. A.; SILVEIRA, F. L. Elasticidade, plasticidade, histerese e ondas. **Rev Bras Ensino Fis**, v. 26, n. 4, p. 307-313, 2004.

NAGEL, E.; NEWMAN, J. R. **A prova de Gödel**. São Paulo: Perspectiva, 2009.

NESSE, R. M.; WILLIAMS, G. C. **Evolution and healing: the new science of darwinian medicine**. London: Orion Press, 1996.

NIEDERMEYER, E.; SILVA, F. L. **Electroencephalography: basic principles, clinical applications, and related fields**. 5. ed. Philadelphia: Lippincott Williams & Wilkins, 2005.

NIETZSCHE, F. **A filosofia na idade trágica dos gregos**. Lisboa: Edições 70, 1995.

NOGUEIRA, P. O samba do físico doido. **Revista Galileu**, n. 153, p. 22-29, 2004.

NUSSENZVEIG, H. M. **Curso de física básica**. 4. ed. São Paulo: Edgard Blücher, 2002.

ODUM, E. P. **Ecologia**. Rio de Janeiro: Guanabara Koogan, 1988.

OKUNO, E. **Radiação: efeitos, riscos e benefícios**. São Paulo: Harbra, 2007.

OKUNO, E.; CALDAS, I. L.; CHOW, C. **Física para ciências biológicas e biomédicas**. São Paulo: Harper & Row do Brasil, 1982.

OKUNO, E.; VILELA, M. A. C. **Radiação ultravioleta: características e efeitos**. São Paulo: SBF, 2005.

OKUNO, E.; YOSHIMURA, E. **Física das radiações**. São Paulo: Oficina de Textos, 2010.

OLIVA, A. **Epistemologia: a cientificidade em questão**. Campinas: Papirus, 1990.

_____. **Filosofia da ciência**. 2. ed. Rio de Janeiro: Jorge Zahar, 2008.

PATTON, H. D.; FUCHS, A. F.; HILLE, B.; SCHER, A. M.; STEINER, R. **Textbook of physiology**. 21. ed. Philadelphia: Saunders, 1989.

PAULI, R. U.; MAJORANA, F. S.; HEILMANN, H. P.; CHOHFI, C. A.; MAUAD, F. C. **Física**. São Paulo: EPU, 1978.

PAVAM, A. **Biologia geral**. 3. ed. Juiz de Fora: Instituto Maria, 1987.

PEDROSO DE LIMA, J. J. **Biofísica médica**. 2. ed. Coimbra: Imprensa da Universidade de Coimbra, 2007.

PEIXOTO, P. T. C. **Compositions affectives, ville & hétérogénèse urbaine: pour une démocratie compositionnelle**. Macaé: Edição do autor, 2016.

PERKINS, H. A. **Fisica General**. 3. ed. Barcelona: UTEHA, 1955.

PERUZZO, F. M.; CANTO, E. L. **Química: na abordagem do cotidiano**. 3. ed. São Paulo, 2003.

PESSIS-PASTERNAK, G. **Do caos à inteligência artificial: quando os cientistas se interrogam**. São Paulo: Editora UNESP, 1993.

_____. **A ciência: deus ou diabo?** São Paulo: Editora UNESP, 2001.

PESSOA JUNIOR, O. **Conceitos de física quântica**. São Paulo: Editora Livraria da Física, 2006.

POPPER, K. **A lógica da pesquisa científica**. São Paulo: Cultrix, 1975.

_____. **Conjecturas e refutações**. Brasília: Editora Universidade de Brasília, 1982.

_____. **Conhecimento objetivo**. Belo Horizonte: Itatiaia, 1999.

_____. **A lógica da pesquisa científica**. São Paulo: Cultrix, 2007.

_____. **Textos escolhidos**. Rio de Janeiro: Contraponto, 2010.

PRATT, C. W.; CORNELY, K. **Essential biochemistry**. Hoboken (NJ): Wiley & Sons Inc, 2011.

PRIGOGINE, I. **O fim das certezas: tempo, caos e as leis da natureza**. São Paulo: Editora UNESP, 1996.

_____. **As leis do caos**. São Paulo: Editora UNESP, 2002.

_____. **Ciência, razão e paixão**. São Paulo: Editora Livraria da Física, 2009.

PRIGOGINE, I.; KONDEPUDI, D. **Termodinâmica: dos motores térmicos às estruturas**. Lisboa: Instituto Piaget, 1999.

PRIGOGINE, I.; STENGERS, I. **A nova aliança**. Brasília: Editora da UnB, 1984.

REALE, G.; ANTISERI, D. **História da filosofia (7 volumes)**. São Paulo: Paulus, 2003.

REALE, G.; ANTISERI, D. **História da filosofia (v. 7): de Freud à atualidade**. São Paulo: Paulus, 2003.

RHOADES, R. A.; TANNER, G. A. **Fisiologia médica**. 2. ed. Rio de Janeiro: Guanabara Koogan, 2005.

RICKLEFS, R. E. **A economia da natureza**. 3. ed. Rio de Janeiro: Guanabara Koogan, 1983.

RIFKIN, J. **Entropia**. Milano: Baldini & Castoldi, 2000.

RODITI, I. **Dicionário Houaiss de Física**. Rio de Janeiro: Objetiva, 2005.

RORTY, R. **Philosophy and the mirror of nature**. Princeton: Princeton Press, 1979.

ROTELLAR, E. **ABC das alterações hidroeletrolíticas e ácido base**. 3. ed. São Paulo: Atheneu, 1996.

ROVELLI, C. **A realidade não é o que parece**. São Paulo: Objetiva, 2017.

RUSSELL, B. **A perspectiva científica**. São Paulo: Companhia Editora Nacional, 1956.

_____. **ABC da relatividade**. Rio de Janeiro: Jorge Zahar, 2005.

SABAH, N. H. Origin of the resting potential. **IEEE Eng Med Biol Mag**, v. 18, n. 5, p. 100-105, 1999.

SAGAN, C. **Os dragões do Éden**. São Paulo: Círculo do Livro, 1977.

_____. **Cosmos**. New York: Ballantine Books, 1980.

_____. **O mundo assombrado pelos demônios**. São Paulo: Companhia das Letras, 2006.

SANTOS, M. J. **Os pré-socráticos**. Juiz de Fora: Editora UFJF, 2001.

SAPOLSKY, R. M. **Por que as zebras não têm úlceras?** São Paulo: Francis, 2008.

SELYE, H. **Stress in health and disease**. Boston: Butterworth, 1976.

_____. **The stress of life**. New York: Mc-Graw Hill, 1984.

SHELDRAKE, R. **A ressonância mórfica e a presença do passado: os hábitos da natureza**. Lisboa: Instituto Piaget, 1996.

_____. **Uma nova ciência da vida: a hipótese da causação formativa e os problemas não resolvidos da biologia**. São Paulo: Cultrix, 2013.

_____. **Ciência sem dogmas: a nova revolução científica e o fim do paradigma materialista**. São Paulo: Cultrix, 2014.

SILVA, J. M.; LIMA, J. A. S. Quatro abordagens para o movimento browniano. **Rev Bras Ensino Fis**, v. 29, n. 1, p. 25-35, 2007.

SILVEIRA, F. L.; LEVIN, Y. Pressão e volume em balões de festa: podemos confiar em nossa intuição? **Cad Bras Ensino Fis**, v. 21, n. 3, p. 285-295, 2004.

SILVERTHORN, D. U. **Fisiologia humana: uma abordagem integrada**. 7. ed. Porto Alegre: Artmed, 2017.

SMITH, W. **O enigma quântico**. 2. ed. Campinas: Vide Editorial, 2011.

SOKAL, A.; BRICMONT, J. **Imposturas intelectuais**. 3. ed. Rio de Janeiro: Record, 2006.

SOKOLOWSKI, R. **Introdução à fenomenologia**. São Paulo: Edições Loyola, 2004.

SPINELLI, M. **Filósofos pré-socráticos: primeiros mestres da filosofia e da ciência grega**. Porto Alegre: EDIPUCRS, 2003.

SQUIRE, L. R.; BLOOM, F. E.; MCCONNELL, S. K.; ROBERTS, J. L.; SPITZER, N. C.; ZIGMOND, M. J. **Fundamental neuroscience**. 2. ed. New York: Academic Press, 2003.

STEELE, G. G. **Basic clinical radiobiology**. 3. ed. London: Hodder Arnold Publication, 2002.

STERLING, P.; EYER, J. Allostasis: a new paradigm to explain arousal pathology. In: FISHER, S.; REASON, J. (Ed.). **Handbook of life stress, cognition and health**. New York: John Wiley & Sons, 1988. p. 629-649.

STRYER, L. **Bioquímica**. 3. ed. Rio de Janeiro: Guanabara Koogan, 1987.

TALEB, N. **A lógica do cisne negro**. Rio de Janeiro: Best Seller, 2015.

TEICHMAN, J.; EVANS, K. C. **Filosofia: um guia para iniciantes**. São Paulo: Madras, 2009.

THRALL, J. H. **Medicina nuclear**. 2. ed. Rio de Janeiro: Guanabara Koogan, 2003.

TIPLER, P. A. **Física moderna**. 3. ed. Rio de Janeiro: LTC, 2001.

TOWNSEND, D. W. Multimodality imaging of structure and function. **Phys Med Biol**, v. 53, n. 4, p. R1-R39, 2008.

VELARDE, M. G.; NORMAND, C. Convection. **Scientific american**, v. 243, n. 1, p. 92-108, 1980.

VENKATESH, D.; SUDHAKAR, H. H. **Basics of medical physiology**. 2. ed. New Delhi: Wolters Kluwer, 2010.

VENTURA, A. R. **Análise da heterogeneidade intratumoral em imagens PET-FDG**. (2010). Dissertação (Mestrado em Engenharia Biomédica) – Instituto de Biofísica e Biomatemática, Universidade de Coimbra, Portugal, 2010.

VOET, D.; VOET, J. G. **Biochemistry**. New York: John Wiley & Sons, 1995.

VOLKENSTHEIN, M. V. **Biophysics**. Moscow: Mir, 1981.

WALKER, J. **O grande circo da física**. 2. ed. Lisboa: Gradiva, 2001.

WEBER, M. **Ensaios de sociologia**. 5. ed. Rio de Janeiro: LTC, 2008.

_____. **Ciência e política: duas vocações**. São Paulo: Martin Claret, 2010.

WEST, J. B. **Respiratory physiology: the essentials**. 8. ed. Philadelphia: Lippincott, 2008.

WIDMAIER, E. P.; RAFF, H.; STRANG, K. T. **Vander, Sherman & Luciano, fisiologia humana: os mecanismos das funções corporais**. 9. ed. Rio de Janeiro: Guanabara Koogan, 2006.

WILMORE, J. H.; COSTIL, D. L. **Fisiologia do esporte e do exercício**. 2. ed. Barueri: Manole, 2001.

WRIGHT, E. **The case for qualia**. Cambridge: MIT Press, 2008.

ZHDÁNOV, L. **Manual de física**. Moscou: Mir, 1980.

ZILLES, U. **Teoria do conhecimento**. 4. ed. Porto Alegre: EDIPUCRS, 2003.

_____. **Teoria do conhecimento e teoria da ciência**. São Paulo: Paulus, 2005.

ZWIEBACH, B. **A first course in string theory**. 2. ed. New York: Cambridge University Press, 2009.

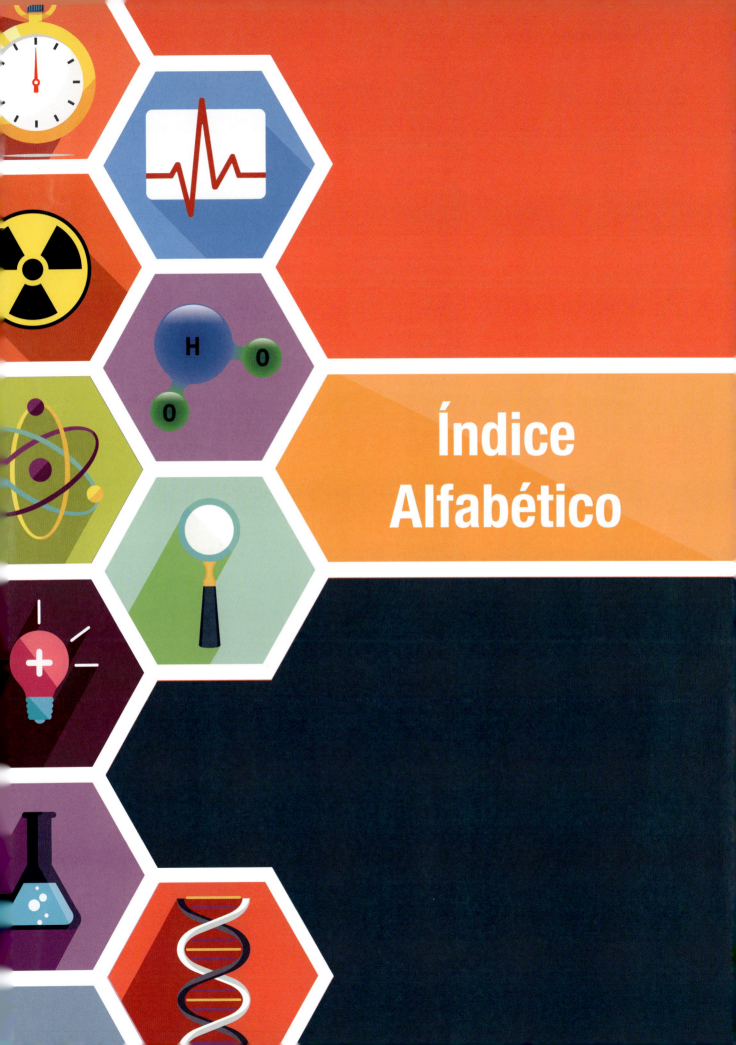
Índice Alfabético

A

Ação e reação, 36
Aceleração, 26, 27, 35
Ácidos, 76, 77
Adaptação, 139
Agarose, 77
Água, 75
Alavancas, 49, 52, 53
- de 1ª classe, 52, 53
- de 2ª classe, 54, 55
- de 3ª classe, 54, 55
- inter-resistentes, 54
- interfixas, 52, 53, 55
- interpotentes, 54, 55
Alostase, 137, 140, 141
Altura do som, 96, 97
Alvéolos pulmonares, 46, 84
Amplitude, 91
Análise de uma onda complexa, 94
Aneurismas, 45
Ânion, 20, 21, 76, 77
Ânodo, 115
Antielétrons, 111
Aqualung, 83
Articulação atlantoccipital, 56, 57
Astigmatismo, 99
Atividade radioativa, 116, 117
Átomo, 19
ATP, 128, 129
ATPase, 128, 129
Atrito, 11
Axônio, 132, 133

B

Bases, 76, 77
Becquerel (Bq), 116, 117
Bíceps, 56, 57
Bigorna, 92, 93
Bioalavancas, 55
Bioeletricidade, 123, 125
Biofísica, 3
Bomba(s)
- ATPase, 128, 129
- de sódio-potássio, 130, 131
Braço
- da força, 53
- da resistência, 53
Branco, 101
Braquiterapia, 111

C

Cabos de tração, 56, 57
Calefação, 24, 25
Calor, 7, 74, 75
Camada(s)
- de hidratação, 77
- semirredutora, 113
Campo
- elétrico, 76, 77
- magnético, 118
Câncer, 105
Capacitância, 45
Capacitor, 125
Capilares, 64, 65
Cápsula de Bowman, 68
Características dos sistemas, 12
Carbono-14, 105
Carga alostática, 141
Cátion, 20, 21, 76, 77
Catodo, 114, 115
Caudal, 63
Cavidade pleural, 46

Células
- da retina, 101
- estáveis, 116, 117
- lábeis, 116, 117
Certeza, 8
Ciência, 2, 3
- exata, 3
- natural, 3
Cinética, 7
Cintilografia, 113
Circuito, 61
- aberto, 61
- fechado, 61
Classificação dos sistemas, 11
CNTP, 12
Coeficiente de solubilidade, 81
Coerente, 118
Colabamento, 84, 85
Coletividade, 11
Colimada, 118
Complacência, 45
Complexidade, 12
Compressão, 43
Comprimento de onda, 91
Concentração, 82, 83
Condensação, 24, 25
Condução eletrotônica, 132, 133
Condutor, 125
Cones, 101
Conteúdo, 39
Continente, 39
Cor, 99
Cor-luz, 100, 101
Cor-pigmento, 100, 101
Coração, 63
Corrente(s)
- elétrica, 125
- iônicas, 126, 127
Cosmologia, 2, 3
Crioterapia, 121
Cristas, 92, 93
Curie (Ci), 116, 117

D

Datação radioativa, 105
Decaimento radioativo, 109
Densidade, 25, 41
Deslocamento
- longitudinal, 90, 91
- transversal, 90, 91
Despolarização, 126, 127
Detergente, 84, 85
Diálise, 68
Diástole, 63
Dielétrico, 126, 127
Diferença
- de potencial elétrico, 125
- entre equilíbrio e estabilidade, 13
Difusão, 23, 68, 78, 79
- de solutos entre os capilares
 e os tecidos, 84
Dinâmica
- da filtração renal, 67
- de partículas nas soluções, 78
Dipolo elétrico, 75
Direção, 34, 35
Dissolução, 73
Doença, 142, 143
Dose
- absorvida, 116, 117
- equivalente, 116, 117
Dosimetria, 116, 117
Dosímetros, 116, 117

E

Ebulição, 24, 25
Efeito Doppler, 97, 120, 121
Efluxo, 131
Elasticidade, 45
Elementos da
 coletividade, 11
Eletrocardiógrafo, 133
Eletrocardiograma, 135
Eletrodo
- de captação, 133
- de referência, 133
Eletroencefalógrafo, 133
Eletroencefalograma, 93, 135
Eletroforese, 77
Eletronegatividade, 77
Elétrons, 20, 21
- livres, 106, 107
Eletrosfera, 20, 21
Endotélio, 67
Energia, 7, 17, 27-29, 75
- cinética, 21, 28, 29, 64, 65
- definição clássica, 7
- dissipada, 11
- do sistema, 11
- escura, 28, 29
- mecânica, 28, 29
- - nos fluidos, 64, 65
- potencial, 28, 64
- - elástica, 67
- - nos fluidos, 65
Entropia, 7, 8, 9, 67
Equilibrante, 37
Equilíbrio energético, 13
Ergodinâmica, 7
Esfíncter, 64, 65
Espectro, 94, 95
- eletromagnético, 99
Estabilidade, 13
- longe do equilíbrio, 13, 139
Estado(s)
- da matéria, 20, 21
- fluidos, 21
- sólido, 21
Estapédio, 92, 93
Estresse, 139
Estressores, 140, 141
Estribo, 92, 93
Evaporação, 24, 25
Evolução extrínseca, 139
Expiração, 46

F

Faixa de tolerância, 142, 143
Farmacocinética, 105
Farmacodinâmica, 105
Feedback, 141
Fenômenos elétricos, 126
Filosofia, 2, 3
Filtração, 67
Física, 2
- ondulatória, 89
- quântica, 10, 11
Fisiologia, 3
Flecha do tempo, 15
Flexão, 43
Fluidez, 40, 41
Fluidodinâmica, 39, 61
Fluido(s), 59, 61
- imiscíveis, 64, 65
Fluidostática, 39

Índice Alfabético

Fluxo, 63
- e velocidade, 63
- laminar, 64, 65
- turbilhonado, 65
Força(s), 31, 33-35
- da gravidade, 19
- de atrito, 67
- de campo, 38, 39
- de contato, 38, 39
- de difusão, 79, 126, 127
- de gradiente de concentração, 79
- de resistência, 62, 63
- dissipativa, 67
- elétrica, 126, 127
- eletromagnética, 20, 21, 38
- gravitacional, 37-39
- motriz, 56, 57, 63
- normal, 37
- - equilibrante, 37
- nos fluidos, 39
- nuclear, 39, 108, 109
- - forte, 108, 109
- - fraca, 108, 109
- peso, 37
- potente, 52, 53
- resistente, 52, 53
Formação de uma solução interativa, 76
Fotoenvelhecimento, 117
Fóton, 98, 99, 118, 119
Frenagem, 26, 27
Frequência, 91
- aparente, 97
Fulcro, 53
Fusão, 23

G

Gadolínio, 118, 119
Gama câmara, 113
Gametas, 116, 117
Gás, 25
- em água, 77
Gerador, 125
Glomérulo, 68
Gradiente, 68
- de concentração, 79, 128, 129
Grandeza, 33-35
- escalar, 34, 35
- vetorial, 34, 35
Gray (Gy), 116, 117

H

Hemoglobina, 82, 83
Hilo pulmonar, 45
Hiperecoicas, estruturas, 120, 121
Hiperemia reativa, 121
Hipermetropia, 99
Hiperpolarização, 126, 127
Hipertensão arterial, 142, 143
Hipoecoicas, estruturas, 120, 121
Hipotálamo, 120, 121
Hipóxia, 107
Homeostase, 140, 141

I

Imprevisibilidade, 12
Incerteza, 8
Inércia, 25, 33, 52
Influências extrínsecas, 33
Influxo, 131
Inspiração, 46
Intensidade do som, 96, 97

Interferência, 94, 95
- construtiva, 94, 95
- destrutiva, 94, 95
Ionização, 105
- direta, 106, 107
- indireta, 107
Íons, 20, 21, 125
Isótopos, 107

L

Lei(s)
- da conservação de energia, 14, 15
- da quarta potência do raio, 66
- da termodinâmica, 14
- de Boyle, 42, 43, 62, 63
- de Laplace, 44, 63
- de Poiseuille, 66
- zero da termodinâmica, 14, 15
Ligas metálicas, 78
Linfa, 63
Liquefação, 24, 25
Luz, 99
- coerente, 119
- colimada, 119
- monocromática, 99, 119
- policromática, 99

M

Martelo, 92, 93
Massa, 19
Matemática, 2, 3
Matéria, 7, 17, 19
- escura, 28, 29
Mecânica, 21
Medida da inércia, 26
Meia-vida, 109
Membrana
- celular, 126
- como um capacitor, 129
- semipermeável, 80
Metabolismo, 140, 141
- celular, 12, 13
Metafísica, 2
Metástases, 105
Micro-ondas, 121
Miopia, 99
Mistura, 73
- heterogênea, 73
- homogênea, 73
Mitose, 12, 13, 116, 117
Modelo
- de Rutherford-Bohr, 19
- determinístico, 9
- mecânico, 79
- probabilístico, 9
- termodinâmico, 79
Módulo, 37
Moléculas
- anfifílicas, 84, 85
- apolares, 77
- polares, 76, 77
- tensoativas, 84, 85
Momento de força, 52, 53
Momentum, 26, 27, 29, 89
Monocromática, 118
Morte, 13
Movimento, 26, 27, 34
- browniano, 9-11, 23
- constante, 26, 27
Mudanças de estado, 23
Multímetro, 132, 133
Musculatura paravertebral
  da região cervical, 56, 57

N

Natureza
- das ondas, 96
- química da molécula de água, 75
Néfrons, 68
Négatron, 110, 111
Neoplasias malignas, 105
Neurônios, 143
Nêutrons, 20, 21
Núcleo
- atômico, 21
- de hélio, 109
Número
- atômico, 107
- de massa, 107

O

Onda(s), 87, 89
- bidimensionais, 92
- como interagem, 92
- como se propagam, 92
- curtas, 121
- dominante, 96
- eletromagnética, 98, 99, 111
- gravitacional, 98, 99
- mecânicas, 96
- sonoras, 92
- térmicas, 120
- unidimensional, 92
Oposição de fase, 94, 95
Osmose, 79, 80

P

Padrão, 13-15
- RGB, 101
Par ação e reação, 37
Partícula(s)
- atômicas, 11
- beta negativa, 111
- subatômicas, 11
Penetrância, 110, 111
Permeabilidade, 132, 133
Perturbação, 90, 91
Peso, 19
PET-scan, 112, 113
pH, 140, 141
Pilha, 125
Plasma, 22, 23, 64, 65, 73
Plasticidade, 143
Pleura
- parietal, 45
- visceral, 45
Polia, 56, 57
- fixa, 56, 57
- móvel, 56, 57
Polo
- negativo, 125
- positivo, 125
Pontes de hidrogênio, 7, 75
Ponto
- de apoio, 53
- de ebulição, 24, 25
- fixo, 53
Pósitron, 111
Potencial
- de ação, 132, 133
- de repouso, 127, 130
Precessão, 51
Pressão(ões), 23, 31, 40, 41, 61
- adaptativa, 139
- arterial, 42, 43

..va, 67
..sférica, 42, 43
..no grandeza, 41
- conceito de, 61
- diastólica, 42, 43, 66, 67
- hidrostática, 41, 68
- intra-alveolar, 45
- intrapleural, 46
- negativa, 45, 62, 63
- nos capilares, 64
- oncótica, 84, 85
- osmótica, 80
- parcial, 81
- - de um gás, 81
- - - misturado em um líquido, 80, 81
- positiva, 62, 63
- sistólica, 43, 66, 67
Preto, 101
Primeira lei da termodinâmica, 14, 15
Princípio
- ALARA, 116, 117
- da inércia, 36
- de Pascal, 40, 41
Probabilidade, 8, 9
Processo(s)
- acumulativo, 141
- adaptativos no sistema nervoso, 142
- alostáticos, 140, 141
- caótico, 9
- de difusão, 68
- modulatório, 141
Propagação, 90, 91
- tridimensional, 92
Propriedades coligativas, 80, 81
Prótons, 20, 21

Q

Quantidade de movimento, 26, 27
Quarks, 20, 21
Quilomícrons, 73

R

Rad, 116, 117
Radiação, 103, 105, 107
- alfa, 109
- beta, 110
- - negativa, 110
- - positiva, 111
- de fuga, 116, 117
- de fundo, 116, 117
- excitante, 118, 119
- gama, 111
- infravermelha, 121
- ionizante, 105, 107, 108
- não ionizante, 105, 117
- ultravioleta, 117
- X, 114
Radicais livres, 107
Radioatividade, 109
Radioativo, 109
Radiofármaco, 113
Radiofrequência, 118, 119
Radiografias, 107, 114, 115
Radioimunoensaio, 114, 115
Radionuclídeo, 109
Radioproteção, 116
Radiossensibilidade, 116, 117
Radioterapia, 107, 111
Radiotraçador, 113
Raio(s)
- *laser*, 118, 119
- X, 114, 115

Rede capilar, 63
Refração, 99
Região cervical, 57
Registro da bioeletricidade, 132
Relação
- exponencial, 66
- linear, 66, 67
Rem, 116, 117
Repouso, 26, 27
- elétrico, 127, 131
Resistência
- ao fluxo, 65
- elétrica, 132, 133
Ressonância, 94-96
- magnética, 118, 119
- - funcional, 119
Resultante, 34, 35
Retículo cristalino, 21, 77
Retina, 101
Retroalimentação, 140, 141
- negativa, 141
- positiva, 141
Ritmo assincrônico, 94, 95
Roldanas, 56, 57
Rotação, 33, 51
Ruptura da homeostase, 142

S

Sangue, 73
Sarcoma, 105
Segunda lei da termodinâmica, 15, 125
Sentido, 34
Sievert (Sv), 116, 117
Sincronização, 94, 95
Síndrome da descompressão, 83
Síntese
- aditiva, 101
- subtrativa, 101
Sistema(s), 11, 61
- auto-organizável, 141
- biológicos, 61
- circulatório fechado, 63
- complexo, 13
- compostos por fluidos, 61
- conservativo, 12, 13, 67
- dissipativo, 12, 13, 67
- estável, 13
- hidráulico simples, 64, 65
- linfático, 62, 63
- não determinísticos, 9
- previsíveis, 13
Sístole, 63
Sobrecarga alostática, 141
Solidificação, 23
Solução(ões), 71, 73, 77
- difusiva, 74, 75
- eletrolítica, 126, 127
- hipertônica, 80
- hipotônica, 80
- interativa, 74, 75
- iônica, 126, 127
- isotônica, 80
- sólidas, 78
Soluto, 73
Solvente, 73
Som, 96
Sopro, 65
SPECT (tomografia por emissão de fóton único), 112, 113
Sublimação, 24, 25
Surfactante, 84, 85
Suspensão, 73
- aquosa, 77

T

Taxa
- de condensação, 25
- de evaporação, 25
Temperatura, 7
Tensão, 31, 43, 64, 65
- gerada por fluidos, 44
- superficial, 82, 83
- - na solução com detergente, 83
Terceira lei da termodinâmica, 15
Termocoagulação, 118, 119
Termodinâmica, 5, 7, 11
- da eletricidade celular, 131
Termostato, 141
Termoterapia, 121
Timbre, 96, 97
Tipos
- de força, 38
- de solução, 74
Tomografia computadorizada, 115
Torque, 49, 52, 53
Tração, 43, 56, 57
Trajetória, 34, 35
- centrífuga, 79
Transformação
- isobárica, 24, 25
- isotérmica, 25
Transformada
 de Fourier, 94
Translação, 33
Tumor benigno, 105

U

Ultrafiltração, 68
Ultrassom, 120, 121
Ultrassonografia, 120, 121
Urina, 68

V

Vácuo, 24, 25, 96
Vales, 92, 93
Vantagem mecânica, 54, 55, 57
Vapor, 24, 25
Vaporização, 23
Variação da velocidade, 35
Vasoconstrição, 121
Vasos
- arteriais, 63
- sanguíneos comunicantes, 63
- venosos, 63
Vazão, 63
Velocidade, 26, 27, 89
- angular, 33, 51
- da onda, 91
- de propagação, 91
- escalar, 33
Ventilação pulmonar, 45
Vetor, 34, 35
Via
- direta da ionização, 106
- indireta da ionização, 107
Visão termodinâmica
 da circulação, 67
Viscosidade, 25, 66, 67
Vitamina D, 117
Voltagem, 115
Volume do som, 96, 97

Z

Zero absoluto, 15